长距离输水工程应用技术研究

杜培文　编著

黄河水利出版社
·郑州·

内 容 提 要

本书内容包括长距离输水工程总体布置与优化、绿色技术和安全保障三大方面关键技术。以大量篇幅介绍了作者在总体布置与优化方法、绿色设计原则和评价方法、绿色分层取水和一体化管道水压试验装置、输水系统安全保障体系及生命周期安全评价等工程设计方面的最新研究成果,结合工程实际对输水系统过渡过程分析、调度运行方案编制、梯级泵站流量匹配等技术进行了深入研究。

本书可供水利及相关专业科研和技术人员使用,亦可作为高校相应专业的高年级学生和研究生的教学参考书。

图书在版编目(CIP)数据

长距离输水工程应用技术研究/杜培文编著 . —郑州:
黄河水利出版社,2016.12
ISBN 978-7-5509-1664-7

Ⅰ.①长…　Ⅱ.①杜…　Ⅲ.①长距离-输水-水利工程-研究　Ⅳ.①TV672

中国版本图书馆 CIP 数据核字(2016)第 319470 号

策划编辑:贾会珍　电话:0371-66028027　E-mail:110885539@ qq.com

出 版 社:黄河水利出版社
　　　　地址:河南省郑州市顺河路黄委会综合楼 14 层　　　邮政编码:450003
发行单位:黄河水利出版社
　　　　发行部电话:0371-66026940、66020550、66028024、66022620(传真)
　　　　E-mail:hhslcbs@ 126. com
承印单位:郑州龙洋印务有限公司
开本:787 mm×1 092 mm　1/16
印张:16
字数:390 千字　　　　　　　　　　　　　印数:1—1 000
版次:2016 年 12 月第 1 版　　　　　　　　印次:2016 年 12 月第 1 次印刷
定价:45. 00 元

前　言

　　水是生命之源、生产之要、生态之基，水土资源、人口分布和经济发展极不均衡，人多水少、水资源时空分布不均是我国的基本国情、水情。随着经济社会的不断发展、工业化水平的不断提高和城镇化进程的加快，城市用水、工业用水快速增长，我国广大北方地区，尤其是山东半岛、黄淮海平原等经济发达和城市集群地区资源型缺水严重，水资源供需矛盾更加突出，水资源已成为制约当地经济、社会和环境协调发展的重要因素，长距离、跨流域调水是解决城市、工业资源型缺水或水质型缺水问题的重要途径和措施。

　　我国幅员辽阔，地形地貌和地质条件多样，长距离输水工程涉及的关键技术更多、难度也更大，是复杂的系统工程。优化工程总体布置、建设绿色输水工程、保障输水安全、推动区域协调可持续发展，是该类工程建设的需要，更是设计者牢固树立"创新、协调、绿色、开放、共享"发展理念的要求。

　　本书共分为3篇11章，主要阐述了长距离输水系统优化、绿色技术及安全保障三大关键技术的研究与应用，书中以大量篇幅介绍了作者在长距离输水系统总体布置优化方法、管材经济技术量化方法、绿色设计原则和评价方法、绿色分层取水及管道水压试验装置、安全保障体系、生命周期安全评价等工程设计方面的最新研究成果；并以山东省胶东地区引黄调水工程为依托，对输水系统优化设计、过渡过程分析、调度运行方案编制、梯级泵站流量匹配等技术进行了深入研究与实践。在追求创新性和实用性的同时，注重现行国家相关标准、规范、规程的准绳作用和推广，反映了相关学科的技术成果、应用基础性内容和工程设计经验，便于读者实际运用。

　　本书由杜培文、樊红刚、许志刚、郭绍春共同编写，并由杜培文负责全书统稿，具体分工如下：杜培文编写第1篇第1~3章(除第3章3.5.3.2部分外)、第2篇第1~3章、第3篇第1~2章；樊红刚编写第3篇第3章；许志刚编写第3篇第4章；郭绍春编写第3篇第5章、第1篇第3章3.5.3.2部分。

　　本书中引用不少由山东省水利勘测设计院编制完成的"山东省胶东地区引黄调水工程可行性研究、初步设计、施工图设计和调度运行方案"资料和数据，在此对设计项目组成员表示感谢！水工机械设计室岳永起、祝凤山、王晶、刘天政、王金华、李孟、王强、张力友、李鹏飞、曹兰兰等对本书的编写给予了帮助，在此也一并致谢！

　　山东省水利勘测设计院党委书记刘绍清对本书的出版给予了大力支持和帮助，在此深致谢忱！

　　由于时间仓促，加之作者水平有限，书中疏漏之处在所难免，诚恳欢迎读者批评指正。

作　者

2016 年 10 月

目　录

第 1 篇　总体布置与优化

第 2 篇　绿色技术

第3篇　安全保障

第1篇　总体布置与优化

第 1 章　总体布置

1.1　概　述

长距离输水工程是解决我国北方地区资源性或水质性缺水问题的重要途径和工程措施,目前国内长距离输水工程的主要任务包括城市供水、工业供水、农业灌溉和生态补水等。工程总体布置应结合受水区水资源配置方案拟定,从社会、技术、经济、环境、迁占等多方面进行比选。线路的总体布置和走向选择要充分考虑地形地质条件、建筑物型式,根据水源点和受水区的分布位置,初步选择可能的多条输水线路;分别对各线路的全线压力线、控制点水位或压力及总体控制指标进行分析研究;结合输水方式、地形、工程地质、施工、交通运输等条件,根据技术上的需要和条件的可能,经多方案综合经济技术比较后选择。

工程总体布置还应从经济、节能、降低工程技术难度等方面,考虑工程与受水区供水系统的衔接方式。尽量采取重力流输水方式,优先利用输水线路附近的水库调蓄,特别是工程末端的调蓄水库。

1.2　线路选择

输水线路的选择是多方案比较的前提,是确定最优线路的基础,应遵循以下原则:

(1)线路走向应根据输水方式、地形、工程地质、交通运输等条件,经多方案比较后选择;尽可能利用地形条件,首先选用重力流输水方案完成输水任务。

(2)线路力求短而顺直,以减少线路长度和避免转弯过多增加水力损失;尽量避免经过地形起伏过大地区,尽量减少泵站数量。

(3)为便于施工和管理,输水线路尽可能沿已建道路的边侧敷设,尽量避免通过城市工业区、开发区和村庄,减少拆迁,少占农田和不占良田。

(4)为保证安全运行,便于维护,输水管道线路选择应尽量避免与各种障碍物和不良基础地段的交叉,原则上从较远处以较小的偏角绕过。

(5)为防止土壤对输水管线的腐蚀,管线应避免穿过腐蚀性大、导电率较高的地段。

(6)长距离输水线路通过矿区时,需要调查地下矿藏的分布和开采情况,通过相关部门的压矿评价。对采空区和塌方区不设永久性输水管线。

(7)长距离输水选线,还应考虑开挖与回填的土方量平衡,避免远距离运送土方,在岩石地区施工时,要考虑到沿线就近取土回填的可能。

(8)山丘区长距离输水管线在岩石地区选线时,考虑到管沟需要爆破施工,其线路必须保证与附近高压供电线、铁路、高速公路或居民区有一定的安全距离。

1.3　输水方式

输水方式的选择是长距离输水工程系统总体优化的重要内容,应以保证输水水质和水量安全为主要条件,兼顾运行调度管理、工程造价和运行费用等技术经济因素,通过多方案比较确定。长距离调水输水方式包括无压重力输水、有压重力输水、加压输水、重力和加压组合输水等几种。

1.3.1　无压重力输水

大型长距离调水工程无压重力输水常采用明渠、暗渠和非满管的管道输水。当输水地形高差足够、地形适宜且输送水量较大时,可采用明渠输水方式。当输水量较小时,不宜采用明渠输水方式。但对于山丘区输水工程因地形复杂等因素,采用明渠输水往往出现高填方与深挖方,既不经济也不安全;明渠输水方式线路还要尽量避开容易造成水质污染的河道和地区;明渠输水方式存在永久占地多,对当地灌排系统影响较大,蒸发、渗漏损失大,水质不易保证,工程管理难度大,冬季输水等诸多问题。因此,长距离调水工程在地形高差足够时可采用无压重力暗渠输水方式,其构造形式有明渠加盖板、箱涵或圆管三种。渡槽属无压重力输水形式,通常作为明渠输水工程的跨越工程。隧洞作为穿越工程,可进行无压重力输水和有压重力输水。

1.3.2　有压重力输水

大型长距离输水往往需要消耗大量的电能,经常运转费用高。有压重力流输水具备了节约能源的优点。因此,当有足够的可利用输水地形高差时,优先选择有压重力输水方式。选择重力输水时,如果充分利用地形高差,使输送设计流量时所用管径最小,可获得最佳经济效益。管道和隧洞均可实现有压重力输水。利用隧洞进行有压重力流输水,与明流输水隧洞相比,压力洞可以最大限度地利用水头,减小过水断面;运行上,正常引水期压力洞操作简单,流量随上游压力自动调节。

1.3.3　加压输水

大型长距离输水工程地势起伏大、地形复杂、线路长,当没有可利用的输水地形高差时,根据地形高差、管线长度、管材的承压能力及设备动力情况,沿管线设置不同数量的中途加压泵站,选用水泵加压输水方式。

在长距离压力流输水设计中,本着安全、节约、便于施工和有利于维护管理的原则,加压泵站的级数应尽量减少。随着我国经济社会的发展,与输水工程相关的水泵、管材及各类阀门和附件生产技术得到了快速提高,使得大型长距离输水工程沿途不设或少设泵站的高压输水系统成为可能。

1.3.4　重力和加压组合输水

在地形复杂的情况下,可利用输水地形高差较小,或仅用重力输水不够经济,管径过大流速过低时,可选用重力和加压组合输水方式。

1.4　水力计算

　　长距离输水工程管(渠)道的水头损失按照《室外给水设计规范》(GB 50013)的规定计算。压力管道的管径和输水方式对工程投资和安全运行都有很大影响,选择时可用经济管径公式或界限流速法初选,再进行综合经济技术比较选定。压力输水管道还应对各种运行工况进行水头损失校核计算。

第 2 章　管材选择

长距离输水工程中,管材对工程投资影响较大,管材选择主要根据工程规模、重要性、管材可靠性、管道直径、工作压力、工程地质、地形、外荷载、施工工期和投资等多方面进行综合分析比较后确定。

长距离输水管道使用的管材主要有钢管(SP)、球墨铸铁管(DIP)、预应力钢筒混凝土管(PCCP)、玻璃钢管(GRP)和预应力混凝土管(PCP)。

2.1　管材选用原则

长距离输水管道工程可使用管材的品种类型较多,不同厂家产品规格或参数不尽相同,质量亦有差别。据统计,在大量的长距离管道爆管事故中,由于管材原因造成的占相当大的比例,因此管材的选用尤为重要。

输水管道所用管材应考虑满足下列因素,并经技术经济比较后确定:

(1)应符合《生活饮用输配水设备及防护材料的安全性评价标准》(GB/T 17219)中的规定。

(2)应具有足够的强度,可以承受各种工况下的内外荷载。

(3)水密性好,在使用压力范围内无渗漏。

(4)管内壁光滑,水力损失小。

(5)综合价格合理,使用年限长,耐腐蚀。

(6)连接可靠,施工方便。

2.2　管材特性

2.2.1　钢管(SP)

钢管应用历史较长,范围较广,是一种广泛采用的传统管材,在给水工程中运用较早、较多。螺旋钢管具有高的机械强度和延伸率,可塑性好,能承受较高的外压和内压,对基础适应性强,相对于混凝土管和球墨铸铁管质量较轻,安装方便,单节长度可达 12.0 m,接头少、接口形式灵活、无渗漏、管道整体性好;其整套机械化生产过程和双面埋弧自动焊接工艺,使钢管一次成型且易于保证产品质量;均匀分布的螺旋型焊缝,增大了钢管的强度和刚度。螺旋钢管受加工工艺的影响,管材存在较大的残余应力,降低了管道承受内压的能力,但由于输水管道工作压力低和生产效率高,螺旋钢管在输水工程中被广泛采用。

钢管必须作内外防腐处理,近年来逐渐引入石油、天然气管道防腐蚀技术,使得钢管在输水工程中变得更为可靠。其主要失效形式为接头安装焊接质量不合格造成的焊缝开裂。

2.2.2　球墨铸铁管(DIP)

球墨铸铁是一种铁、碳、硅的合金,其中碳以球状游离石墨存在,因而对基体的削弱和造成的应力集中很小,它具有很高的强度,良好的塑性和韧性,铸造性能好,在工业上应用广泛。球墨铸铁管是铸铁球化处理经离心铸造后拔管而成,内衬水泥砂浆,外部喷锌后涂沥青,其工艺流程见图 1-2-1。球墨铸铁管具有耐冲击、耐震动、耐腐蚀、抗拉强度高、韧性好、延伸率高、工作压力大等优点,自锚式和承插式接口连接方式对地基变化适应性强,各种管道附件使得安装方便,是目前推广的管材之一。球墨铸铁管的缺点是价格较高。

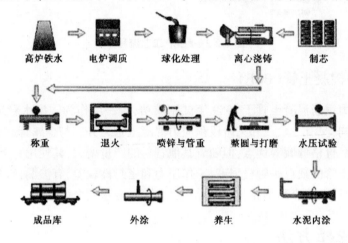

图 1-2-1　球墨铸铁管工艺流程

2.2.3　预应力钢筒混凝土管(PCCP)

预应力钢筒混凝土管是在带钢筒的混凝土管芯上缠绕环向预应力钢丝并制作水泥砂浆保护层而制成的管子,它由钢筒、钢制承插口圈、管芯混凝土、高强钢丝、水泥砂浆保护层组成,其工艺流程见图 1-2-2,PCCP 作为一种钢筒与混凝土制作的复合管,综合了钢管抗拉强度高、密封性好以及混凝土管抗压强度高、耐腐蚀性好的双重优点。具有高的抗渗、密封和抗压性能,节约钢材、降低造价、使用寿命长。接口采用钢环承插口,双胶圈密封,尺寸较准确,安装方便,能承受较高的内压和外部荷载,适应地基变化的性能较好。其主要失效形式为预应力钢丝锈蚀发生爆管。

在地下水对混凝土有侵蚀性时,PCCP 应进行外防腐蚀处理,其缺点是自身质量较重。

2.2.4　玻璃钢管(GRP)

玻璃钢管(GRP)是一种复合材料管,应用于埋地敷设条件时,主要为纤维缠绕夹砂玻璃钢管和离心浇铸夹砂玻璃钢管等。这些管道都具有质量轻、抗拉强度高、耐腐蚀、内壁光滑、水头损失小,一般在同样条件下直径可比其他管材减小,承插式安装方便等特点。

玻璃钢管的缺点是承受外压能力较差,容易受外压使管道失稳和变形造成接头渗漏。同时,对管道回填土、基础处理和施工技术要求较高,综合造价较高。玻璃钢管的主要失效形式为竖向荷载大或管内真空压力造成的环向失稳。

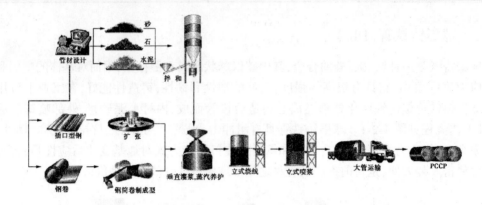

图 1-2-2　PCCP 工艺流程

2.2.5　预应力混凝土管(PCP)

承插式预应力钢筋混凝土管于 1959 年试制成功,曾一度作为输配水管道的主要材料。根据制作工艺不同,又有一阶段和三阶段预应力混凝土管之分。与金属管道相比,具有节约金属材料、耐腐蚀、价格低廉等优点,但随着其他管材的产量增大,其使用有下降趋势。

预应力混凝土管的缺点是管材强度、工作压力和密封性较差,有渗漏,自身质量较重,生产质量不稳定,大口径管废品率高,爆管事故发生率高,输水安全性差。

2.3　管材选择方法

2.3.1　管材选择的一般方法

我国地域辽阔,各地区的地形地质状况存在较大差异,经济形势与应用管材的历史状况也不一样,而每项工程的系统特性又不相同,因此长距离输水工程管材的应用也是多种多样的。一般情况下,长距离输水工程根据工程的规模、管道工作压力、输水距离的长短、工程的重要性、施工工期、地形地貌及地质、当地管材生产状况、工程资金来源等情况,进行技术经济、安全等方面论证综合比较后确定。大型长距离输水管道工程大都在钢管、球墨铸铁管、预应力钢筒混凝土管、预应力混凝土管与玻璃钢管等管材中选择。

当地质条件较好,使用压力较低(1.0 MPa 以下)时,中小口径输水管道(DN1200 以下)可通过比较选择使用球墨铸铁管、塑料管、夹砂玻璃钢管、预应力钢筋混凝土管等非金属管材;大口径输水管道(DN1200 及以上)可通过比较选择使用钢管、球墨铸铁管、预应力钢筒混凝土管。

单条重要的大口径输水管线,或地质条件较差、使用压力较高(1.0 MPa 以上)时,宜选择钢管。

输水管线穿越河流、铁路等时宜选择钢管。

预应力混凝土管是最经济的管材,在我国应用较广,但为了保证安全输水,对大口径、工作压力高的输水工程应谨慎采用预应力混凝土管。玻璃钢管的应用应注意选择合适的环刚度,其施工安装即使在厂家指导下也应严格控制。

设计中需通过加压泵站及输水压力管道水力过渡过程计算,分析输水管道的水压线变化和沿线地形、地质情况,根据管道断面最大压力、外部荷载、土的性质、施工维护和材料供应等条件确定管材。

距离特长(50 km 以上)的大口径输水管道,当施工期短或地形起伏及使用压力变化大、地质条件变化大时,可通过比较选择多种管材组合使用的方案。对压力大、基础较差及河道和穿越各种障碍的管段使用钢管,以发挥其强度高、适应性强、接口形式灵活的特点;其余压力管段采用预应力钢筒混凝土管;地质条件较好的地段采用玻璃钢管等。

2.3.2　管材经济技术量化选择方法

长距离输水管道工程中,管材投资约占总投资的 70% ~ 80%,作为工程的主体,管材的经济性和技术合理性、可靠性决定了工程效益的发挥。在管材的经济技术比较工作中,各种管材经济方面的比选量化相对容易,但技术性能的比选较为复杂,涉及的因素较多,一是不同管材自身的机械性能不同,结构和制造工艺不同,表现在其应用范围和适用条件不同,而地质条件、工作压力、周围环境、外部荷载、施工质量、工程管理等对管材性能的发挥又有很大的影响,且直接影响工程的安全、输水可靠性和运行效益。所以,一般情况下管材的经济技术方面的比选往往只局限在经济比选的层面,技术性能的比选只作定性的比较,受使用管材习惯和经验水平影响较大。如何客观地根据工程规模、管材技术特性和使用条件等多方面全面、合理地进行长距离输水工程管材经济技术综合比选一直是设计人员面临的技术难题,为此作者研究了一种长距离输水管道工程管材经济技术量化选择方法。

管材经济技术量化选择步骤如下。

2.3.2.1　分别计算各种管材管道工程的年运营费

为保证各种管材经济比选的合理性,对应的管道工程年运营费的计算是以相同输水规模、相同长度的管段为前提的。

年运营费主要为投资成本提成、生产费和能源费三项。

$$A_j = A_{ej} + A_{vj} + A_{Sj} \quad (j = 1,2,3,\cdots,m) \tag{1-2-1}$$

式中:A_j 为年运营费;A_{ej} 为管材相对应的管道工程的年成本,与管道工程总投资、使用年限和年利率有关;A_{vj} 为年平均生产费,主要是系统折旧及维修、养护、管理等费用;A_{Sj} 为年耗电费;m 为参与比选的管材数量。

各种管材管道工程的年运营费可以依整条管道为计算单元,也可以单位长度(每 1 km)管段为计算单元。

2.3.2.2　管材技术特性量化计算

1.制定管材—影响因素项目量化评分表

表 1-2-1 列出了各种管材分别对应性能影响因素的评分,共 15 个影响因素、43 个分项。其中,K_a 为主要影响因素项目,包括管道直径、工作压力、地质条件、外部荷载、供水方式、管道根数、管线设计、阀门设备和周围环境,$i = 1,2,3,\cdots,9$;K_b 为一般影响因素项目,包括防腐措施、产品质量、安装质量保证程度、维护检修、二次污染和工程管理,$i = 1,2,3,\cdots,6$。K_a、K_b 与管材及其对应的各影响因素分项有关,管材数量不限于表中所列内容;该表为通用表格,评价值的取值范围为 (0,1],设计人员结合工程的技术特性进行赋分。

表1-2-1 各种管材分别对应性能影响因素的评分

主要项目 K_a	影响因素	钢管	PCCP	球墨铸铁管	玻璃钢管	预应力混凝土管	PE管	其他参与比选管材
管道直径(mm)	D>1 600							…
	800≤D≤1 600							…
	D<800							…
工作压力(MPa)	P>2.5							…
	1.6<P≤2.5							…
	0.6≤P≤1.6							…
	P<0.6							…
地质条件	砂壤土、碎石土、黏土							…
	岩石							…
	软土(井点降水)							…
	不均匀沉陷							…
	换土或加固地基							…
外部荷载	覆土厚度>10 m							…
	2 m≤覆土厚度≤10 m							…
	覆土厚度<2 m							…
	地面动荷载大							…
	地面动荷载小							…
供水方式	直供水厂							…
	调蓄工程							…

续表 1-2-1

项目		影响因素	钢管	PCCP	球墨铸铁管	玻璃钢管	预应力混凝土管	PE管	其他参与比选管材
主要项目 K_a	管道根数	双管或多管有联通							
		单管							…
	管线设计	合理							
		一般							…
	阀门设备	先进及自动化控制							
		一般及手动							…
	周围环境	农田							
		村边							
		重要交通、城镇、厂矿等							…
	防腐措施	加强级							
		一般							…
一般项目 K_b	产品质量	行业整体水平高							
		行业质量参差不齐							…
	安装质量保证程度	易							
		中							
		难							…
	维护检修	方便							
		困难							…
	二次污染	环境水质污染							
		环境水质无污染							…
	工程管理	机构健全、制度落实							
		一般							…
		人员及制度不落实							…

2. 分别计算各管材技术特性评价值

对于某一项输水管道工程或某项工程中的一个管段,若参与经济技术比选的管材数量为 m,根据表 1-2-1 和工程具体条件,即可确定各管材对应各影响因素分项的评分值,其 K_a、K_b 对应的矩阵则为

$$K_a = \begin{bmatrix} a_{11} & a_{12} & \cdots & a_{1m} \\ a_{21} & a_{22} & \cdots & a_{2m} \\ \vdots & \vdots & a_{ij} & \vdots \\ a_{91} & a_{92} & \cdots & a_{9m} \end{bmatrix} \tag{1-2-2}$$

式中:$i = 1, 2, \cdots, 9$,为主要影响项目。

$$K_b = \begin{bmatrix} b_{11} & b_{12} & \cdots & b_{1m} \\ b_{21} & b_{22} & \cdots & b_{2m} \\ \vdots & \vdots & b_{ij} & \vdots \\ b_{61} & b_{62} & \cdots & b_{6m} \end{bmatrix} \tag{1-2-3}$$

式中:$i = 1, 2, \cdots, 6$,为一般影响项目。

上述 K_a、K_b 矩阵中,"行"代表某影响因素在实际使用条件下对参与比选所有管材的模糊评价值;"列"代表某管材在各影响因素对应使用条件下的模糊评价值;$a_{ij} \in [0,1]$,$b_{ij} \in [0,1]$;$j = 1, 2, \cdots, m$。

主要项目评分值为

$$K_{aj} = \sqrt{\left(\sum_{i=1}^{9} a_{ij}^2\right)/9} \quad j = 1, 2, \cdots, m \tag{1-2-4}$$

一般项目评分值为

$$K_{bj} = \sqrt{\left(\sum_{i=1}^{6} b_{ij}^2\right)/6} \quad j = 1, 2, \cdots, m \tag{1-2-5}$$

管材技术特性综合评价值为

$$K_j = \beta K_{aj} + (1 - \beta) K_{bj} \tag{1-2-6}$$

式中:β 为管材主要项目权重值,$\beta \in [0.6, 0.85]$,$j = 1, 2, \cdots, m$。

2.3.2.3　各管材经济技术综合评价值的计算

$$C_j = (1 - \alpha) E_j + \alpha P_j$$

$$= (1 - \alpha) \frac{\sum_{j=1}^{m} A_j}{m A_j} + \alpha \frac{m}{\sum_{j=1}^{m} K_j} K_j \tag{1-2-7}$$

式中:C_j 为管材经济技术综合评价值;E_j 为管材经济性能相对评价值;P_j 为管材技术性能相对评价值;α 为管材技术特性权重系数,工程规模大型取 $0.6 \sim 0.7$,中小型取 $0.45 \sim 0.6$;m 为参与比选的管材数量。

管材评价值 C_j 越大,说明其越经济合理、安全可靠,其经济和技术价值越高,越适合于所评价工程的应用。

第 3 章　总体设计与优化

3.1　总体优化目标

长距离输水系统总体优化以全系统最经济为目标,即在满足供水规模、水质及压力要求的前提下,从工程总体布局出发,以全系统运行费和总投资费用现值最小方案为优。

3.2　总体优化设计内容

输水系统总体布置优化包括多条输水线路的比选;而在各种输水方式中,重力流输水运行费用低,但需加大管径和增加工程投资;压力流输水通过在管线中途设置一座或几座加压站,可缩小管径和减少投资,但需增加运行费用;重力和加压组合输水方式综合了二者的优缺点,在压力流的管道直径、管道根数、加压泵站级数、装机容量和重力流的隧洞、暗渠、明渠长度等方面给长距离输水系统总体布置提供了更加丰富的优化空间。

输水线路的选择和输水方式的确定构成了长距离大型输水系统总体布置的优化内容,全系统最优是二者综合经济技术比选的结果。其方案比选一般包括管材、隧洞、暗渠、明渠、渡槽、泵站设备、管道附属设备、年运行费、泵站土建及厂房、土方及石方的开挖及回填等,综合起来就是管道、隧洞、暗渠、明渠、渡槽、泵站、年运行费等工程投资。

3.3　总体设计与优化方法

在工程输水规模确定以后,长距离输水工程系统总体设计与优化方法一般包括以下步骤:

步骤 1:根据输水系统的水源地和供水目标、设计输水规模、水位或压力指标以及沿线受水区位置和地形地貌,初步拟订多个可行的输水系统线路方案。

步骤 2:根据上述拟订的多个输水系统平面布置方案的线路地形纵断面图特征和输水系统沿线的设计流量、分水口位置及分水流量,初步确定各方案的建筑物型式、组成和位置。

(1)确定沿线地形特征点的桩号和高程。

(2)初步确定管道根数、经济管径和管材,计算各管段设计流量条件下的水力损失 h。

(3)根据各方案的水力损失 h 计算结果确定输水方式。优先判断全系统线路是否具备全线自流条件或增加隧洞的自流条件。

不满足自流条件时,初步确定:泵站扬程控制点;以单级泵站扬程不大于 90 m、线路长度约 50 km 为基本原则,结合地形、地质条件初拟泵站位置;有压隧洞或无压隧洞进口和出口位置及高程、隧洞长度;管道长度或暗渠长度;各方案中泵站级数及每级泵站的水泵扬程、台数、装机容量等。

步骤 3:分别计算各方案的工程量,包括泵站、管道、隧洞、暗渠主要建筑物和各类阀门井的附属建筑物。

步骤 4:分别计算上述各方案的工程投资。

步骤 5:计算各方案的运行费;确定工程使用年限、设备更换周期和折现率;计算动态经济分析的费用年值或现值。

全系统综合费用现值 PC 按下式进行计算:

$$PC = \sum_{j=1}^{m} P_{kj} + \frac{(1+i)^n - 1}{i(1+i)^n} \left(\sum_{j=1}^{m} P_{kj}\alpha_j + \frac{\sum_{i=1}^{y-k} Q_i H_{syi} T_i}{1\ 000\eta_p \eta_{pi} \eta_{mot}} \rho g b \right) \quad j = 1,2,3,\cdots,m$$

$$(1\text{-}3\text{-}1)$$

式中:i 为社会折现率;P_{kj} 为管道、隧洞、暗渠、明渠、渡槽、泵站等工程组成建筑物的投资;n 为投资回收期的年限;m 为工程组成建筑物的数量;y 为所选用的水泵数目(包括备用水泵),台;k 为备用水泵的数目,台;α 为年折旧率,α_j 指第 j 个工程组成建筑物的年折旧率;b 为单位电能的费用,元/kWh;ρ 为水的密度,kg/m³;Q_i 为第 i 级泵站 1 年中随季节变化的平均日输水量,m³/s;H_{syi} 为相应于 Q_i 的泵站装置扬程,m;T_i 为第 i 级泵站 1 年中平均工作小时数,h;η_p 为水泵效率;η_{pi} 为管道效率,$\eta_{pi} = H_{syi}/H_i$;η_{mot} 为电动机效率。

全系统费用年值 AC 按下式进行计算:

$$AC = \sum_{j=1}^{m} \left[\frac{i(1+i)^n}{(1+i)^n - 1} + \alpha_j \right] P_{kj} + \frac{\sum_{i=1}^{y-k} Q_i H_{syi} T_i}{1\ 000\eta_p \eta_{pi} \eta_{mot}} \rho g b \quad j = 1,2,3,\cdots,m \quad (1\text{-}3\text{-}2)$$

式中:符号意义同前。

步骤 6:将上述计算结果按照费用年值或现值由小到大进行排序。

步骤 7:选择上述现值最小及与之比较接近的一个或两个方案作为初选线路方案(设为 C_I、C_{II}),再进行详细的计算和输水方式的优化;该步骤在水力计算的基础上,通过以下方法分别对各方案输水系统的组成、参数或规格进行组合,形成相同初选线路方案下的新的方案组。

(1)增大(或部分增大)管径一个规格。

(2)减小(或部分减小)管径一个规格。

(3)调整隧洞底进、出口高程,相应调整隧洞和管道长度。

(4)部分或全部采用水力损失更低的管材。

(5)泵站控制点的前移,新控制点后的管径加大。

(6)增设调节水池,降低沿线管道工作压力。

(7)泵站级数的减少。

(8)泵站位置的调整。

(9)调整暗渠断面和长度。

(10)选择适用于各工况(不同流量)高效区运行的水泵机组,确定定速泵和变速泵数量。

步骤 8:对新的方案组中的各方案重复进行步骤 3~6 的工作内容,即得到输水系统的年值或现值最低的最优方案。

以上 8 个步骤见总体设计优化流程框图,如图 1-3-1 所示。

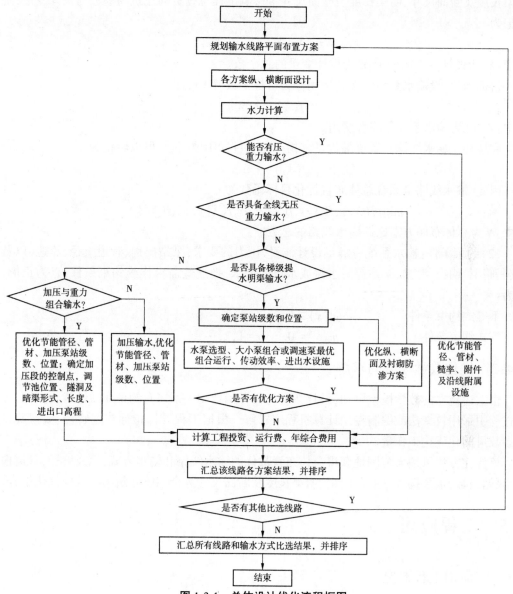

图 1-3-1　总体设计优化流程框图

应当指出,方案比选费用年值或现值的计算根据不同输水线路、输水方式、管材、管径、根数、梯级泵站级数、隧洞、暗渠等多方面分别进行,系统推荐方案尚需综合考虑制造、施工、安装、工期、管理等因素合理确定。

3.4　优化数学模型的建立与求解

3.4.1　目标函数数学模型的建立

(1)设计变量:取输水全系统的不同管径、泵站级数、泵站扬程、隧洞长度及断面尺寸、

暗渠长度及断面尺寸、明渠长度及断面尺寸等影响工程总投资的建筑物参数为设计变量,统一记为

$$X = \left[X_1, X_2, X_3, \cdots, X_n \right]^{\mathrm{T}}$$

式中:X_i 为设计变量的分量;n 为设计变量的总个数。

目标函数:设输水系统年综合费用作为目标函数 $f(X)$,即

$$f(X) = Z(X)$$

式中:$Z(X)$ 为输水系统年综合费用。

实现某一输水线路全系统最优是多指标的多目标函数问题,可以转化为

$$f(X_k) \to \min.$$

因此,输水线路全系统总体布置优化目标函数为

$$\min \left[f(X_1), f(X_2), f(X_3), \cdots, f(X_k), \cdots, f(X_N) \right]$$

式中:N 为总体布局方案比选输水线路的总数。

(2)约束条件:输水系统应满足设计流量、压力的要求,泵站扬程、管道直径、流速,以及隧洞、暗渠、明渠、渡槽、泵站等对水深或水位的要求,把这些需求作为约束条件,且为正值,记为:

不等式约束条件　　　　　　　$g_j(x) \geqslant 0$　　$j = 1, 2, \cdots, u$

等式约束条件　　　　　　　　$h_r(x) = 0$　　$r = 1, 2, \cdots, v$

3.4.2　优化数学模型的求解

由上述建立的数学模型可知,设计变量与目标函数的关系属有约束非线性优化问题,优化过程中采用枚举法或编制专用计算机程序求解。根据工程设计指标初选管径、流速等设计参数可简化优化工作量。

该优化方法可最大范围地获得总体布置最优的输水线路和输水方式,以及管径,管道根数,泵站级数,水泵扬程,隧洞、暗渠、明渠长度及断面尺寸等全系统建筑物参数的优化组合。

3.5　工程应用

3.5.1　应用工程概况

山东省胶东地区引黄调水工程是南水北调东线工程中山东"T"字形调水大动脉的重要组成部分,是缓解烟台市、威海市的供水危机,防止莱州湾地区海水内侵,改善当地生态环境,保证该地区社会经济可持续发展的大型调水工程。输水线路总长 482 km,其中利用既有引黄济青段工程 160.5 km,新辟输水线路 321.5 km,包括输水明渠 159.6 km,输水管道、输水暗渠及隧洞 161.9 km。工程自引黄济青渠首打渔张引黄闸引取黄河水,利用既有的引黄济青输水河输水和宋庄、王耨两级泵站提水,至昌邑市境内宋庄镇东南引黄济青输水河设计桩号 160+500 处,设宋庄分水闸分水;新辟的输水明渠,经昌邑、平度、莱州、招远、龙口五市和灰埠、东宋、辛庄三级明渠扬水泵站至龙口市接第一级加压泵站——黄水河泵站前池;利用压力管道、任家沟隧洞及暗渠输水至蓬莱市温石汤泵站;经压力管道、村里隧洞及暗渠输水至烟台市福山区高疃泵站;压力管道桂山隧洞、孟良口子隧洞输水至牟平区星石泊泵

站;经压力管道、卧龙隧洞和压力管道输水至威海市米山水库;黄水河、温石汤、高疃和星石泊为 4 级加压泵站。工程规模:宋庄分水闸—黄水河泵站段输水明渠工程设计流量 12.6~22.0 m³/s,校核流量 16.4~29.0 m³/s;黄水河泵站—门楼水库段输水压力管道与暗渠工程设计流量 10.5~12.6 m³/s,校核流量 13.7~16.4 m³/s;门楼水库—威海米山水库段输水管道工程设计流量 4.8~5.5 m³/s,校核流量 6.2~7.2 m³/s。

山东省胶东地区引黄调水工程为长距离、大型调水工程。其中,黄水河泵站—米山水库段输水线路,沿线穿越山间剥蚀平原、丘陵、残丘、海积平原等地貌单元,地貌类型较多,地形条件复杂、起伏大,地面高程黄水河泵站—门楼水库段为 27.5~282.0 m;高疃泵站—米山水库为 0.7~159.4 m,具有典型的大型长距离、多起伏输水工程的技术特性。工程总体布置见图 1-3-2。

3.5.2　输水线路方案比选

山东省胶东地区引黄调水工程总体布局进行了北线方案、南北结合方案Ⅰ、南北结合方案Ⅱ三大方案线路比选。本节列举了可行性研究和初步设计阶段部分结果,以说明总体布局优化设计方法。

3.5.2.1　北线方案

北线方案即黄水河泵站—米山水库输水方案。

1.黄水河泵站—村里隧洞段输水工程相同线路的不同参数方案比选

该段输水线路设计流量 12.6 m³/s,地处山丘段,地面起伏大,地面高程在 27.5~189.2 m,地层岩性多为砾质粗砂、砂质壤土、黏土,岩基为斜长片麻岩、斜长角闪岩及粗粒花岗岩,因地形复杂等因素,输水线路选择了压力管道与隧洞、暗渠相结合的输水方案。根据不同管径、泵站级数和隧洞进出口高程及隧洞长度等因素,拟订了 6 个方案。

方案比选内容包括管材、隧洞、泵站设备、年运行费、管道连通设备、泵站厂房、土方和石方的开挖及回填、混凝土方量、沿线临时占地及永久占地、地面附着物赔偿、阀门井、进排气井、排水井及自动控制等。经济计算期采用 40 年,社会折现率采用 6%;运行费用包括能源费、设备检修费和管理费三部分。方案比较结果详见表 1-3-1。

方案选定是在技术可靠、确保工程施工工期的前提下,注重一次性投资少,兼顾建设期及运行期折算总费用较小的原则,合理选择供水方案。由表 1-3-1 可以看出,在 6 个方案中,方案 5 一次性投资较少,建设期及运行期折算总费用最低,因此选定方案 5。

2.高疃泵站—米山水库段相同线路的不同参数方案比选

该段输水线路设计流量 4.0 m³/s,地处丘陵、山间冲洪积平原及滨海平原区,地面起伏大,地面高程为 0.7~87.8 m,地层岩性多为粉细砂、黏土、淤泥质壤土、淤泥质粉细砂,基岩为云母片岩、黑云变粒岩及花岗岩。可行性研究阶段除利用门楼水库东干渠明渠输水外,其他均采用管道、隧洞相结合的输水方案。根据不同管径、泵站级数和隧洞开挖等因素,拟订了以下 4 个方案。方案比较的结果详见表 1-3-2。在 4 个方案中,方案 3 一次性投资最少,建设期及运行期折算总费用最低,因此选定为推荐方案。

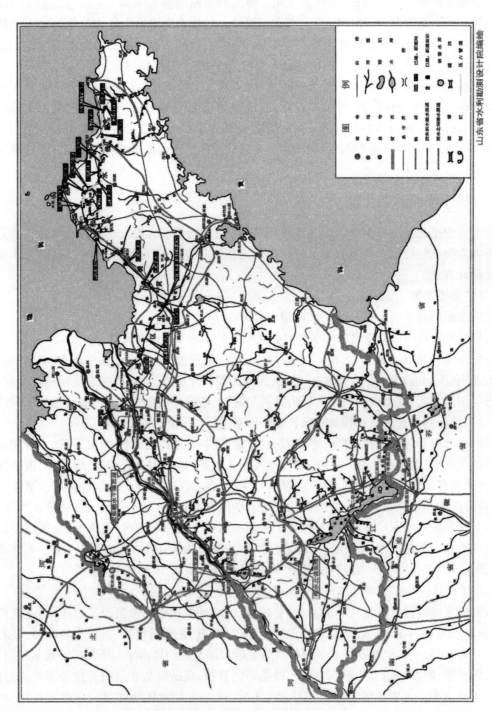

图 1-3-2 山东省胶东地区引黄调水工程总体布置

表 1-3-1　黄水河泵站—村里隧洞段 6 个方案比较结果

方案序号	方案说明	设计流量(m³/s)	管道直径	管道根数	管道总长(km)	泵站级数	隧洞长度(km)	总扬程(m)	装机容量(kW)	投资(亿元)	年运行费(亿元)	折算总费(亿元)
1	DN1600, 3级泵站, 隧洞底高程129.0m	13.5	DN1600	3	27.0	3	2.8	194	44 000	3.05	0.57	11.63
2	DN1800, 3级泵站, 隧洞底高程129.0m	13.5	DN1800	3	27.0	3	2.8	162	33 600	3.59	0.51	11.26
3	DN2000, 3级泵站, 隧洞底高程129.0m	13.5	DN2000	3	27.0	3	2.8	145	26 880	4.10	0.46	11.02
4	DN1600, 2级泵站, 隧洞底高程106.0m	13.5	DN1600	3	25.3	2	6.6	159	32 400	3.10	0.47	10.17
5	DN1800, 2级泵站, 隧洞底高程106.0m	13.5	DN1800	3	25.3	2	6.6	138	28 000	3.56	0.42	9.88
6	DN2000, 2级泵站, 隧洞底高程106.0m	13.5	DN2000	3	25.3	2	6.6	112	25 600	4.04	0.39	9.91

表 1-3-2　高疃泵站—米山水库段 4 个方案比较结果

方案序号	方案说明	设计流量(m³/s)	管道直径	管道根数	管道总长(km)	泵站级数	隧洞长度(km)	总扬程(m)	装机容量(kW)	投资(亿元)	年运行费(亿元)	折算总费(亿元)
1	DN1800, 3级泵站, 不开挖隧洞	4.0	DN1800	1	68.5	3	0	189.0	17 520	3.18	0.25	6.9
2	DN2000, 2级泵站, 不开挖隧洞	4.0	DN2000	1	68.5	2	0	136.0	12 000	3.45	0.20	6.5
3	DN1800~DN1600, 2级泵站, 开挖隧洞	4.0	DN1800	1	67.4	2	1.5	137.0	12 000	3.05	0.19	5.9
4	DN2000, 2级泵站, 开挖隧洞	4.0	DN2000	1	38.26	2	0.24	112.0	9 600	3.44	0.18	6.1

3.5.2.2　南北结合方案Ⅰ——南线工程

南北线结合方案Ⅰ——南线工程主要是向烟台市区、威海市区及文登市供水,从引黄济青棘洪滩水库取水,以压力管道输水分别至烟台市门楼水库和威海市米山水库。南线输水工程在线路布置上分为两个方案:

方案一(烟、威合供方案)是向烟台、威海(含文登)供水的两条管线均沿篮烟铁路并行布置,至栖霞市桃村(132+350)处分岔,一条仍沿篮烟铁路布置,至烟台市福山区门楼水库,线路长 173 km;另一条沿桃威铁路至威海市米山水库,线路长 219. 16 km。制高点均位于117+010 处的高步岭,高程 161. 0 m。根据不同管径、泵站级数、隧洞开挖等因素的组合,产生了 3 个输水方案。

方案二(烟、威分供方案)是向烟台、威海(含文登)供水的两条管线,在姜家坡火车站处(24+450)分岔,一条仍沿篮烟铁路,至烟台福山区的旺远穿铁路拐向门楼水库,线路长 173 km,制高点位于117+010 处的高步岭,高程 161 m,另一条沿老青威公路及青岛—威海一级公路布置,至威海文登市米山水库,线路长 204. 83 km,制高点位于 162+000 处的大孤山,高程 88. 0 m。该方案根据管径和泵站级数两个因素共组合了 2 个输水方案。

南线输水管道方案比较过程分以下 4 个步骤进行:

(1)烟、威合供输水管道 3 个方案之间的比较,通过经济技术分析确定最优方案。

(2)在烟、威分供输水管道 2 个供水方案中确定出优选方案。

(3)选取烟、威合供最优供水方案中的去门楼水库的输水方案与烟、威分供至米山水库的输水方案中的优选方案,组成烟、威分供线路的最优供水方案。

(4)烟、威合供与烟、威分供输水线路两个优选方案之间的比较,从中选定南线工程最优输水方案。

烟、威合供 3 个方案的比较结果见表 1-3-3;烟、威分供至米山水库输水管道 2 个方案的比较结果见表 1-3-4;烟、威合供与烟、威分供优选方案的比较结果见表 1-3-5。

经综合经济技术比较,烟、威合供 3 个方案中,推荐方案 1 为优选方案;烟、威分供 2 个方案中,推荐方案 1 为优选方案。通过烟、威合供与烟、威分供两个优选方案的对比可以看出,烟、威合供方案一次性投资少;供水保证率高,在两条管道并行区间内,一处发生事故,通过设置连通管,其事故水量能满足设计水量的 70% 的要求;门楼、米山两水库的供水可以互补,即不需者可停供,需水者可多供;比分供方案更能保证施工工期及便于运行管理。因此,选定烟、威合供方案为南线输水工程方案。

表 1-3-3　烟、威合供 3 个方案比较结果

方案序号	方案说明	设计流量 (m³/s)	管道直径	管道根数	管道总长 (km)	泵站级数	隧洞长度 (km)	总扬程 (m)	装机容量 (kW)	投资 (亿元)	年运行费 (亿元)	折算总费 (亿元)
1	管径 DN1200、DN1000，5 级泵站，隧洞 800 m	2.546	DN1200 DN1000	2	391.36	5	0.8	317.0	14 500	7.93	0.69	18.31
2	管径 DN1200，5 级泵站，隧洞 22.22 km	2.546	DN1200	2	350.56	5	22.22	290.0	11 500	8.52	0.65	18.37
3	管径 DN1400、DN1200、DN1000，4 级泵站，无隧洞	2.546	DN1400 DN1200 DN1000	2	392.16	5	0	232.0	10 000	8.90	0.62	18.30

表 1-3-4　烟、威分供一米山水库支线 2 个方案比较结果

方案序号	方案说明	设计流量 (m³/s)	管道直径	管道根数	管道总长 (km)	泵站级数	隧洞长度 (km)	总扬程 (m)	装机容量 (kW)	投资 (亿元)	年运行费 (亿元)	折算总费 (亿元)
1	管径 DN1200，5 级泵站	1.273	DN1200	1	204.83	5	0	312.0	8 100	4.36	0.33	9.36
2	管径 DN1400，3 级泵站	1.273	DN1400	1	204.83	3	0	174.0	4 500	5.18	0.28	9.42

表 1-3-5　烟、威合供与分供优选方案比较结果

方案序号	方案说明	设计流量 (m³/s)	管道直径 (mm)	管道根数	管道总长 (km)	泵站级数	隧洞长度 (km)	总扬程 (m)	装机容量 (kW)	投资 (亿元)	年运行费 (亿元)	折算总费 (亿元)
烟、威合供	管径 DN1200、DN1000，5 级泵站，隧洞 800 m	2.546	DN1200、DN1000	2	391.36	5	0.8	317.0	14 500	7.93	0.69	18.31
烟、威分供	管径 DN1200、DN1000，5 级泵站，隧洞 800 m，门楼水库支线	1.273	DN1200、DN1000	1	172.2	5	0.8	317	8 700	4.5	0.345	18.84
	米山水库支线，管径 DN1200，5 级泵站	1.273	DN1200	1	204.83	5	0	312.0	8 100	4.36	0.320	

3.5.3　输水方式的优化

3.5.3.1　黄水河泵站—村里集隧洞段工程输水方式的优化

该段工程的优化主要包括对该段工程的线路布置、输水方式和泵站位置等进行了优化设计。

1.初选输水线路方案和输水方式

黄水河泵站—村里集隧洞段输水管道工程初选方案的两级泵站分别为黄水河泵站和五龙泵站，该段输水线路全长 26.28 km，管道流量为 12.6 m³/s，泵站总扬程 115.5 m。线路自龙口市侧岭高家村西黄水河泵站出口接管点开始，沿村北向东至黄水河西岸，倒虹斜穿黄水河至小刘家村南，之后沿黄水河东支北岸滩地向东行进，穿过黄城集大桥，经大刘家村南，在岳家圈村南过黄水河，避开卧龙水库坝址转向东北方向，沿黄水河南岸 71.0 m 等高线布置，在南山北头村西南到达五龙泵站前池。经五龙泵站加压后，自蓬莱市小门家镇南山北头村西南的五龙泵站出口接管点开始，经南山北头村南折向隋家窑村南，之后沿小门家镇至村里集镇公路西侧向南到达村里集镇温石汤村北，倒虹斜穿黄水河东支，再沿河东岸向南至小崔家，在村里集镇东北、陈家沟村西折向东南，直至痴老坡顶前、村里隧洞入口。该线路方案的输水方式全部为加压输水。

2.任家沟隧洞方案(优化方案)的输水线路和输水方式

黄水河泵站—村里集隧洞段优化方案输水管道工程拟订的任家沟隧洞方案两级泵站分别为黄水河泵站和温石汤泵站，该段输水线路全长 23.25 km，管道流量为 12.6 m³/s，隧洞和暗渠结合远期调水流量取 16.4 m³/s，泵站总扬程 112 m。线路自黄水河泵站出口接管点开始，至大刘家村对岸与初选线路相同，之后折向东南方向，之后在古磨张家村(龙口市)西北方向沿小河道西岸向南，到达古磨张家村村西穿过道路，经过古磨张家、任家沟村后，到达任家沟隧洞入口。隧洞长 3.55 km，进出口底高程分别为 98.5 m 和 96.13 m，出口位于蓬莱市村里集镇张家沟村北，之后暗渠 1.41 km 到达村里集镇北的温石汤泵站，并在温石汤泵站出口接管点与初步设计线路会合后到达村里隧洞入口。该线路方案的输水方式为加压输水(管道)、无压重力输水(隧洞)、无压重力输水(暗渠)的组合。

3.方案比较结果

从表 1-3-6 可以看出，任家沟隧洞方案较初步设计方案一次性投资节省 3 087.49 万元，建设期及运行期折现总费用低 12 462.99 万元，并且隧洞和暗渠设计断面的结合远期调水，供水能力有较大提高。因此，选定任家沟隧洞方案。

表 1-3-6　黄水河泵站—村里集隧洞段线路方案比较

方案	输水方式	线路总长(km)	管道长度(km)	管道根数	隧洞长度(km)	暗渠长度(km)	总扬程(m)	装机容量(kW)	投资(万元)	折算总费用(万元)
初选方案	加压输水	26.88	26.63	2	0	0	115.5	27 000	28 825.47	89 048.47
隧洞方案	加压和重力输水	23.25	18.03	2	3.55	1.41	112.0	26 100	25 737.98	76 585.48

3.5.3.2 高疃泵站—星石泊泵站段输水方式的优化

山东省胶东地区引黄调水工程第3级加压泵站高疃泵站前池上游接明渠和暗渠,输水管道末端接星石泊泵站前池,泵站输水管路长 66.54 km,管道根数 1 根,设计流量 5.5 m³/s,在 43.10 km 处设分水口,分水流量 0.70 m³/s。按初步设计选定的管路布置方案,在 4.60 km 处有一局部高点,管路中心线高程 85.00 m,高于前池水位 54.32 m,高于末端水位 75.80 m;在 58.50 km 处有另一局部高点(烟墩),管路中心线高程 22.50m;高疃泵站前池设计水位 30.68 m,管路末端设计水位 9.20m。泵站按 3 用 1 备设计。根据这个管路特性,从系统运行的经济性和可靠性方面拟订了两个方案对输水方式进行了优化。

1.方案 1:全线有压输水方案

该方案分别以管路末端及两个局部高点作为控制点确定泵站扬程,三者比较,选择大值;在分水口以前管径为 DN2000,之后管径为 DN1800,如图 1-3-3 所示。

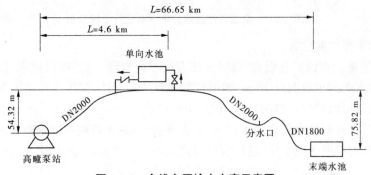

图 1-3-3 全线有压输水方案示意图

经计算和比较,设计工况下末端为扬程控制点,管路全程总水力损失 107.85 m,泵站段损失按 1.63 m 计,泵站设计净扬程−21.48 m,则泵站设计总扬程为 88 m。从上面的计算可以看出,高疃泵站设计总扬程全部由损失组成,泵站扬程对流量非常敏感,流量的微小变化会导致泵站扬程很大的变化,例如:流量加大 10%,扬程为 110.65 m,增大 25.7%;流量减小 10%,扬程为 67.51 m,减小 23.3%。

由于 4.60 km 处这个局部高点的存在,给泵站的运行控制带来不便,将给泵站的设计和运行管理带来许多难题,主要表现在以下几个方面:

(1)扬程控制点不固定。泵站满负荷运行时,以管路末端为扬程控制点,扬程高达 95.00 m;非满负荷运行时(如只为威海市调水时),以局部高点为扬程控制点。在进行水泵运行工况分析时,泵站的管路特性曲线由两条曲线构成,两条曲线的交点即为拐点,拐点以上为管路末端控制区,拐点以下为局部高点控制区;拐点对应的单机流量为 1.6 m³/s,刚好是泵站只为威海市调水时的单泵流量,如图 1-3-4 所示。由此可以判定,在只为威海市调水时,泵站的运行工况将极不稳定,稍有波动,其扬程控制点将会在局部高点与管路末端间交替,这种交替现象的后果是:高点以后的输水特性在压力输水与重力输水之间交替,给泵站的输水系统带来脉动压力,对输水系统造成危害;而且泵站扬程仅为 61.40 m,偏离水泵设计工况太多,还需对水泵通过调速或更换转轮进行性能调节。

(2)停机时产生负压。在停机过渡过程中,该局部高点处极有可能产生较大负压,发生水柱的分离和再弥合,这种水柱的分离和再弥合会导致瞬间压力急剧上升,给泵站输水系统

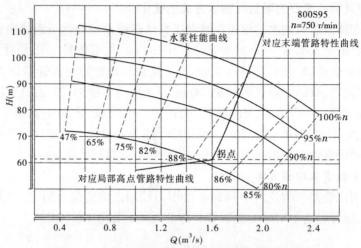

图 1-3-4　全线有压输水方案水泵运行工况分析

的安全运行带来很大的危害。

（3）防护措施。在该处除设空气阀外，还需设单向水池，通过单向注水管与输水管道相接。该处压力水头高于地面近 30 m，如果按常规调压井设计，调压井将高达 30 m。

单向水池就可以很好地解决这个问题：在连接管上设单向阀，在泵站正常运行时，单向阀关闭，停机时打开向输水管道注水；另设一充水管，由输水管向单向水池充水，充水管上设水位控制阀，控制单向水池水位，这样就可以降低单向水池的高度，如图 1-3-5 所示。

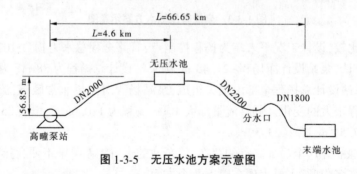

图 1-3-5　无压水池方案示意图

（4）水泵运行工况分析。

更换转轮需配备 2 套转轮，泵站运行管理很不方便，因此按调速设计。若设 2 台水泵调速运行，水泵在 92% 额定转速运行，在扬程为 61.40 m 时，单机流量 2.4 m³/s，泵站流量满足 4.8 m³/s，但此时水泵最优扬程为 80.00 m，水泵运行扬程偏离最优扬程仍然太多，运行效率较低。若设 3 台水泵调速运行，水泵在 82% 额定转速运行，单机流量 1.6 m³/s，泵站流量满足 4.8 m³/s，此时水泵最优扬程为 65.00 m，运行工况良好，效率较高。因此，泵站在不分水运行时，需设 3 台水泵调速运行，由于该方案水泵不降速就不具备运行条件，为保证泵站运行的安全可靠性，泵站需配备 4 套调速系统。水泵性能：扬程 95 m，单机流量 1.9 m³/s。

2.方案 2：无压水池方案

在 4.60 km 局部高点处设无压水池，无压水池之前为加压输水，之后管线为有压重力输水，该方案为加压输水与有压重力输水组合方案。

泵站—无压水池段,管径 2.0 m,加压输水;无压水池—分水口段,管径加大为 2.2 m,自流输水;分水口—末端段,管径 1.8 m,自流输水。由管路末端设计水位上推得无压水池设计水位为 87.53 m。这是设计工况下的水位,在计算高瞳泵站扬程时,以该水位为设计水位,泵站设计扬程为 65 m。为确保自流段的过水能力,无压水池最高水位取 93.50 m,安全超高为 5.97 m。无压水池设计为长方形,沿输水方向布置长边,尺寸为 5 m×25 m,满足了池内水流流态调整的需要。

1)水泵运行工况分析

当高瞳泵站下游不分水工况条件时,泵站设计流量为 4.8 m³/s,泵站扬程为 63.50 m,若设 1 台水泵调速运行,全速水泵流量为 1.95 m³/s,2 台合计 3.9 m³/s,调速水泵流量应满足 0.9 m³/s,水泵需在 90%额定转速运行,效率仅为 75%;若设 2 台水泵调速运行,全速水泵流量为 1.95 m³/s,2 台调速水泵单机流量应满足 1.43 m³/s,水泵需在 93%额定转速运行,效率可达 84%,见图 1-3-6。因此,泵站不分水工况运行时,需设 2 台水泵调速运行。

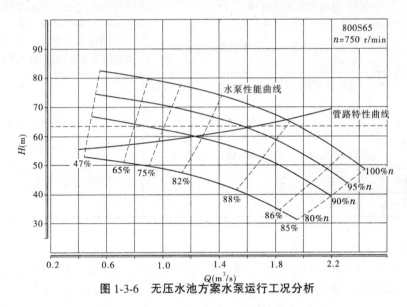

图 1-3-6　无压水池方案水泵运行工况分析

和全线有压输水方案相比,无压水池方案调速系统的设置是为了改善水泵的运行工况,达到经济运行的目的,而原方案是因为不设置调速系统水泵就不具备运行条件,从调速系统的配置需要看,方案 2 优于方案 1。水泵性能:扬程 65 m,单机流量 1.9 m³/s。

2)自流段过流能力复核

在无压水池最高水位时,复核自流段的过流能力,假设分流为设计工况 0.7 m³/s。由管路末端设计水位(9.20 m)往上游推算得无压水池设计水位(87.53 m),采用设计水位加5.97 m 来确定无压水池的最高水位(93.50 m)。

无压水池与管路末端水头差为

$$H = 93.50 - 9.20 = 84.30(\text{m})$$

无压水池—分水口段,管径 $D = 2.2$ m,水力损失为

$$h = 1.1iL = 1.1 \times 38\ 500 \times 0.001\ 736 \times Q^2 \times 2.2^{-5.33} = 1.10Q^2(\text{m})$$

分水口—末端段,管径 $D = 1.8$ m,水力损失为

$h = 1.1iL = 1.1 \times 23\,550 \times 0.001\,736 \times (Q - 0.7)^2 \times 1.8^{-5.33} = 1.96(Q - 0.7)^2 (\text{m})$

以 $H = \sum h$，求得 $Q = 5.71\ \text{m}^3/\text{s} > 5.5\ \text{m}^3/\text{s}$，自流段过流能力满足工程需要。

3.两方案经济技术比较

全线有压输水方案与无压水池方案的比较结果详见表1-3-7。

表1-3-7　高疃泵站—星石泊泵站段线路方案比较结果

方案	全线有压输水方案	无压水池方案
输水方式	加压输水	加压、重力组合输水
流量	分水口之前5.5 m³/s，分水口之后4.8 m³/s	分水口之前5.5 m³/s，分水口之后4.8 m³/s
管路特性	管路总长66.54 km，4.6 km处高点1设单向水池，58.5 km处高点2，43.10 km处有分水口，分水影响泵站扬程	管路总长66.54 km，加压管路总长4.6 km处无压水池，以后全部重力流压力输水，分水不影响泵站扬程
管径	分水前管径2.0 m，分水后管径1.8 m	4.6 km前管径2.0 m，以后至分水口之前2.2 m，之后为1.8 m
扬程	满负荷末端为控制点，H95 m；非满负荷局部高点1控制，H65 m	H65 m
调速方案	在非满负荷运行时需要3台泵同时调速运行，因此应设4套调速系统	可设2套调速系统
装机容量(kW)	4×2 400	4×1 700
费用现值(万元)	52 851	48 334

4.方案选定

方案1由于4.6 km处局部高点1的存在，给泵站的运行控制带来不便，在泵站满负荷运行时，以管路末端控制扬程；在流量低于设计流量83%（4.6 m³/s）时，以该点控制扬程；在停机过渡过程中，该处产生负压，容易发生水柱的分离和再弥合水锤，给泵站输水系统的安全运行带来很大的危害，在该处设进排气阀，对负压有一定的抑制作用，但并不能完全消除这个隐患，还需设单向调压水池。

方案2在局部高点1处设无压水池控制泵站扬程，水池后为有压重力流输水。在掉电过程中，无压水池会向管道中补水，防止管道中的负压过低产生水柱分离和再弥合水锤，减轻管道中的压力波动以保护管道系统。

方案2的加压输水与有压重力输水组合方案比方案1费用现值显著降低。因此，高疃泵站—星石泊泵站输水方式选定方案2。

第 2 篇　绿色技术

第 1 章　绿色设计

1.1　绿色设计及其特点

　　绿色发展和可持续发展是当今世界的时代潮,这一大趋势现在表现得越来越明显:美国奥巴马政府提出了"绿色新政",欧盟制定了《欧盟 2020》发展战略,日本推出了"绿色发展战略",韩国提出了《国家绿色增长战略(至 2050 年)》。以印度、巴西等为代表的新兴市场国家也迅速加入了"绿色大军"行列,制订《国家行动计划》并着手大力推进。绿色发展是我国创新、协调、绿色、开放、共享发展理念的重要内容,事关人民福祉、民族未来。抓住机遇,将绿色发展作为新的经济发展引擎,把环境约束转化为绿色机遇,是加快建设资源节约型、环境友好型社会,形成人与自然和谐发展现代化建设新格局的根本需要。

　　绿色发展的本质是处理好发展中人与自然的关系。生态环境是人类生存和发展的基本条件。但过去的高速发展,在获得经济增长带来的巨大利益的同时,极大地破坏了这个基本条件。不但经济发展越来越受到资源短缺、资源告罄的制约,难以持续;而且人们的基本生活条件也受到严重威胁。随着全球环境问题的日益恶化,人们愈来愈重视环境问题的研究。20 世纪 90 年代,为了寻求从根本上解决环境污染的有效方法,探索现代经济与人类可持续发展的关系,建立人—社会—环境协调发展的机制,绿色设计的概念应运而生。

　　绿色设计(Green Design,GD),也称为生态设计(Ecological Design,ED)、环境设计(Design for Environment,DfE)、环境意识设计(Environment Conscious Design,ECD)、环境友好设计(Environmentally Benign Design)等,是指借助产品生命周期中与产品相关的各类信息(技术信息、环境协调性信息、经济信息),利用先进的设计理论,使设计出的产品具有先进的技术型、良好的环境系统性以及合理的经济性的一种系统化设计方法。其基本思想是:在设计阶段就着眼于人与自然的生态平衡关系,在设计过程的每一个决策中都充分考虑到资源节约与环境效益,将环境因素和预防污染的措施纳入产品设计之中,将环境协调性作为产品的设计目标和出发点,力求使产品对环境的影响减至最小。绿色设计不仅是一种具体的方法与技术,更重要的是一种理念上的变革。从某种程度上来讲,绿色设计决定着绿色发展。

　　近 30 年来,我国北方地区尤其是黄淮海平原、山东半岛、辽宁中部等经济发达地区和城市集群地区资源型缺水十分严重,随着社会发展,水资源供需矛盾尤为突出。水资源问题不仅涉及区域有限资源的合理利用,还是环境问题的主要根源。水利工程设计师的任务也从过去单一的的防洪排涝工程设计转向防洪排涝、引调水及水生态环境治理工程设计,国家水利工作重点也要从工程水利向资源水利和环境水利转变。长距离输水工程一般规模较大、线路长、征迁移民占地较多、建设周期长,对区域环境会产生一定的影响,尤其是水资源时空重新分配对水环境产生较大影响。因此,在其寿命周期全过程的设计中,除满足功能、质量和成本外,还要用绿色设计的理念充分考虑对资源和环境的影响,使工程建设过程中及投入运行后对资源和环境的总体负影响减到最小,提高工程的绿色属性,这对于水利行业可持续发展、人水和谐以及生态环境改善具有重要意义。

1.2 长距离输水工程绿色设计原则与方法

绿色设计具有明显的多学科交叉融合特性,且目前绿色设计的实践经验和知识还不很丰富,对水利长距离输水工程设计更是如此。目前的产品设计考虑的主要因素是产品的功能、寿命、质量和经济性等,而对产品的绿色特性则考虑较少。这主要是因为:一方面,缺少绿色设计所必需的知识、数据、方法和工具;另一方面,由于绿色设计本身涉及产品的整个生命周期,其实施过程非常复杂和漫长。因此,在这种情况下,指导和开展绿色设计过程的有效方法就是系统地归纳和总结旨在提高工程设计产品的"绿色度"所必须遵循的设计原则和方法。

1.2.1 绿色设计原则

绿色设计是集产品质量、功能、寿命和绿色属性于一体的设计体系。不同的产品,对环境影响和作用也不尽相同,以下是根据长距离输水工程生命周期设计、招标投标、采购、施工、运行管理、废弃回收与利用 5 个阶段的特点,归纳总结的绿色设计原则。

1.2.1.1 设计阶段

(1)工程项目应符合国家有关水利政策和发展思路。

(2)遵循"节水优先"的根本方针,调水先节水,保障水资源的可持续利用。受水区应建立健全节水激励机制和市场准入标准,强化节水约束性指标考核,推进节水型社会建设,以水定需;在项目规划或可行性研究的基础上,论证取用水合理性、项目供水能力和实际供水量,评价水源水质和取水口设置的合理性。

(3)根据具体工程的线路特性,选择合适的线路、输水方式、泵站级数及隧洞、渡槽等建筑物型式和性能参数,以现值最低条件确定工程最优方案。

(4)产品满足供水功能性要求,保证输水安全,减少事故发生造成的资源浪费和环境破坏。

(5)根据工程线路的地形地貌、地质和地下水环境等条件,选择所适用的材料;工程主要材料和设备(管道材料及防腐蚀措施等)的合理使用年限和更新周期与工程生命周期相适应。

(6)建筑物和设备近远期相结合、临时和永久相结合。

(7)尽量减少材料的使用量。

(8)控制和减少对原地貌、地表植被、水系的扰动和损毁,减少占用水、土资源,提高资源利用效率。

(9)土石方开挖优先考虑综合利用,减少借方和弃渣;具备条件的弃渣优先回填取土场。

(10)尽量减少拆迁和移民,维护和谐发展环境。

(11)避免使用有毒、有害成分的材料,宜选择高固体份、低 VOC 含量等环境友好型材料。

(12)增加结构强度。

（13）建筑造型不追求短暂的时尚和流行。

（14）采用一体化或容易组装与拆卸的装配结构设计。

（15）管道内防腐材料符合生活饮用水卫生标准,外防腐材料满足国家环保与安全法规的有关要求。

（16）便于使用、维修和保养。

1.2.1.2　招投标采购阶段

（1）优选具有节能、环保、安全资质的承包人和制造商。

（2）尽量采购当地材料和设备,避免长途运输。

（3）材料和设备采用简易包装方式,避免过度包装。

（4）尽量减少使用发泡塑料。

（5）采用无毒、易分解、可回收再生的包装材料。

1.2.1.3　施工阶段

（1）施工总体布置合理,总运输量、运距最小。

（2）选择节约材料的施工方案、工艺。

（3）施工机械设备选择应符合工程需要,满足水土保持和环境保护的要求,不应选用"三无"产品及高能耗、重污染产品,不应选用国家明令禁止和报废淘汰的施工机械设备。

（4）减少施工过程中产生的废料,提高材料利用率。

（5）临时和永久相结合。

（6）减少施工过程中废水、废气、废毒性物的排放并降低噪声。

（7）避免使用有毒、有害成分的材料。

1.2.1.4　运行管理阶段

（1）建立健全工程运行管理制度,开展管理体系认证。

（2）按照调度运行方案,制订严格的操作规程,降低产生错误的概率。

（3）工程系统各工况节能运行,提高能源使用效率。

（4）加强环境保护,水质监测设施投运正常。

（5）实行安全生产标准化,保证工程输水安全。

（6）创建水利风景区,做到水清、岸绿、景美。

（7）尽量减少运行与管理产生的污染排放。

（8）尽量使用可被生物分解的润滑油、液压油等材料。

1.2.1.5　废弃与回收利用阶段

（1）引导并便于业主进行资源分类与回收,制订回收与废弃方案。

（2）建立完善的回收系统。

（3）尽量促使资源回收及循环再生。

（4）选择最适当的废弃物处理方式。

绿色设计原则仅仅是绿色设计思想的宏观表达,不同的长距离输水工程的工程规模、目标、建筑物组成、输水方式等存在较大差异,要使这些原则的应用更符合实际的绿色要求,则必须针对具体项目的工程系统特性进行设计原则的细化,这样既可使绿色设计具有可实施性,又能使设计过程真正满足绿色设计的要求。

1.2.2　生命周期设计方法

长距离输水工程生命周期设计就是在产品初期阶段考虑产品生命周期全过程的各个环节,包括设计(含项目建议书、可行性研究、初步设计、施工图设计)、施工、设备采购、工程运行管理、设备检修和更新,直到废弃后回收,以确保满足产品的绿色属性要求。综合考虑和全面优化产品的功能性能(F)、生产效率(T)、品质质量(Q)、经济性(C)、环保性(E)和能源资源利用率(R)等目标函数,求得其最佳平衡点。

1.2.2.1　生命周期设计主要目的

(1)在工程设计的前期阶段(如项目建议书阶段),尽可能预见产品全生命期各个环节的问题,并在设计阶段加以解决或设计好解决的途径。

(2)在工程设计的立项阶段(如可行性研究阶段),对产品全生命周期的所有费用(包括运行管理费和设备报废处理费用等)、资源消耗和环境代价进行整体分析研究,初步选定绿色设计方案,最大程度地提高产品的经济效益和社会效益。

(3)在初步设计阶段,结合工程功能性、经济性设计,复核并优化自然资源利用和环境保护措施设计方案,确定节水与水资源、节能与能源利用、材料选择与利用、征地与移民、安全保障、环境保护与水土保持、工程施工、运行管理直到产品报废回收、设备维修与更换、再利用或降解处理的全过程绿色设计方案。

(4)在施工图设计阶段,细化及落实绿色设计方案。以积极、有效地利用和保护资源、保护环境、创造友好环境,保持人类社会经济生活的可持续发展。

1.2.2.2　生命周期设计特点

生命周期设计就是谋求在整个生命周期内资源的优化利用,减小和消除环境影响。生命周期设计的特点包括以下方面的内容:

(1)产品设计面向生命周期全过程,包括从项目策划至设备报废、工程废弃后的处理处置全过程中的所有活动。

(2)资源和环境需求分析应在产品设计的初期阶段进行,而不是依赖于末端处理。要综合考虑资源、环境、功能、投资、美学等设计准则,在多目标之间进行权衡,做出合理的设计决策。

(3)产品的设计任务涉及广泛的知识领域,需实现多学科、跨专业的合作设计与技术开发。

1.2.3　并行绿色设计方法

并行工程(Concurrent Engineering,CE)是新的产品开发的一种模式和系统方法,它以集成、并行的方式设计产品及其相关过程,力求在产品设计初期就考虑产品生命周期全过程的所有因素,并最终使产品达到最优化。并行工程的方法对绿色设计的实施有着重要的支撑作用,并行绿色设计实质上是"绿色"与"并行"有机结合的先进设计技术,可以充分体现绿色化、并行化、集成化的整体优势。并行绿色设计具有以下特点:

(1)设计目标的一致性。在产品设计过程中,综合考虑产品的功能、进度、质量、投资、环境和服务特性,使产品既满足功能方面的使用特性,又符合施工、运行维护和废弃处置等方面的环保要求。

（2）设计过程的协同性。主要表现为从产品设计初期就考虑其生命周期全过程的各相关因素，包括技术方案设计、结构设计、工艺设计、资源利用、工程施工、设备制造及安装、运行维修、废弃处理等过程，应用并行设计方法在产品设计的各阶段并行交叉进行，可以及时发现、协调与其过程不合理之处，并进行改进、评估和决策。

（3）设计信息的集成性。从产品设计初期就充分考虑影响产品的各种因素，且重点关注资源利用和影响环境的因素。在计算机支持的协同工作环境中实现信息资源的集成和共享，使相关专业人员及时接收和使用设计资料，便于协同进行优化设计和加快设计进度。

（4）专业的多样性。长距离输水系统涉及水文、地质、规划、水工、水力机械、电工、金属结构、移民、水土保持、环境保护、施工组织设计、工程概算、工程管理、经济评价等专业，对于设计人员的素质要求较高，既要求各专业设计人员除完成本专业的技术工作外，还要做好设计流程中的专业衔接和交叉配合，每个专业都应具有较强的资源节约和环保意识。

第 2 章　绿色调水工程评价方法

　　绿色评价是判断产品绿色属性是否满足预期需求和目标的重要环节和方法,绿色评价方法是比较同类产品绿色性能的参考标准。绿色评价对于指导绿色产品的过程控制、改进和优化设计及运行方案具有重要的作用。

　　但到目前为止,开展绿色评价工作的水利工程项目为数不多。作者根据调水工程的特点,对绿色输(调)水工程的评价方法和内容进行了初步探讨,以期对加快建设资源节约型、环境友好型社会,推进水利工程建设的可持续发展,开展该类工程的绿色设计和综合评价有所参考或帮助。

2.1　评价基本条件

　　(1)绿色输(调)水工程的评价以单项工程或总体工程为评价对象,评价对象应符合国家基本建设程序和相关规程、规范和标准的强制性条文的规定。

　　(2)绿色设计应遵循调水工程全生命周期设计原则,并坚持绿色设计与工程设计同时进行;绿色设计选用的技术措施应与工程建设和运行同时实施。

　　(3)绿色输(调)水工程的评价分为设计评价和综合评价。设计评价在工程项目施工图审查通过后进行;综合评价在工程通过竣工验收并投入使用一年后进行。

　　(4)绿色输(调)水工程的评价应具备工程建设全过程的资料,包括工程设计、施工、运行各阶段的分析、测试报告和相关文件。

2.2　评价与等级划分

　　绿色输(调)水工程评价需要构建科学合理的绿色评价指标体系,应涵盖工程和生命周期全过程的整体绿色表现。绿色输(调)水工程评价指标体系的选取遵循了综合性、科学性、系统性、独立性、可操作性、定性指标与定量指标相结合、动态指标与静态指标相统一等原则。根据输(调)水工程的一般特点,其绿色评价指标体系由节水与水资源利用、安全保障、节约能源、节地移民、材料利用、环境保护与生态修复、工程施工、运行管理 8 类指标组成。

　　绿色输(调)水工程评价分为设计评价和综合评价。绿色输(调)水工程设计评价采用节水与水资源利用、安全保障、节约能源、节地移民、材料利用、环境保护与生态修复 6 类指标;绿色输(调)水工程综合评价采用全部 8 类指标。控制项的评定结果为满足或不满足;评分项和加分项的评定结果为分值。评价采用量化总得分方法确定等级,每类指标的评分总分均为 100 分,为体现科技创新和提高,评价指标体系还设置提高创新加分项。

　　指标项和技术创新项的评定结果为根据本办法规定确定得分值或不得分。评价指标体系 8 类指标各自的得分 C_1、C_2、C_3、C_4、C_5、C_6、C_7、C_8 按百分制折算,并按下式进行计算:

$$C_i = \left(\frac{X_i}{Y_i}\right) \times 100 \qquad i = 1,2,3,\cdots,8 \tag{2-2-1}$$

式中：C_i 为折算分；X_i 为实际发生项条目实得分之和；Y_i 为实际发生项条目应得分之和。

绿色输(调)水工程评价的总得分按下式进行计算，其中评价指标体系 8 类指标评分项的权重 $\omega_1 \sim \omega_8$ 按表 2-2-1 取值。

提高创新项的附加得分按本办法"2.11 提高创新"的有关规定确定。

表 2-2-1　绿色长距离输(调)水工程评价指标权重

项目	节水与水资源利用 ω_1	安全保障 ω_2	节约能源 ω_3	节地移民 ω_4	材料利用 ω_5	环境保护与生态修复 ω_6	工程施工 ω_8	运行管理 ω_9
设计评价	0.18	0.18	0.17	0.17	0.12	0.18	—	—
综合评价	0.14	0.14	0.14	0.10	0.09	0.14	0.12	0.13

设计评价：$\sum C = \omega_1 C_1 + \omega_2 C_2 + \omega_3 C_3 + \omega_4 C_4 + \omega_5 C_5 + \omega_6 C_6 + C_{创新}$ (2-2-2)

综合评价：$\sum C = \omega_1 C_1 + \omega_2 C_2 + \omega_3 C_3 + \omega_4 C_4 + \omega_5 C_5 + \omega_6 C_6 + \omega_7 C_7 + \omega_8 C_8 + C_{创新}$

(2-2-3)

绿色输(调)水工程评价按总得分确定等级。满足评价的基本条件，依据评价得分，绿色长距离输(调)水工程等级分为一级、二级和三级。分级标准如下：

一级：总体评价得分大于等于 80 分；

二级：总体评价得分大于等于 70 分；

三级：总体评价得分大于等于 60 分。

总体评价得分小于 60 分或某一单项指标评价小于 60 分的，为不达标。

2.3　节水与水资源利用

2.3.1　控制项

(1)遵照国家有关方针、政策，符合已批复的水资源规划、防洪规划和流域综合规划。

(2)受水区应按照《节水型社会评价指标体系和评价方法》(GB/T 28284)开展节水型社会建设评价。考虑水资源的节约、水生态环境保护和水资源的可持续利用，符合建设节水型社会的要求。

(3)调水工程的供水保证率应符合《调水工程设计导则》(SL 430)的相关规定。

(4)正确处理调入区与调出区水资源开发利用、国民经济发展与生态环境保护的关系。

2.3.2　评分项

(1)调入区按照《节水型社会评价指标体系和评价方法》(GB/T 28284)开展节水型社

会建设。对综合评价结果为优秀、良好、基本合格、不合格的分别评分。

（2）调入区再生水供水系统建设，按再生水利用率和与之配套的再生水供水管网覆盖率来评价。

（3）通过调水工程调出区（水源）和调入区水资源供需分析，确定满足工程任务和供水保证率的设计调水量，将水资源环境承载力作为刚性约束，以水定人、以水定产，用最严格的水资源管理制度守护水安全底线。

（4）结合可调水量、水质状况和受水区水资源配置，将调入区、调出区作为一个整体供水系统，建立涵盖水源工程、受水区、供水对象、需调水量过程及可能的调水组合方案和供水系统网络节点图。

（5）进行调出区、调入区区域用水与最严格水资源管理制度的符合性分析。

（6）水生态保护和改善措施落实。将河道生态流量（湖库生态水位）作为调水工程调水量确定的重要参考，维持河湖基本生态用水需求，重点保障枯水期生态基流；建立调水工程对水源地的生态补偿机制，以调入水源替代超采地下水，水生态环境持续改善。

（7）水情监测，监测设施采用水文自动测报仪情况。

2.4　安全保障

2.4.1　控制项

（1）调水工程安全保障应包括工程安全、水质安全、防洪安全、人身安全、消防安全，工程建设、运行及管理应符合国家现行相关标准中强制性条文的规定。

（2）调水工程的规模、任务、建设标准应符合《调水工程设计导则》（SL 430）的相关规定。

（3）应符合国家基本建设程序。工程设计各阶段应通过行政主管部门组织的专家评审和审批，影响安全的重大变更经过原审批机关的批复；综合评价项目应通过行政主管部门组织的竣工验收。

（4）调水工程应满足用户水量和水压的要求；事故水量符合《室外给水设计规范》（GB 50013）的相关规定。

（5）调水工程永久性水工建筑物的洪水标准应符合《水利水电工程等级划分及洪水标准》（SL 252）的相关规定，防洪标准应符合《防洪标准》（GB 50201）的相关规定。

（6）消防应符合《泵站设计规范》（GB 50265）和《建筑设计防火规范》（GB 50016）的规定要求。

（7）工程总体布置应根据工程所在地的气象、洪水、雷电、地质、地震等自然条件和周边情况，预测主要危险因素，并统一规划，且提出调水安全保障对策及措施。

2.4.2　评分项

（1）工程总体布局、规模和建设标准评价。包括论证并提出合理的总体布局方案和全线总体控制性指标；总体布局方案和输水方式经多方案比选；分段合理选定明渠、管涵、管道、隧洞等输水建筑物型式；沿线合理设置调蓄水库；合理确定水源工程建筑物、交叉建筑物、泵站、节制闸、泄水闸的规模。

（2）水工建筑物布置与设计满足输水功能和安全要求。包括调水工程等别和建筑物级别满足《调水工程设计导则》（SL 430）的规定；永久性水工建筑物洪水标准满足《调水工程设计导则》（SL 430）相关规定，综合分析、合理确定河渠交叉建筑物洪水标准；项目立项阶段，输（调）线路穿越较大河流，具有通过主管部门审批的《防洪影响评价》。

（3）城市、工业供水为主的输水线路具备双线输水条件时，应优先考虑双线输水或部分双线输水。

（4）综合比较工程占地、环境影响、输水安全、施工条件、运行管理等技术经济因素，合理确定调水线路。

（5）梯级泵站串联有压运行站间流量平衡措施。

（6）水工建筑物。包括输水明渠、涵洞、隧洞、交叉建筑物按照设计流量确定过水断面尺寸，并按加大流量复核过流能力；渠顶超高满足相关标准要求。合理确定压力管涵的结构型式、过水断面尺寸、埋设深度和材料；无压隧洞断面结构和衬砌选型；输水建筑物基础处理方案；输水工程防渗、排水设计。

（7）输水管道空气阀、真空破坏阀、泄压阀、检修阀、泄水阀、伸缩器位置，调控（流）阀、管（渠）连接设施及控制装置的设置与位置选择。

（8）明渠、大口径及长距离输水管道的过渡过程分析内容及验证计算；根据计算结果复核堤顶高程和建筑物位置，确定管道压力等级和水锤防护措施。过渡过程分析应保证输水渠各工况不发生漫堤和淹没泵站现象，节制闸、泄水闸控制可靠；水锤防护措施设计应保证输水管道最大水锤压力不超过 1.3~1.5 倍的最大工作压力；压力输水管路事故停泵后水泵反转速度不应大于额定转速的 1.23 倍，超过额定转速的持续时间不应超过 2 min。

（9）制订满足工程功能要求和输水安全的调度运行方案。内容应涵盖调水各种运行工况、运行步骤及控制参数。

（10）工程安全监测和沿线构筑物的安全设施。包括工程安全监测制度、监测内容及设施、避雷及其他安全设施。

（11）消防总体布置、建筑物消防、机电设备消防、消防给水、通风及防排烟和消防电气的设计及实施情况。

2.5　节约能源

2.5.1　控制项

（1）调水工程节能应符合国家现行相关标准中强制性条文的规定，体现节约能源的原则，使节能与技术要求统一。

（2）根据调水工程内容以及所在地自然条件、工程任务与规模、能源供应状况、国家和地方制定的节能中长期规划和节能目标等，合理确定工程节能设计原则和措施。

（3）优先选择标准的、国家推荐的高效节能设备，满足国家或行业对设备能效限定值和节能指标评价的规定。当采用非标准设备时，其效能指标应经过必要的论证和优化。

（4）不应采用电直接加热设备作为供暖空调系统的供暖热源和空气加湿热源。

(5)输配系统、冷热源和照明等各部分能耗应进行独立分项计量。

(6)在满足设备操作、检修、巡视等功能前提下,厂房或房间的照明功率密度值不得高于《建筑照明设计标准》(GB 50034)的规定。

2.5.2　评分项

2.5.2.1　输水系统

(1)调水工程输水线路总体布置应考虑取水点的取水条件、取水点与收水点的天然落差、输水沿线的地形条件,对首部取水工程、输水系统及泵站水力系统设计进行优化,总体布置优化应综合工程投资和运行管理费用等因素通过几种可能方案的全面分析对比,合理确定。

(2)根据输水条件合理确定输水方式,优先考虑重力输水。

(3)梯级泵站布置应按总功率最小原则,并结合地形地质条件、各级调蓄水库控制水位、泵站进水池水位等经综合比较确定;各级泵站设计扬程应相近,并尽可能降低扬程;在满足机组选型、输水管道承压情况下,尽量减少泵站级数。

(4)明渠、暗渠、隧洞、渡槽等建筑物的型式、纵坡、糙率、断面尺寸、材料和衬砌方式的选择,应对工程量、能耗进行比较后合理确定。明渠尽量采用半挖半填。

(5)根据水力过渡过程计算结果,经方案比选优先采用节能的管材和水锤防护措施。一般不宜采用管路中间增设一个或多个止回蝶阀降低水锤升压的防护方式。

(6)梯级泵站间的流量应平衡,正常运行期间尽量避免产生弃水。

2.5.2.2　建筑与围护

(1)根据当地自然环境、不同建筑物的使用目的及使用要求等确定各类建筑物的节能设计原则,合理确定各类建筑物的能耗标准。

(2)地面建筑物应在技术和经济合理的基础上降低对采暖及制冷负荷的要求,提高采暖、制冷、通风及照明设施的能源利用率。

(3)地下建筑物应充分考虑到机电设备和人员所需要的运行环境、空气温度、湿度及采光的要求,通过优化设计来实现节能目标。

(4)调水工程的附属建筑物、生活及办公建筑物的节能设计应符合国家有关标准要求。宜充分利用地热资源,并根据环境条件合理利用太阳能、风能和水能等。

(5)寒冷地区有冬季运行要求的水工建筑物启闭机房有围护结构保温措施。

(6)根据建筑物的不同功能要求,在其他条件相当的情况下,采用节省或降低能源消耗的建筑物型式,宜用耐久性好的建筑材料。

2.5.2.3　水力机械设备

(1)水泵应根据其运行扬程范围、运行方式及供水目标、供水流量、年运行时间等,通过技术经济和能耗综合比较,合理确定其结构型式、单机流量及装机台数,使长期运行的综合能耗最小。

(2)水泵和阀门的流道结构应合理、水力性能好、阻力系数小。

(3)水泵效率符合国家对机电设备能效限定和节能评价的有关规定。

(4)在平均扬程时,水泵应在高效区运行;在整个运行扬程范围内,水泵应能安全、稳定运行。当水泵运行扬程变幅较大或需要调节水泵流量时,宜采用变速调节;一般不宜采用调整阀门开度、增加局部损失的调节方式。

2.5.2.4　电气设备

（1）优先选用国家推荐的低损耗系列电力变压器产品，降低长期运行电能损耗。

（2）根据被驱动装置的特性和用途，合理配置电动机的型式、参数。标准产品应优先采用国家推荐的节能电机。泵站水泵配套电动机的型式，应在充分考虑供电系统状况、供水系统的运行要求后，经技术经济比较确定。当电网系统需要无功补偿时，大型电动机应优先采用稳定性好、运行效率高的同步电动机，并采用适当的启动方式，降低启动过程中的激磁电流。

（3）应用在变负荷调节场合的电动机，宜考虑变速调节技术。

（4）根据对照明特性的要求，优先选用国家或行业推荐的新型高效节能灯具。应对照明系统设计进行优化，合理配置照明线路、照明灯具的位置、数量和照明强度，符合国家建筑照明设计标准的要求。在生产、运行的厂房内的一般照明，宜按类别分区分组在照明配电箱内集中控制；对经常无人值班的场所、通道、楼梯间及廊道出口处的照明，应装设单独的开关分散控制；室外照明应设照明专用控制箱。对非常规监视区域照明开关应采用声光控或延时开关。

（5）优化电气设备布置，降低动力电缆的输电损耗。合理选择输电线路材料和截面，降低输电线损率。工程沿线高低压供电有功损耗和无功损耗低，变压器台数、大小合适。

（6）合理选择控制设备所需要的控制电源形式，优先采用以计算机、PLC 为控制核心的弱电控制设备，降低控制回路能耗。

（7）选择安全、稳定、可靠、低能耗直流系统控制电源。

（8）全系统实现自动化控制，执行节能调度运行、节能监测、监控。

2.5.2.5　金属结构设备

（1）泵站应优先采用节能的断流方式。

（2）寒冷地区的闸站防冰、防冻方案在满足安全、可靠的前提下，方案比选应考虑长期运行节能的要求。

（3）管道附件、各类阀门应优先选用水力损失小的设备。

2.5.2.6　暖通空调及给排水系统设备

（1）根据建筑物规模和运行环境要求，合理确定通风系统规模和通风机容量、数量配置，优先选择国家推荐的高效节能型风机。

（2）条件允许时应优先采用自然通风。

（3）合理确定工程所在地区的采暖期和供暖耗热指标，合理确定工程各区域要求的采暖温度，针对不同供暖区域选择采暖形式。有条件的宜优先采用太阳能采暖和充分利用地热资源。

（4）采用水采暖时，应采用国家推荐的高效节能型锅炉和热交换性能高的散热片，并对供水管网的材料、敷设方式、管道保温措施等进行优化，提高室外管网的热输送效率。

（5）泵站主厂房宜充分利用电动机的热风采暖。

（6）根据设备布置和运行人员工作要求，合理布设热（冷）空气调节系统。根据当地夏季室外空气参数，合理确定空调系统的制冷量要求。

2.5.2.7　施工方案

(1)优化施工组织设计,按照运距最短、运行合理的原则进行施工厂区的布置,降低施工过程各种能耗。

(2)优化施工方案,根据项目施工特点合理选择施工机械和设备,使其能够得到充分利用,提高施工机械和设备的利用率。

(3)施工供水宜采用自流水源,并应优化工艺过程,使施工生产及生活用水尽量做到重复利用,节约水资源。

(4)施工中应尽量做到挖填平衡,充分利用开挖料,合理利用混凝土模板,提高摸板的周转次数。并应统筹规划堆渣、弃渣场地。

(5)施工排水及照明应选择高效节能设备。在条件具备时,施工排水宜采用自流排水方式;照明应按工作要求分区布置和控制。

(6)料场的规划及开采应使料物及弃渣的总运输量、运距最小,应首先研究利用工程开挖料作为坝体填筑料及混凝土骨料的可能性。

2.6　节地移民

2.6.1　控制项

(1)征地移民应遵循国家现行的法律法规和相关政策。

(2)依据国家批准的建设征地移民安置规划及有关设计文件,按照国家有关建设征地报批程序,办理建设征地的相关手续。

(3)在工程实施阶段应优化工程布置和施工组织设计,尽量减少征地与移民数量。

2.6.2　评分项

(1)节约用地评价。输水线路方案比选考虑工程占地影响因素,在不改变河道、湖泊防洪调度原则的情况下,优先利用现有河道、湖泊及渠道、隧洞、渡槽等建筑物输水。

(2)征地移民范围评价。

(3)沿线输水线路区实物指标调查应经相关文物部门审查通过。

(4)占压矿藏调查经相关国土资源部门审查通过。

(5)沿线地面附着物及城镇地下公共设施和地下市政管道等专项设施调查属实情况。

(6)移民安置规划、城镇迁建规划、工业企业迁建、专业项目恢复改建和防护工程设计及水库水域开发利用规划。

(7)征地和移民政策落实情况。

2.7　材料利用

2.7.1　控制项

(1)不得采用国家和地方禁止和限制使用的建筑材料和制品。

（2）调水工程的建筑物造型要素应简约，且无大量装饰性构件。

2.7.2　评分项

（1）采用工业化生产的预制或加工构件。

（2）对地基基础、结构体系、结构构件和管道进行优化设计，达到节材效果。

（3）现浇混凝土采用预拌混凝土；建筑砂浆采用预拌砂浆。

（4）土建工程与装修工程所有部位均一体化设计；临时建筑物与永久建筑物结合。

（5）合理采用绿色和本地建材、管道和防腐蚀材料。

（6）混凝土结构合理采用高强建筑结构材料；钢结构采用 C345 及以上高强钢材。

（7）合理采用高耐久性建筑结构材料。包括对混凝土结构，控制高耐久性混凝土用量占混凝土总量的比例；对钢结构，采用耐候结构钢或耐候型防腐涂料。

（8）尽量采用可再利用或回收、可再循环材料或装置。

（9）根据沿线水环境，采用合理、可靠的防腐蚀、防侵蚀保护措施。

2.8　环境保护与生态修复

2.8.1　控制项

（1）调水工程水源水质符合《地下水质量标准》（GB/T 14848）、《地表水环境质量标准》（GB 3838）的相关规定。

（2）工程运行初期产生的退水应达标排放。

（3）工程选线应避开自然保护区核心区、泥石流易发区、崩塌滑坡危险区以及易引起严重水土流失和生态恶化的地区。

（4）尽量减少对原地面、地表植被和生态系统的扰动，并减少施工过程中对生态环境、水环境、大气环境、声环境、土壤环境的影响。

（5）取土场和弃土（渣）场选址应符合《开发建设项目水土保持技术规范》（GB 50433）的规定。

（6）调水工程应根据《开发建设项目水土流失防治标准（附条文说明）》（GB 50434）开展生态影响恢复度评价。

（7）景观设计完善、功能性强，与沿线文化、景观相协调。

2.8.2　评分项

2.8.2.1　环境保护

（1）项目立项阶段，编制《环境影响评价报告书》，获得主管部门的批复。

（2）环境保护措施通过主管部门验收。

（3）环境现状调查和评价。调查范围包括了取水点及上游河段、下游河段（含连通的水域）、输水线路区、受水区、淹没区、移民安置区、施工占地区等工程全部影响区域；现状调查内容和分析评价符合《调水工程设计导则》（SL 430）的规定。

（4）环境影响预测内容符合《调水工程设计导则》（SL 430）的规定。

（5）环境保护对策措施及落实评价。水环境保护对策措施包括的内容符合 SL 430 的规定；下游生态用水的保证措施；可能引起土壤盐碱化的预防控制措施；输水工程对行洪、排涝的影响减免措施；对重点文物、自然保护区、风景名胜区有不利影响的减免措施。

2.8.2.2 水质

（1）水源保护规划、保护目标和保护范围的制定和落实情况。应对水源地、输水工程两侧、受水区调蓄工程划定保护区，对输水线路及水源地提出水质保护措施及污染处理措施。

（2）水源水质评价。地下水、地表水水源水质应符合《地下水质量标准》（GB/T 14848）和《地表水环境质量标准》（GB 3838），满足调入区对水质的最高功能使用要求。

（3）采用明渠输送原水时，应有可靠的防止水质污染和水量流失的安全措施。

（4）对调水初期退水水质进行评价。论证退水对入河排污口所在相邻水域有关水功能的影响。

（5）对输水线路、河渠交叉处、调蓄水域、渠道末端的水质变化及监测。工程沿线水质检测的频次、内容和水质评价执行《地表水环境质量标准》（GB 3838）和《地表水资源质量评价技术规程》（SL 395）的规定，水质监测执行《水环境监测规范》（SL 219）的规定；沿线水质采用水质变化程度指标进行评价，指标计算方法和得分标准如下：

①工程沿线水质变化程度应按下式计算：

$$G_c = G_o - G_i \qquad\qquad (2\text{-}2\text{-}4)$$

式中：G_c 为水质变化程度；G_o 为分水口、出口水质类别对应的数值，见表 2-2-2；G_i 为取水口水质类别对应的数值，见表 2-2-2。

表 2-2-2　水质指标赋分标准

水质类别	Ⅰ类	Ⅱ类	Ⅲ类	Ⅳ类	Ⅴ类	劣Ⅴ类
G_o、G_i 赋值	1	2	3	4	5	6

②得分标准：$G_c \leqslant 0$，未引起水质类别降低的，评价得高分；$G_c > 0$，引起水质类别降低的，非输水工程系统自身原因引起的，适当减分。

（6）水质监测，监测设施采用水质自动监测仪情况。

2.8.2.3　生态修复与景观

（1）项目立项阶段，编制《水土保持方案报告书》，并获得主管部门的批复。

（2）水土保持通过主管部门验收。

（3）主体工程的水土保持，包括对主体工程选定的取料场、弃渣场从水土保持的角度进行了综合比选；输水线路穿越山区、丘陵区线路比选；主体工程中具有水土保持功能的措施。

（4）水土流失防治责任范围、防治分区、预测分析内容符合《调水工程设计导则》（SL 430）的规定。

（5）水土流失防治方案。根据调出区、输水线路区（含明渠、城区、隧洞、暗渠、管道、水闸、渡槽等）和调入区地形地貌、水土流失特点，提出水土流失防治方案总体布局；选择合理的工程措施和植物措施进行水土流失防治。

（6）水土保持监测。包括水土保持监测执行标准，监测计划项目、内容、方法、时段、频次和实施情况。

(7)生态影响恢复度评价。内容包括按照《开发建设项目水土流失防治标准(附条文说明)》(GB 50434)评价扰动土地整治率、水土流失总治理度、土壤流失控制比、拦渣率、林草植被恢复率六项指标情况;水面面积增加、生物物种多样性增加和调水水质改善。

(8)工程整体布局和外观等与周边环境协调性。景观文化性、统一性、协调性,工程沿线设施风格的统一性,展现地方文化特色和水文化的展示。

(9)景观绿化。按照绿化设计要求进行工程管理范围的绿化,评价可绿化范围内林草覆盖率,植物配置和生长状态。

2.9　工程施工

2.9.1　控制项

(1)建立绿色调水项目施工管理体系和组织机构,并落实各级责任人。

(2)施工项目部应制订绿色施工过程的环境保护计划以及施工人员职业健康安全管理计划,并组织实施。

(3)施工项目部应制订施工过程节材、节水、节能、节地和环境保护方案,并组织实施。

(4)施工前工程技术交底应包含绿色调水施工的内容。

2.9.2　评分项

(1)施工组织设计应有专门的绿色施工章节,绿色施工目标明确,内容涵盖"四节一环保"要求。充分考虑建设期与运行期、近期与远期、临时与永久的结合;施工导流建筑物级别、设计洪水标准根据建筑物类型和级别选用合理;施工总布置结合调水工程线性特点全线、分段、分区统筹考虑,合理利用地形和施工条件,施工设施布置紧凑,满足施工总进度和施工强度要求;取水建筑物、泵站、调蓄水库、输水明渠、隧洞、管涵、输水管道、交叉建筑物、控制建筑物工程的施工,应执行相关标准规定。施工方案、施工设备选型和"四节一环保"措施同时实施。

(2)采取洒水、覆盖、遮挡等降尘措施,设置围挡减少光污染;施工作业面采取有效的隔声降噪措施,现场设置噪声监测点,并实施动态监测;危险品、化学品存放处及污物排放应采取隔离措施;出场车辆及机械设备废气排放应符合国家年检要求;工程污水实现达标排放,对混凝土有中、强腐蚀性的施工排水不得对工程沿线建筑物、农作物等造成有害影响。

(3)施工现场供水、排水系统合理适用,采用节水施工工艺;混凝土和砂浆拌和用水、养护用水应合理,并有节水措施;保护施工场地四周原有地下水形态,基坑降水尽量储存使用,减少对地下水的抽取。

(4)根据工程沿线建筑物的分布及对天然建筑材料的需求选择多个料场进行比选,综合考虑天然建筑材料的位置、储量、质量、可采率、开采范围、开采深度及运输条件等因素确定;土石方施工尽量减少土石方开挖和回填量,充分利用土石方开挖料回填基坑;优先采用预拌混凝土和砂浆,采取措施减少预拌混凝土和钢筋的损耗,使用工具式模板并增加模板周转次数;输水管道施工排管方案力求合理,减少管材损耗,多余管道妥善保管和处理。

(5)施工机械设备选择符合工程需要、类型和数量与施工工序匹配合理,满足水土保持和环境保护的要求,不选用"三无"产品、高能耗产品、重污染产品以及国家明令禁止和报废淘汰的产品;选用运输距离较短的材料,减少运输能源消耗,合理安排施工工序和施工进度,采用能耗少的施工工艺;施工区、办公及生活区采用节能型设施设备,合理使用自然采光、通风等方式。

(6)施工临时用地有审批用地手续;施工场地布置紧凑合理并实施动态管理,尽量减少占地;采取防止水土流失的措施,充分利用山地、荒地作为取、弃土场的用地;土石方施工方案尽量做到挖填平衡,减少施工占地,施工完成后进行地貌复原。

(7)实施设计文件中绿色调水工程重点内容;严格控制设计文件变更,避免出现降低工程绿色性能的重大变更;施工过程中采取措施保证工程的耐久性;工程竣工验收前,由建设单位组织有关责任单位,进行调水全系统的综合调试和联合试运行,结果符合设计要求。

(8)施工日志以及检测、监测绿色调水重点内容实施情况的记录完整。

2.10　运行管理

2.10.1　控制项

(1)制定并实施安全、环保、节能、节水、节材、节地和绿化管理制度。

(2)工程运行过程中产生的废气、污水等污染物应达标排放。

(3)制定调水期间安全事故应急预案。

(4)供暖、通风、空调、照明等设备的自动监控系统应工作正常,且运行记录完整。

(5)制定垃圾管理制度,合理规划垃圾物流,对生活废弃物进行分类收集,垃圾容器设置规范。

2.10.2　评分项

2.10.2.1　管理制度

(1)制定并实施节约资源、保护环境的绿色调水建设管理制度;配备专兼职管理人员;定期组织所有人员进行绿色调水理念相关业务培训、绿色知识的普及。

(2)按照节约用地、利于管理的原则确定调蓄水库、明渠、泵站、暗渠、管道、交叉建筑物、水闸、隧洞等建筑物工程管理范围和保护范围。

(3)管理体系认证。包括 ISO14001 环境管理体系认证、ISO9001 质量管理体系认证、《能源管理体系要求》(GB/T 23331)的能源管理体系认证。

(4)创建国家、省级水利风景区评价。

(5)安全生产标准化达标评级。

(6)实施能源资源调度管理激励机制,管理绩效与节约能源、提高经济效益挂钩。

(7)调度运行操作规程、应急预案等完善,体现节约资源和保护环境且有效实施;工程沿线相关设施的操作规程在现场明示,操作人员严格遵守规定。

(8)具有完整的工程各监测项目的监测技术要求,监测设施投运正常,供水实行计划管理。

(9)制定垃圾管理制度,对生产、生活废弃物进行分类收集;工程运行过程中产生的废气、污水等污染物应达标排放,尽量使用可生物降解油料;节能、节水设施工作正常,且符合设计要求;供暖、通风、空调、照明等设备的自动监控系统应工作正常。

(10)工程设施已建立完善的检修维护制度,记录完整,运行安全。

(11)建立绿色教育宣传机制,编制绿色设施使用手册,形成良好的绿色氛围。

2.10.2.2　技术管理

(1)定期检查、调试沿线输水工程及泵站、水闸等建筑物设施和设备,并根据运行检测数据进行设备系统的运行优化。具有设施和设备的检查、调试、运行、标定记录应完整;制订并实施设备能效改进等方案。

(2)对空调通风系统进行定期检查和清洗。

(3)定期进行水质检测,水质和用水量记录完整、准确。

(4)消防和灭火设施的定期检查和更新。

(5)应用信息化手段进行管理,建筑工程、设施、设备、部品、能耗等档案及记录齐全。

2.10.2.3　环境管理

(1)采用无公害病虫害防治技术,规范杀虫剂、除草剂、化肥、农药等化学药品的使用,有效避免对土壤和地下水环境的损害。

(2)栽种和移植的树木一次成活率、植物生长状态、工作记录和现场观感评价。

(3)垃圾收集站及垃圾间不污染环境,定期冲洗、及时清运和处置。

(4)实行垃圾分类收集和处理评价。

2.11　提高创新

2.11.1　一般规定

(1)绿色调水工程评价时,应按本章规定对加分项进行评价。

(2)加分项的附加得分为各加分项得分之和,并限制最大加分值。

2.11.2　加分项

(1)工程总体布局充分考虑沿线地形、地貌、环境、资源等特征条件,进行综合技术经济比选,显著提高能源资源利用效率,节约投资。

(2)水泵设计效率高于国家相关标准1%以上或运行效率高于设计效率1%以上。

(3)建立梯级泵站调度集控中心并实现优化调度,节能效果显著。

(4)运行期实行用能考核、节能监控、能效评价并有明显效益的。

(5)运行期对各输水建筑物(明渠、暗渠、管道等)进行损失率或漏损率监测,漏损率低于同行业标准1%的。

(6)采用多功能、一体化等新技术、新结构、新材料和新设备,绿色特性显著。

(7)因地制宜地采取节约资源、保护生态环境、保障安全的其他重要创新,并有明显效益。

第 3 章　输水工程绿色技术研究

3.1　节能技术研究

长距离大型输水工程作为重要的基础设施,一般涉及的建筑物型式种类繁多,如引水闸、节制闸、倒虹吸、提水泵站、加压泵站、输水明渠、渡槽、管道、输水暗渠、隧洞、分水闸、管道分水口、调节水池等;输水方式常见的有无压重力流输水、加压输水、有压重力流输水,以及多种输水方式的结合等。大型长距离输水工程往往是多级提水和加压泵站、多种输水方式和建筑物型式组成的复杂输水系统,在建设期和运行期的能耗成本往往占很大的比例,且不同输水系统方案之间的能耗成本差别也较大。因此,节能降耗是工程总布置方案比选条件之一,节约能源和能源利用是评价输水工程绿色度的重要指标。

但大型调水工程系统总体布局复杂、输水线路长、组成建筑物多、建设周期长,以及目前我国在长距离大型输水工程的规划设计、设备制造、施工和运行管理等方面存在的不合理现象和不同程度的技术差距,造成了工程能源浪费、利用效率低和工程运行成本高等问题。因此,在长距离调水工程系统中研究节约能源,具有特别重要的意义。

3.1.1　线路布局与节能

长距离大型输水工程的特点是输水线路长,沿线地形起伏大,地面附着物复杂,需要穿越铁路、公路、河道及其他管道等设施。在输水工程的起点和终点之间,一般均有几种线路走向可供选择,各路线布局方案的管道长度和沿线复杂程度可能会有所不同。输水线路越短,管道的沿程水头损失就越小,管道沿线的地形、地物越简单,管道沿线的管配件数量越少,由管道局部变化而引起的水流紊乱就越少,局部水头损失也就越小。因此,管道的路线走向和布局,影响着管道的水头损失,从而影响着水泵的扬程和电耗。

在长距离输水工程的路线布局选择上,应在符合规划要求的前提下,尽量使管道路线顺畅、简捷,以减小管道长度和管道附件数量。同时,尽量避免管道路线穿越河道、道路等障碍物,降低局部水头损失。因此,合理进行长距离输水工程系统的线路布局,做好不同输水系统布置的方案比较和可行性分析是做好工程节能的基础。

3.1.2　输水方式与节能

大型长距离输水往往需要消耗大量的电能,长期运转费用高。重力流输水具备了节约能源的优点。因此,当有足够的可利用输水地形高差时,首先选择重力输水方式。选择重力输水时,如果充分利用地形高差,使输送设计流量时所用管径最小,可获得最佳经济效益。管道、隧洞和暗渠均可实现重力流输水:暗渠输水方式在地形适宜时采用无压重力流;在不能自流的地段,可采用管道、隧洞进行压力流输水。

在长距离压力流输水设计中,本着安全、节约、便于施工和有利维护管理的原则,加压泵站的级数应尽量减少。随着我国经济社会的发展,与输水工程相关的水泵、管材及各类阀门和附件生产技术得到了快速提高,使得山丘区大型长距离输水工程沿途不设或少设泵站的高压输水系统成为可能。合理确定泵站扬程和级数是节能、节水的重要途径。

在地形复杂的情况下,可利用输水地形高差较小时,或仅用重力输水不够经济,管径过大、流速过低时,可选用重力和加压组合输水方式。

胶东地区引黄调水工程任家沟隧洞、村里集隧洞、孟良口子隧洞和卧龙隧洞均为无压隧洞,桂山隧洞为压力隧洞。黄水河泵站—米山水库输水工程各级加压泵站所对应的输水系统经综合经济技术比较,均采用了加压和重力组合的输水方式,取得了较好的节能效益。

3.1.3　管道根数与节能

《室外给水设计规范》(GB 50013)规定:输水管道不宜小于两根,事故水量按设计水量的70%考虑。因此,除多水源供水和具有调蓄水库的情况外,大多数情况下排除了敷设一根管道的可能。根据经验,敷设三根管道总水量100%的造价,大致与两根管道总水量130%的造价相当,故一般情况下,输水管以设两根,每根管道的通水量为70%左右为宜。由于事故所占的时间很短,因而绝大部分时间管道处于较低流速(正常流速的70%)下运行,较三根输水管道节约电耗,而且,在同样工程规模条件下,管道根数越少,工程投资越小。

3.1.4　管径与节能

长距离输水工程中管径的确定对于水泵的扬程和能耗有着较大的影响,也关系着输水工程的合理性和工程的总造价。在输水量一定的情况下,管径越大,管道流速越低,能耗越小,但工程投资越大。相反,管径越小,管道流速越大,能耗越高,但工程投资越小。因此,需要通过技术经济比较综合加以分析,确定工程的经济管径,控制经济流速。

3.1.5　管(渠)糙率与节能

目前,国内用于长距离输水工程的管材有许多种,它们各有特点,其中常用的大口径主要管材有钢管、球墨铸铁管、预应力钢筋混凝土管(PCP)、预应力钢筒混凝土管(PCCP)和玻璃钢夹砂管。这些管材的管内壁粗糙度有所不同,其中钢管、球墨铸铁管、预应力钢筋混凝土管(PCP)的管内壁粗糙度为0.013,预应力钢筒混凝土管(PCCP)的内壁粗糙度为0.011 0~0.012 5,玻璃钢夹砂管内壁粗糙度为0.008 4~0.009。

从节能的角度出发,管内壁的粗糙度越小,水在管道中的流动阻力损失就越小,所需的水泵扬程越低,就越节能。因此,应尽量选择管内壁粗糙度低的管材,例如玻璃钢夹砂管。但是,在实际工程应用中,管材的选择须同时结合管道的压力等级、管径、埋深、地质条件、施工技术,以及工程造价等方面综合进行确定。

渠道的糙率和纵坡对渠道断面有直接影响,纵坡增大可减小渠道的断面面积和工程量,减少占地,但较大的流速也带来较大的水头损失。混凝土机械化衬砌在可以得到较小的糙率情况下也可减小渠道断面。因此,渠道的糙率、线路纵坡、断面尺寸、材料和衬砌方式是工程量、占地、能耗方案比选的重要因素。

3.1.6　水泵与节能

提高水泵效率、保障水泵高效运行是降低水泵电耗、促进节能减排的重要环节。水泵的效率与水泵选型、水泵运行方式及进出水设施等有关。

长距离输水工程的能源消耗主要是输水水泵的电耗,约占总能耗的 90% 以上,所以水泵节能是输水工程绿色设计的重点。

输水工程的节能途径涉及线路布置,输水方式,管材、管径选择,水泵选型和运行等多个方面。输水系统梯级泵站水泵年电耗费用为

$$E(\text{元}) = \frac{\sum Q_i H_i T_i}{\eta_p \eta_m \eta_n} \rho g b \qquad (2\text{-}3\text{-}1)$$

式中:Q_i 为 1 年中泵站随季节变化的平均日输水量,L/s;H_i 为相应于 Q_i 的泵站输水扬程,m;T_i 为 1 年中平均泵站工作小时数,h;ρ 为水的密度,取 $\rho = 1$ kg/L;η_p 为水泵效率(%);η_m 为电机效率(%);η_n 为电网效率(%);b 为 1 kWh 电的价格,元/kWh。

可以看出,E 与 Q、H、T 成正比,与各种效率成反比。而其中泵的流量 Q 和运行时间 T 是定值,由工程规模决定。因此,长距离输水工程的节能主要应从降低水泵扬程 H 和提高水泵效率 η 两个方面考虑。结合长距离输水工程的实践,这两方面又可以通过输水路线的合理布局,输水方式,管材、管径的选择,以及水泵的选择和设置等多方面实现。

3.1.6.1　水泵选型

水泵选型合理、可靠是确保水泵高效运行的最直接因素,是实现供水任务并且获得最佳经济效果的关键所在。水泵选型时,应满足泵站设计流量、设计扬程及不同工况输水的要求。在平均扬程时,水泵应在高效区运行;在整个运行扬程范围内,水泵应能安全、稳定运行。水泵选型方法及步骤如下:

(1)根据泵站的主要特征设计参数,确定泵站的设计流量及其净扬程。

(2)计算管路的水头损失,结合设计净扬程求得设计总扬程。

(3)由水泵性能曲线选择几种扬程满足要求而流量不同的水泵型号,根据水泵选型原则确定选择泵型的台数;当流量或扬程变幅较大时,可采用大、小泵组合搭配方案或变速调节等方式满足要求;对于梯级泵站,水泵选型除满足泵站自身的流量以及扬程的要求外,还要保证各级泵站之间的流量相协调。

长距离输水工程常用的水泵类型主要有离心泵、混流泵及轴流泵。确定水泵类型主要根据流量和扬程的要求,由于离心泵的高效区范围很大,能适应扬程发生较大的变化,因此当泵站的设计扬程大于 25 m 时,选择离心泵较为合适。轴流泵具有扬程低、流量大的特点,通常适用于扬程 $h < 10$ m 的情况,尤其是 $h < 6$ m 时更为合适。但由于轴流泵的功率性能曲线比较陡,扬程发生微小变化时,功率和效率就会发生大幅度的变化,所以轴流泵适应于扬程低、流量小,并且扬程变化幅度小的泵站。混流泵性能介于离心泵与轴流泵之间,适用于扬程为 6~25 m 的场合。混流泵的功率曲线平坦,高效区的范围在离心泵与轴流泵之间,扬程变化对功率影响比较小。此外,混流泵有较好的抗汽蚀性能并且管理维护非常简单等优点。

水泵的台数根据工程规模和运行工况进行技术经济比较后确定。从泵站建设投资的方面来看,无论是机电设备费用或是土建工程投资费用,都与水泵的装机数量有直接的联系,装机数量越少,那么其投资就会越小。而从年运行费用方面来看的话,一般装机数量越少,

效率就会越高,泵站需要的运行人员以及维修费用就会越少,水泵的年运行费用降低。考虑到泵站的经济性以及运行调度的灵活性,水泵装机台数为 3~9 台比较合理。对于流量变化比较大的泵站,水泵台数适量增加;而流量变化相对稳定的泵站,台数适量减少。为了保证水泵机组在检修时或者在发生事故时仍能满足设计流量输水的要求,必须要增设一定数量的备用泵。备用机组的数量应当由供水的重要性以及年利用的小时数,同时满足机组在正常检修时的供水要求确定。对于重要供水泵站,工作机组为 3 台或者 3 台以下时,设 1 台备用机组;多于 3 台时,设 2 台备用机组。

用大、小泵组合方案对流量或扬程变幅较大的明渠输水工程调度和工况切换将带来极大方便。山东省引黄济青工程(全线明渠梯级泵站输水)、胶东地区引黄调水工程明渠段提水泵站均得到了很好的应用。

长距离管道输水工程更多地利用变速调节,调速泵和定速泵台数的确定方法如下:

①调速泵和定速泵不同型号时,应满足

$$\begin{cases} 2Q_1 + nQ_2 = Q \\ Q_1 = 2Q_2 \\ H = H_p \end{cases} \quad (2\text{-}3\text{-}2)$$

式中:Q_1 为调速泵额定转速设计工况点的流量;Q_2 为定速泵额定转速设计工况点的流量;n 为定速泵台数,$n = 1, 2, \cdots, n$;H 为调速泵和定速泵扬程;H_p 为泵站出口设定压力。

②调速泵和定速泵型号相同时,应满足

$$\begin{cases} (2 + n)Q_1 = Q \\ H = H_p \end{cases} \quad (2\text{-}3\text{-}3)$$

式(2-3-2)、式(2-3-3)中,Q、H_p 已知,需求出 Q_1、Q_2、H;分别设 $n = 1, 2, \cdots, n$,即可得到相应的几个方案;结合水泵产品样本及参数,初步确定调速泵和定速泵数量的组合方案。

③复核各个工况时调速泵和定速泵是否工作在高效区内,若工作偏出高效区,则应重新选泵。

④枚举法计算上述经核定的调速泵和定速泵数量组合方案的泵站泵组的年综合费用。

$$Z_b = \left(\sum_{i=1}^{n} M_i + \sum_{i=1}^{l} P_i \right) \left[\frac{i(1+i)^y}{(1+i)^y - 1} + \alpha \right] + \sum_{i=1}^{n-k} \left(\frac{\rho g Q_i H_i}{1\,000 \eta_i} \right) Tb \times 10^{-4} \quad (2\text{-}3\text{-}4)$$

式中:Z_b 为泵站年综合费用,万元/年;n 为所选用的水泵数目(包括备用水泵),台;k 为备用水泵的数目,台;l 为调速器的数目,台;M_i 为第 i 台水泵和电机的初投资,万元;P_i 为第 i 台调速器的初投资,万元;y 为投资回收期的年限;α 为设备年大修和管理费率;ρ 为输送介质的密度;Q_i 为第 i 台水泵的流量,m^3/h;H_i 为第 i 台水泵的扬程,m;η_i 为第 i 台水泵扬程的总效率(%);T 为水泵的年运行时间,h;b 为电价,元/kWh;i 为社会折现率;g 为重力加速度,为 9.81 m/s^2。

⑤以年综合费用最小为原则,确定泵站调速泵和定速泵台数的最优组合方案。

(4)根据水泵及其相应的管路配置情况,求得管路水头损失曲线以及其工作点,并查出相应的功率、效率、允许吸上真空高度等参数。

(5)校核所选择的水泵能否在最高、最低扬程工况下安全稳定运行。

(6)对备选水泵所需的建筑费用、设备费用、年运行费用等进行综合分析比较,最终确定最优的选泵方案。

3.1.6.2　水泵运行方式

按照最大流量工况条件下水泵在高效区运行进行水泵选型,只能确保一个工作点在水泵性能曲线的高效范围内,并说明所选择的水泵机组能够满足输水要求。但是,长距离输水管道工程输水流量的小幅变化即会引起所需扬程较大的变化,在水泵的其他工况条件下,由于输送水量减少,所需输水压力会大幅降低。而根据水泵的特性曲线,水泵的流量降低反而会造成水泵的扬程上升。一方面,水泵其他工况条件下的工作点可能会偏离高效区,甚至偏出水泵的特性曲线,造成效率降低;另一方面,输水所需压力降低而水泵扬程反而升高会产生较高的富余水头,浪费能源。所以,采用调速运行调节方式尤为重要。通过调整水泵的转速改变水泵的性能曲线,可以使水泵在各工况工作点位于其高效区,满足输水工程中的流量和扬程变化,可以有效降低水泵的轴功率,达到节能的目的。因此,在确定了调速泵和定速泵的台数以后,在工程实际运行时,各工况条件下调速泵和定速泵的组合及参数的确定等运行方式也是节能的关键。水泵运行节能方法如下:

第一步,确定覆盖泵站流量变化范围的水泵运行工况,保证调速泵和定速泵工作在高效区内。

(1)调速泵和定速泵型号不同时对应工况和开泵组合见表 2-3-1。

表 2-3-1　调速泵和定速泵型号不同时对应工况和开泵组合

工况	1	2	3	4
流量	$Q_{min} \sim Q_1$	$Q_1 \sim Q_1 + Q_2$	$Q_1 + Q_2 \sim 2Q_1 + Q_2$	$2Q_1 + Q_2 \sim 2Q_1 + nQ_2$
开泵组合	一调	一调一定	两调一定	两调 n 定
调速泵最小流量	Q_{min}	$Q_1 - Q_2$	$Q_1/2$	$Q_1 - Q_2/2$

(2)调速泵和定速泵型号相同时对应工况和开泵组合见表 2-3-2。

表 2-3-2　调速泵和定速泵型号相同时对应工况和开泵组合

工况	1	2	3	4
流量	$Q_{min} \sim Q_1$	$Q_1 \sim 2Q_1$	$2Q_1 \sim 3Q_1$	$3Q_1 \sim (2+n)Q_1$
开泵组合	一调	一调一定	两调一定	两调 n 定
调速泵最小流量	Q_{min}	$Q_1/2$	$Q_1/2$	$Q_1/2$

第二步,水泵工况点参数的确定。

(1)读取水泵参数数据,包括单台水泵的数个流量 Q_i、扬程 H_i、功率 P_i 工况点数据,单台水泵最小运行流量 Q_{min}、最大运行流量 Q_{max},已安装的定速泵数量 $n_定$ 和调速泵数量 $n_调$,管道阻耗系数 S,通过流量计、压力表等数据采集装置获取系统运行工况的总流量 Q_T、扬程 H。

(2)依据调速水泵作为主力水泵参与运行,定速泵扬程等于工况点扬程,其余流量由调速水泵通过调速运行供给的原则进行计算。

计算单台调速泵的流量如下

$$Q_调 = (Q_T - Q_定 n_定) \div n_调 \qquad (2-3-5)$$

（3）定速泵工况点、调速水泵额定工况点的确定。

由泵和管道系统特性曲线方程式（2-3-7）和式（2-3-8）联立求出定速泵工况点、调速水泵额定工况点的 Q 值和 H 值。其中，水泵 $Q \sim H$ 曲线由下列多项式拟合：

$$H = H_0 + A_1 Q + A_2 Q^2 + \cdots + A_m Q^m \tag{2-3-6}$$

根据最小二乘原理求 H_0、A_1、A_2、$\cdots$、A_m 的线性方程组为

$$\begin{cases} nH_0 + A_1 \sum_{i=1}^n Q_i + A_2 \sum_{i=1}^n Q_i^2 + \cdots + A_m \sum_{i=1}^n Q_i^m = \sum_{i=1}^n H_i \\ H_0 \sum_{i=1}^n Q_i + A_1 \sum_{i=1}^n Q_i^2 + A_2 \sum_{i=1}^n Q_i^3 + \cdots + A_m \sum_{i=1}^n Q_i^{m+1} = \sum_{i=1}^n H_i Q_i \\ \vdots \\ H_0 \sum_{i=1}^n Q_i^m + A_1 \sum_{i=1}^n Q_i^{m+1} + A_2 \sum_{i=1}^n Q_i^{m+2} + \cdots + A_m \sum_{i=1}^n Q_i^{2m} = \sum_{i=1}^n H_i Q_i^m \end{cases} \tag{2-3-7}$$

解式（2-3-7）就可求得 $H_0, A_1, A_2, \cdots, A_m$。

管道系统特性曲线方程为

$$H = H_{ST} + SQ^2 \tag{2-3-8}$$

式中：H_{ST} 为静扬程。

（4）调速泵转速 n_2。

$$n_2 = n_1 (Q_2 / Q_1) \tag{2-3-9}$$

式中：n_1、Q_1 为工况点转速和流量。

第三步，根据运行实测数据，计算各工况水泵轴功率之和，复核调整变速泵参数，达到各工况轴功率之和最小。

$$\min Z = \sum_{i=1}^m w_i (A_i D_i^3 + B_i D_i^{3-C_i} Q_i^{C_i}) + \sum_{i=m+1}^n w_i (A_i + B_i Q_i) \tag{2-3-10}$$

式中：w_i 取值 1 或 0，表示第 i 台泵开启或关闭；A_i、B_i、C_i 为第 i 台泵轴功率公式的拟合常数；D_i 为第 i 台调速泵的转速比；Q_i 为第 i 台泵的流量，m^3/h。

3.1.6.3　水泵传动效率

水泵机组机械传动方式的选择是否合理直接影响传动效率。在电机转速能够满足水泵运行工况的情况下，间接传动尽量改为直接传动。

当水泵工况变化较大，电机又无法调速时，可将直接传动改为间接传动。此时，尽管传动效率有所下降，但水泵效率、管路效率能有所提高。

3.1.6.4　水泵的进出水设施

水泵的进出水管路应短而直，尽量减少不必要的管道附件，以降低水头损失，提高水泵效率。进出水弯头应采用偏心渐变弯头，保证水泵进出水口平顺衔接。

对于设有前池的泵站，前池的流态对水泵的安全运行及效率有很大影响。水池的形状及尺寸设计需合理，可采用折线型或曲线型的池型，并合理控制扩散角的大小，避免、限制在池内发生旋涡、回流、脱壁等不良水力现象。同时，可采取设置导流墩等措施，改善进水条件，提高水泵效率。

3.1.6.5　水泵的安装及运行管理

水泵的安装精度、运行控制和维修保养等也对提高水泵效率，节约能耗有着一定的影

响。在水泵安装时应选用经验丰富的施工单位,并加强施工管理。在水泵的运行过程中,应选用先进的控制仪表,实行自动监测,通过 PLC 实现最佳控制,合理调整工况,保证高效工作。同时,应加强水泵的维修保养。水泵运行一段时间后必将产生磨损,增加泵内的能量损失。为保证水泵能长期高效工作,应加强监督,及时进行维护保养,定期进行小修和大修,并更换损坏的零部件。重点监测的对象是水泵的叶轮、口环、填料、轴承和地脚螺栓等。

3.1.7　管道附件与节能

检修阀门、减压阀、调流阀、伸缩器、止回阀等管道附件对输水系统的安全运行及效率有很大影响。输水管道气泡积聚会造成较大的水头损失,产生气阻并减小出水量,除隆起点和坡度转折点必须设置进排气阀外,连续升坡或平直管道每 1 000 m 之内都必须装进排气阀。

检修阀门、减压阀、调流阀、伸缩器、止回阀等管路附件的局部阻力系数很大,运行时必然会消耗大量的能量。因此,尽量减少长距离输水管道中的阀门及管路附件数量也可节能。管路进口和出口可采用喇叭口;闸阀尽可能处于全开状态;低扬程离心泵、混流泵可取消闸阀;水源泵站在扬程较低、有条件时可以不用单向阀。取消止回阀后,突然停泵使水倒流造成电机逆转的最大数在正常转速的 1.24 倍之下,一般不会因取消止回阀而造成意外事故。止回阀的局部阻力系数根据不同管径在 2~5 之间,常用流速下,不同止回阀可节约 15~20 kWh/万 m³,一座万 m³/d 规模的水厂,每年可节电 5 000~7 000 kWh。止回阀最适用闸阀、偏心半球阀、ROTO 阀等全流道阀门,因为全通径阀门水头损失比较小,不产生紊流和汽蚀现象,同时大大缩短了阀后的流量计、压力传感器等设备与进修阀的安装距离。

3.1.8　变配电系统与节能

变配电系统设计的节能问题可从以下几方面考虑。

3.1.8.1　高低压供电

决定高低压供电方式主要看电机功率的大小与外电网的电压和分布情况。功率大的电机如用低压,线路的有功损耗要比高压供电时大得多,因而一般希望采用大功率电机。

3.1.8.2　变压器容量

变压器容量的大小要合适。当负荷系数小于 40% 时,空载损耗大;反之,当负荷系数大于 70% 时,则负载损耗大,一般希望选择的负载系数在 60% 左右。

采用低损耗变压器,可较大地减小变压器的损耗。

3.1.8.3　线路损耗

变电所位置尽量紧靠负荷中心以减小线路损耗。

3.1.9　节约用水与节能

采用合理的管道充水方式,有条件时通过自流充水、减少事故弃水、一水多用、循环用水等手段节约用水,山丘区尽量不采用打深井充水等都是大型长距离输水工程的节能措施。

3.1.10　工程施工与节能

长距离输水工程总体呈线状分布,渠道和管道施工总布置采取分散布置、泵站和水库等建筑物集中布置是节能的合理方案。工程开挖料作为渠堤填筑料及混凝土骨料、土石方挖填平衡、堆渣和弃渣场地选择、总运输量和运距最小等是施工节能优化的重要因素和条件。

施工设备应满足高效节能,明渠、暗渠、管道工程各工序设备类型和数量匹配合理。隧洞钻爆法施工时,施工支洞的间距不宜超过 3 km,且长度尽量短;根据长隧洞断面大小、纵坡方向及施工机械选择合理的弃渣运输方式和设备对节能降耗影响较大。

3.1.11　工程管理与节能

长距离输水工程的节能直接关系到工程效益的发挥,工程管理节能主要包括以下几方面:

(1)建立覆盖工程范围的信息自动化调度管理系统,并确保可靠运行是工程安全和节能的基础。实现数据采集、设备控制、测量、参数调节以及信号报警等功能,完成输水工程系统梯级泵站、渠道、管道等建筑物设备和工程运行情况的自动、安全监控。做到"无人值班,少人值守",事故报警及处理指令自动及时,防止大量失水。

(2)优化调度运行方案和操作规程,实现工程系统梯级泵站间的顺序启停和流量调节。保证工程系统安全运行,减少事故和弃水发生,增加能源利用率。

(3)在满足供水目标的同时,追求耗电量最低。控制梯级泵站开停机流程,泵站调速泵、定速泵、大小泵工况调节和高效运行,沿线输水系统建筑物水位、流量、压力和清污机等设备的监测和控制,使全系统运行总功率最小。

3.2　绿色水压试验技术与装置

3.2.1　一体化绿色水压试验技术与装置

3.2.1.1　水压试验基本要求

管道功能性试验作为给排水管道施工质量验收的主控项目,试验合格是管道工程安全运行的基础,对长距离输水压力管道更是如此。水压试验是对输水管道的接口、管材、施工质量等内容的全面检验,是对管道安装及铺设后,进行最后质量检验的必要手段,是检验输水管道及相关设备是否满足设计工况的关键措施,也是规范强制性要求。

根据《给水排水管道工程施工及验收规范》(GB 50268)的规定,管道安装完成后应进行管道功能性试验,给水管道必须经水压试验合格后,方可允许投入运行。输水管道水压试验前的必备条件如下:

(1)所有阀门井、进排气井、排水井内设备安装调试完毕,确保所有控制阀等设备随时都可以灵活开闭。

(2)所有阀门井、进排气井、排水井内积水及污物已清理干净,具备人工操作各设备的条件。

(3)输水管道内杂物应清理干净。

(4)输水管道安装验收合格,非金属管材接口处打压试验合格;钢管接口处采用 100% 的超声波探伤检测焊接质量,并检验合格。

(5)管道两侧及管顶以上回填土不应小于 0.5 m;管件的镇、支墩必须达到设计强度。

管道充水技术要求如下:

(1)输水管道充水时,应单根管道分别进行。

(2)充水的输水管道各管段沿线各阀井处应有专人值守,阀井间输水管道应有专人巡视。如发现进排气阀通气不畅、排水蝶阀无法关闭、输水管道漏水等现象,应及时通知停止充水,关闭输水管道控制蝶阀,打开充水管道排水阀及输水管道排水井蝶阀排水。

(3)输水管道各管段应分阶段充水,每阶段充水量为总充水量的 25%,各阶段间隔时间不少于 30 min。

(4)输水管道充水时要控制水流流速不超过 0.3~0.5 m/s。

(5)输水管道充水前管道内的进排气阀应全部处于打开状态,管道充水保证排气顺畅,并使充水流量低于排气装置的排气流量。

(6)充水前管道沿线各检修蝶阀、进排气阀下的检修蝶阀、封端板处连通钢管的连通阀门均应处于完全开启状态,超压泄压阀前的蝶阀及排水蝶阀均应处于完全关闭状态。

3.2.1.2　存在的问题

《给水排水管道工程施工及验收规范》(GB 50268)对水压试验分段相关内容进行了规定。需要在每 1 km 试压管段两端都设置后背和堵板,以及后背支撑用的机械设备、支撑材料等,然后单独对该试压管段进行试压试验,试压后拆除全部试压装置。

对于长距离、大型或山丘区输水管道工程,现有水压试验方法存在以下问题:

(1)工程管径大,需水量多;野外分段试压不能保证每个试验段附近有足够的水源,给试压工作带来不便;山丘区输水工程打井取水则更为困难。

(2)试压装置复杂,包括千斤顶、顶铁、方木、钢板、后背和堵板等,每个试验段试压前浇筑靠背,试压后靠背需拆除。

(3)各试验段管道接口衔接工序复杂,施工条件差,质量不易保证;大口径输水管道试压原状土常因土质疏松,支撑力不足而造成非施工质量性试压失败。

(4)不能进行试压管段连续试压,水压试验工期长。

(5)施工综合费用高。

为解决以上问题,作者研究了阀井与水压试验一体化绿色技术及装置,可实现长距离、大型输水管道在单一水源条件下进行分段连续试压或分段整体同时试压。

3.2.1.3　结构组成及试压方法

图 2-3-1 为一体化绿色装置简图,该装置集水压试验墩、管道止推墩或镇墩、阀门井功能和结构于一体。施工过程中可代替常规的管道试压靠背,试压结束后作为管道止推墩、镇墩和阀门井等附属设施使用。其绿色特性表现在临时工程与永久工程相结合、多功能一体化结构、管道试压附件的装配可拆性结构和可循环使用性、节省钢筋混凝土材料、避免专用试压靠背的拆除弃渣、减少土地占用、节约水资源、节约能源、便于相邻试压管段的连接,节约工时、缩短试压工期、降低工程投资。

一体化试压装置由试压墩、钢短管、阀门、伸缩接头、通孔法兰、封堵板、加压泵、进排气阀、压力表等组成。其中,试压墩为带底板的回字形、圆环形或其他形状的空腔式钢筋混凝土结构(图 2-3-1 所示为回字形),试压墩的混凝土结构边墙分别与上、下游试压段钢管刚性连接;封堵板为两端带有法兰、内部设有盲板的钢短管。封堵板、伸缩接头、加压泵、各阀门等均位于试压墩的空腔内。具体做法如下:

(1)在长距离输水管道试压分段的位置通过装配封堵板(或盲板法兰)和伸缩接头Ⅰ将

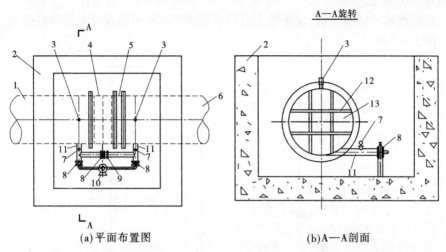

(a)平面布置图　　　　　　　(b)A—A剖面

1—上游试压段;2—试压墩或阀门井体;3—进(排)气阀;4—封堵板;5—伸缩接头Ⅰ;
6—下游试压段;7—压力表;8—阀门;9—伸缩接头Ⅱ;10—加压泵;11—连接管;
12—封堵板加强筋;13—盲板

图 2-3-1　一体化绿色装置简图

管道分隔为上游试压段和下游试压段,在上、下游试压段的管道底部分别设置连通管,连通管之间并联两个支路,其中一个支路上连接有阀门和伸缩接头Ⅱ,另一个支路上连接有加压泵,在加压泵的两侧分别设有阀门,两个连接管上分别设有压力表。

(2)各试压段的进水通过管路连通,利用加压泵向上、下游试压段单独或同时充水进行试压。

(3)试压完毕后,将封堵板更换为通孔法兰短管与输水管道连接。

一体化绿色装置的试压墩承担管段试压压力,在试压过程中起到固定管道的作用,防止输水管道充水试压时发生位移;装配式封堵板(或盲板法兰)将管道分隔成相邻的上、下游试压段;相邻试压段上的旁通连接的阀门和伸缩接头Ⅱ支路用于相邻试压管段的充水和排水,根据具体过程现场水资源情况实现单独充水试压、同时充水试压或一段接一段的逐段连续试压;试压结束后,只需要将封堵板更换为通孔法兰短管,输水管道即可贯通。封堵板可以在不同试压段或其他工程继续使用;进排气阀和伸缩接头Ⅰ可作为管道正常运行附件利用;试压墩可直接作为止推墩或镇墩使用,也可作为阀门井的基础利用。作为阀井使用时,其内部结构尺寸应满足管道、试压设备和阀门的安装及检修要求,深度满足管道埋深要求;地下水位线以下部分应不透水,并进行抗浮验算;封堵板上、下游法兰间的尺寸与所需阀门尺寸一致。

多功能一体化绿色水压试验技术与装置适用于长距离单管或双管输水管道的连续水压试验;适用于PCCP、玻璃钢管及其他化学管材的承插式管道试压,也适用于钢管或混合使用管材的管道试压;尤其适用于一体化阀门井处。

3.2.2　大口径承插式压力管道水压试验装置

长距离输水工程中检修阀门的间距应根据管路复杂情况,管材强度,事故预期以及事故排水难易等情况确定,一般每5~10 km 设置一处。如果每1 km 试压管段均采用图 2-3-1 所示的一体化绿色水压试验装置,试压墩采用回字形或圆环形钢筋混凝土结构将造成浪费,为此研究了图 2-3-2 所示的试压装置。

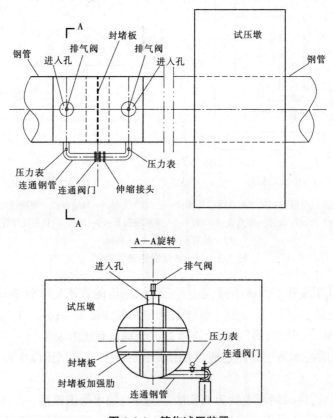

图 2-3-2　简化试压装置

与一体化绿色试压装置图 2-3-1 相比,图 2-3-2 具有如下特点:

(1)试压墩为非封闭型。将试压管道分成若干长度为 1 km 左右的试压段,在相邻试压管段之间设置该装置,土建工程量显著减小。根据试压墩处地质条件及管道工作压力,在满足管道稳定要求下,确定相应的试压墩尺寸。

(2)根据管路起伏特性,在输水管道钢管段的上游或下游设置试压墩。

(3)在钢管内部直接焊接钢制堵板,堵板将管道分隔成相邻的上、下游试压管段。

(4)相邻试压管段底部设置的用于相邻试压管段的充水和排水旁通管根据具体应用情况可为单管。

(5)试压后割除堵板,磨光管道内壁后进行防腐处理。

(6)试压墩可以由管道止推墩或镇墩代替。

(7)适用于山丘地区和平原地区的 PCCP、玻璃钢管及其他化学管材输水工程,也适用于钢管或混合使用管材的试压段,当钢管具有足够长度时,经核算可适当减小或取消试压墩。

（8）能够实现单独充水试压、同时充水试压或一段接一段的逐段连续试压。

（9）临时工程与永久工程相结合，多功能一体化结构，管道试压附件的装配可拆性结构和可循环使用性，节省钢筋混凝土材料，避免专用试压靠背的拆除弃渣，减少土地占用，节约水资源，节约能源，便于相邻试压管段的连接，节约工时，缩短试压工期，降低工程投资。

（10）集水压试验墩、管道止推墩或镇墩功能和结构于一体。施工过程中代替常规的管道试压靠背，试压结束后作为管道止推墩或镇墩，具有较高的绿色特性。

3.2.3　水压试验封堵装置

绿色水压试验技术与装置的显著特点之一是通过封堵板将输水管道分隔为相邻的试压段。图 2-3-1 封堵板为两端带有法兰、内部焊接有盲板的钢短管，试压后需将封堵板更换为通孔法兰短管或相应尺寸的阀门；图 2-3-2 则在管道内直接焊接封堵盲板，试压后需将盲板割除。二者均为封堵盲板与钢管焊接，前者盲板连同钢短管一起循环使用，后者割除的盲板只能用于更小的管径或报废。另外，割除盲板后磨光管道内壁进行防腐处理费工费时，且对管道母材也有影响。

图 2-3-3 提供了管道内部的装配式封堵装置，通过封堵装置将输水管道分隔为相邻的试压段，各试压段可以单独试压、同时试压或一段接一段的连续试压。试压结束后，只需要将封堵装置拆卸，而不需切割，输水管道即可贯通。封堵装置可以在不同试压段继续使用。

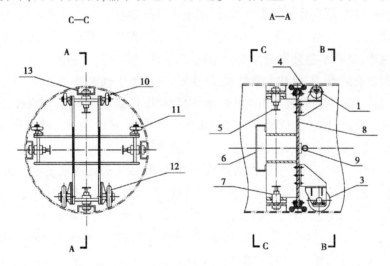

1、10—防倾覆轮；3、12—行走轮；4—密封圈；5—手轮；6—把手；
7—螺柱；8—堵板；9—牵引环；11—导向轮；13—限位块

图 2-3-3　封堵装置

封堵装置与钢管轴线垂直安装，由堵板、密封圈、螺柱、手轮、支承调整架、限位块和行走轮、导向轮、防倾覆轮等组成。堵板为钢板，密封圈为双向止水的异型橡胶圈，并由螺栓和环形压板固定在堵板上；堵板通过与支承调整架连接；支承调整架由水平和竖直方向的钢板焊接组合而成，并在水平和竖直钢管直径方向分别装有调整手轮、螺柱、螺母，螺柱靠近钢管的端部安装有限位块，用于限制封堵装置沿管道轴线的位移；限位块上装有螺母，并在水流方向为通孔以减小水力损失,限位块与钢管焊接,试压完毕可不拆除;旋转手轮可以调整堵板密封圈与钢管的间隙,并使密封圈沿钢管圆周均匀压缩;反向旋转则拆卸封堵装置。封堵装置底部装有 3 个行走轮,两侧分别安装 1 个导向轮,顶部 3 个防倾覆轮,通过牵引环和把手可以在管道内移动。

封堵装置安装方便,通过将封堵装置采用装配方式设置在试压管道上,从而将输水管道分隔为若干试压段,每一试压段通过管路连通后即能够实现每一试压段单独试压、同时试压或逐段连续试压,可以有效缩短试压工期。同时,封堵装置拆卸简单,不需要切割堵板,在相同管径条件下可以重复使用,减少材料消耗,节约工程投资。

3.3 绿色分层取水系统与装置

3.3.1 水库水质与分层取水

水源水质是输水工程水质保证的重要方面,直接关系到工程的功能和效益发挥。长距离输水水源工程多为大型水库,近十多年来,随着我国经济社会的高速发展,水库除农业灌溉用水外,同时承担了城市供水、工业供水和生态补水等任务,且因供水功能不同,各用水户对水质均有具体的要求。因此,如何实现水库自身排浑蓄清和根据用水功能进行供水或泄水的水温、水质调控,是改善水库水质、提高用水质量及效益和下游河道生态环境的关键。

影响水库水质与生态环境主要指水温变化、浑水长期化及富营养化三个方面。大型水库多为深水水库,具有水温分层的特点,即沿水深出现较大的温度梯度。水库中水温的变化对库区及下游农业灌溉、工业和生活供水、渔业养殖、水生生物繁殖、景观等均带来不同程度的影响。我国已建水库大多数采用深孔取水,引取深层低温水灌溉,影响农作物的生长和产量。国内相关试验统计表明,低温水灌溉使水稻减产率达 26% ~ 39%,即水稻发生"冷害";而根据农作物不同生长期对水温的要求,有选择地利用表层温水或中层水灌溉,水稻产量至少提高 10% ~ 15%。水温与水生生物的繁殖也有密切联系,深孔放水使坝下游河道水质生态恶化,引起下游河道浮游生物和鱼类的减少及死亡。浑水长期化是水库上游带来的细微粒子以浑水形式长期滞留库内,不沉淀,是水库水质和生态环境问题之一,水库浑水动态与水温构造及流动形态有密切关系,利用浊度密度分层的特性,在水库的不同高程设置取水口进行分层选择取水及防水,以大幅度缩短下游河道的浑水时间,促进悬浊物质沉降和净化水库水质的效果。富营养化的主要影响因素为水温、光辐射、水深和水流条件等,已经成为破坏水库生态系统的平衡、加速水库老化、恶化水质的主要问题。

水库容积、库长、水深的不同,将导致垂向水温分布结构不同。水库内水温、溶解氧、浑浊度、浮游生物、二氧化碳等均有沿深度呈层分布的特点,所以从不同库水深度处取水的水质和水温就有显著不同,对水库和下游河道生态环境也就带来不同的影响。分层取水至少可以解决以下几个问题:

(1)提高城镇生活用水质量,保障人民身体健康。

(2)利用表层温水灌溉,提高农作物产量。

（3）模拟自然水文情势的水库泄流方式和条件,改善下游河道浮游生物的生态环境。

（4）利用温度密度异重流,按照排放浊水的需要,有选择地泄放不同水层的水体,实现排浑蓄清,改善水库水质和环境。

（5）根据水库水温分层特性与生态变化的关系及水质监测指标参数,了解和预判藻类的生长状态和生长趋势,及时调整取水位置,使缓流区的水体流速加大,破坏水体富营养化条件,防止水库富营养化。

（6）改善水库水质,降低水处理费用。

因此,分层取水是解决水库水质与生态环境问题的有效措施,借此可以提高供水质量,改善环境。但要解决影响水库水质与生态环境的深层取水、浊水长期化和富营养化等主要问题,分层取水的结构型式研究应从目前表层温水取水进入到取任意位置的分层选择性取水,实现从引取所需水量为主到以水功能调控水质取水的质和量转变。

综上所述,分层取水结构应满足水库水功能多目标调配,即根据库水温、水质沿深度的分布情况实现有选择的分层取水,满足各用水户的不同需求,解决水库浊水长期化、富营养化和下游水产养殖及河道生态环境问题。因此,开展取水结构及装置的研究至关重要。

3.3.2　表层取水进水结构及闸门

水库分层取水设施其关键技术在于取水闸门及其控制系统。现有水库放水洞、灌溉洞、泄水洞等采用的单一底孔布置型式不能实现分层取水;考虑分层取水的调水工程首部取水枢纽有的采用高、中、低、底多个闸孔的布置型式,顺水流方向每个取水孔分别设置拦污栅、取水闸门和启闭机、事故检修闸门和启闭机。存在取水水位和水量受闸孔固定高程的限制,只能根据库水位和闸孔底高程的相对位置关系开启高孔或中孔、低孔、底孔闸门取水,无法保证有选择性的分层取水,且水工结构尺寸大,造价高,操作运行、管理维护等均比较复杂。

文献[9]（ZL201210167144.7）、文献[10]（ZL201210167226.1）对表层取水进水结构和半圆形连体闸门进行了研究及应用,实现在不同的库水位取水库表层温水,具有结构简单、操作方便、安全可靠、造价低等特点,在重庆玉滩水库取得了较好的应用效果,如图2-3-4所示。

现有分层取水技术常采用多个不同高程闸孔分别布置闸门和启闭机的表层取水进水结构包括布置有高、中、低、底四个取水口的主体结构、排架和启闭机机架桥;取水口的孔口尺寸（宽×高）相同且孔口间的净距相等;取水口上游布置半圆形连体闸门（取水装置见图2-3-5）及埋件,下游布置串联平板闸门及埋件;两台卷扬式启闭机分别用于启闭半圆形连体闸门和串联平板闸门;最下游为常规底孔取水闸门、埋件及启闭机。

其中,串联平板闸门60（见图2-3-6）包括3个悬臂式定轮平板闸门1、2、3及连接相连两个门叶之间的伸缩式拉杆5、6。除最底部闸门外的上部两个闸门门叶底部两侧各设突出悬臂梁7、8,长度从上到下依次减小,最上部的门叶顶主梁设有与其中一台启闭机连接的吊耳4。串联闸门门槽包括与取水口对应的闸门埋件及垂直布置的轨道,轨道侧部设置的阶梯型平台9与门叶两侧突出的悬臂梁对应,使门槽从上到下依次缩小也呈阶梯状,伸缩式拉杆处于门槽内侧以不阻挡水流,连接拉杆的伸缩长度等于两个相邻孔口的净距。

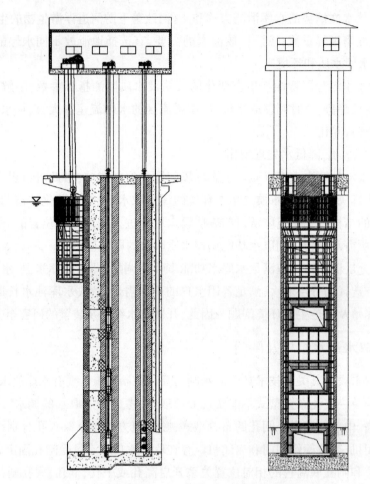

图 2-3-4　表层取水进水结构

　　半圆形连体闸门高度大于取水口高度与净距之和,包括上部的半圆形拦污栅和下部半圆形闸门,两者通过高强螺栓连接;拦污栅由栅条和梁体焊接而成,拦污栅顶部设置有与启闭机相连的吊耳,拦污栅的两侧边梁与埋件接触的面上设置有自润滑滑块;闸门包括由梁体、半圆形面板和底板焊接而成的背部无挡板的筒体,在闸门两侧边梁、底梁与埋件接触面上分别设置有兼作止水的自润滑滑块。

　　表层进水结构从高位取水口取水时,在卷扬式启闭机控制下半圆形连体闸门下部半圆形闸门封闭高位取水口,拦污栅与水位保持一定的水深,串联闸门的闸门 1、2、3 处于关闭状态,分别封闭中、低、底三个取水口,表层水经过拦污栅和半圆形闸门、高位取水口进入取水塔墩。

　　当水位下降,高位取水口无法进水或进水不满足引水流量要求时,则从中部取水口取水。此时,半圆形连体闸门下部半圆形闸门封闭中部取水口,上部拦污栅与水位保持一定的水深,串联闸门上部门叶 1 处于开启状态,闸门 2、3 处于封闭孔口状态,拉杆 5 处于拉伸状态,拉杆 6 处于缩进状态。表层水经过拦污栅引、半圆形闸门、中部取水口进入取水塔墩。

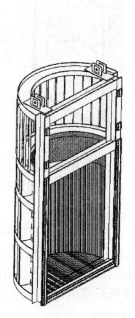

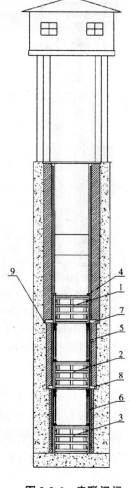

图 2-3-5 表层取水连体闸门　　　　图 2-3-6 串联闸门

　　用同样的方法,依次进行低位和底部取水口取水。

　　串联闸门的伸缩式拉杆若采用液压油缸替代,则便于实现分层取水的自动化(ZL201320340209.3)。

3.3.3　任意位置分层取水装置与系统

3.3.3.1　取水闸门

　　前述半圆形连体闸门除具有正常的挡水、放水功能外,更重要的特点是保证在不同的水位条件下取水库表层温水。但由于闸门结构的限制,不能实现表层水以外的任意位置取水,况且水库表层水在某些时段或季节并不是最佳水质。因此,研究任意水位(位置)条件下水温、水质与水功能科学配置的绿色分层取水闸门系统具有重要意义。

　　任意位置分层取水闸门(复合闸门)是集拦污栅、闸门及启闭设备于一体的的半圆拱形套叠式结构,由外部的半圆拱形拦污栅和闸门连体闸门和内部的活动闸门及启闭设备组合而成。闸门宽度与取水口相适应,高度大于取水口高度与净距之和。分层取水进水结构、复合闸门分别见图 2-3-7 和图 2-3-8。

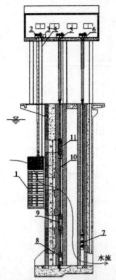

1—分层取水闸门;2—取水闸门启闭机;3—活动闸门液压站;
4—液压油管;5—串联闸门启闭机;6—放水洞工作闸门启闭机;
7—放水洞工作闸门;8—串联闸门;9—串联闸门;
10—串联闸门拉杆;11—串联闸门

图 2-3-7　分层取水进水结构

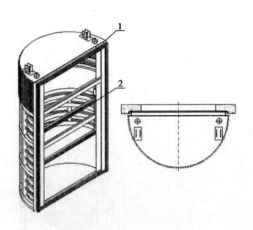

1—外部连体闸门;2—内部活动闸门

图 2-3-8　分层取水复合闸门

1.外部连体闸门

连体闸门是由上部拦污栅和下部闸门共同组成的半圆拱柱形结构,迎水面的栅条、梁系结构及面板均呈半圆拱形布置,顶、底部分设半圆形水平顶板和底板及支撑梁,背水面取水口侧为开口结构;闸门两侧竖向为支承端柱,水平设连接横梁。闸门为滑块支承,两侧整体式塑料合金滑块兼作闸门侧向止水,闸门顶梁和底梁处分设顶止水、底止水。连体闸门内部空腔用于安装活动闸门。

2.内部活动闸门

活动闸门为半圆拱柱形结构(见图 2-3-9),安装在外部连体闸门内,其横截面大小与连体闸门内腔大小相适应,其高度大于或等于拦污栅的高度。活动闸门具有与连体闸门相同圆心的拱形面板和支承梁系,面板设在迎水面,其底面、顶面和下游面(朝向埋件的一面)均为开口结构;为保证活动闸门与外部连体闸门之间的止水及滑动效果,在活动闸门的面板上安装有限位滑块,并与连体闸门面板上的支承座板位置相对应;两侧箱形端柱上(与外部连体闸门的接触面)安装有兼作止水作用的整体式

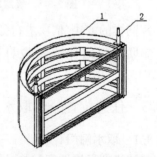

1—活动闸门门体;2—活动闸门启闭油缸

图 2-3-9　分层取水活动闸门

滑块,顶梁和底梁位置分布设置顶、底止水。两侧箱形支承端柱内分别安装用于控制活动闸门启闭的液压油缸,该液压油缸的活塞杆向上伸出,端部与外部连体闸门顶板上的活塞杆固定座连接。液压缸与液压系统共同组成倒挂式液压启闭机,通过活塞杆的伸缩完成活动闸门上下启闭,可以部分或全部封堵拦污栅的孔口,实现取水和挡水。

3.3.3.2 取水系统

任意位置分层取水系统与表层取水结构的工程总体布置相同。水工结构包括布置有高、中、低、底或更多取水口的取水塔主体结构,以及墩顶以上的排架和启闭机机架桥、机房等,取水口的孔口尺寸(宽×高)相同且孔口间的净距相等;金属结构设备包括半圆形分层取水闸门、串联平面闸门和放水洞工作闸门及各自的闸门埋件和启闭机。但实现任意位置分层取水的闸门及控制设备等有所区别,任意位置分层取水系统闸门及控制设备包括:

(1)分层取水复合闸门,包括连体闸门、活动闸门、活动闸门液压启闭油缸及系统。

(2)水质在线自动监测系统,以有关专业水质标准规定的水质分析项目为基础,根据取水功能要求对水质进行监测,实时监测水温、pH、溶解氧、铁、锰、藻类细胞密度、高锰酸盐指数、BOD_5、氨氮、总磷、总氮、硝酸盐、硫酸盐、氯化物、氟化物、铜、锌、铅、镉、砷、汞、六价铬、阴离子表面活性剂、透明度等指标(城市水源地进行 109 项全指标监测)参数的变化情况,掌握水温分层结构变化导致的水库不同深度部位水质和生态参数随季节变化规律,及时寻找和确定最佳取水位置。

(3)固定卷扬启闭机及开度控制仪,分别用于启闭和准确定位分层取水复合闸门、串联闸门和放水洞工作闸门的开度和位置。

(4)荷重传感器,分别用于反映复合闸门、串联闸门和放水洞工作闸门的启闭力。

(5)油缸行程检测装置,检测活塞杆的伸缩行程,用于确定活动闸门开度和液压拉杆式串联闸门各闸门的位置。

(6)处理单元,分别与各检测单元连接,用于接收并处理各检测单元发送的信息数据,并发送指令控制分层取水复合闸门的位置和活动闸门开度。

(7)数据输入单元,与处理单元相连,用于输入控制指令并传输给处理单元。

(8)显示单元,连接处理单元,用于显示不同取水点水库水质及每个分层取水闸门的分层取水和各设备运行参数信息等。

3.3.3.3 取水方法

任意位置分层取水方法是通过分层取水复合闸门、串联闸门和放水洞工作闸门联合运行实现的(见图 2-3-7 分层取水进水结构)。分层取水前放水洞工作闸门 7 处于闭门状态,串联闸门各定轮闸门(8、9、11)封闭相应取水口,分层取水复合闸门 1 处于任意位置;需要取水时,首先由水质在线自动监测系统、处理单元根据指标参数和用水功能确定最佳取水位置;然后固定卷扬启闭机 2 根据接收到的控制指令将复合闸门启吊到设定的最佳取水位置、复合闸门封闭取水位置邻近的下方取水口,复合闸门中的活动闸门封闭拦污栅孔口;依次开启取水位置邻近的下方取水口对应的串联闸门定轮闸门(其他定轮闸门依靠上下拉杆 10 或油缸伸缩仍封闭对应的取水口)、活动闸门和放水洞工作闸门,由活动闸门通过液压缸在连体闸门内上下滑动控制孔口开度,满足取水层高度和取水量要求,即完成一次分层取水动作过程。当需要调整取水位置时,先依次关闭放水洞工作闸门、取水口定轮闸门和活动闸门,再重复分层取水动作过程。分层取水动作过程中,放水洞工作闸门、活动闸门为动水启闭;串联闸门和复合闸门为静水启闭,以减小启闭力。

对于具有多个放水洞的大型水库,每个放水洞可分别设置一套分层取水系统,建立集中控制中心,各放水洞同时进行不同层的分层取水,实时监控水质、水温及运行参数变化,实现水库水温、水质与水功能的有效调配,节约水资源,提高用水质量和效益,满足灌溉、供水、渔业、生态和旅游等综合需求。

第 3 篇　安全保障

第 1 章　安全保障原则和目标

1.1　风险与安全

20 世纪 70 年代,Lowrance 等提出:"风险是危险发生可能性与不利后果严重性二者的乘积"。该定义对后人影响较深,并被 ISO 2001 所采用。随后,一些科研人员进一步深化研究风险的定义,风险是事故发生概率和后果危害程度的综合度量,即风险函数:

$$R = f(P,C) \qquad (3-1-1)$$

式中:R 为风险值;P 为事故发生的概率;C 为事故后果严重程度。

上述函数关系一般取两者乘积,即

$$R = PC \qquad (3-1-2)$$

风险与事故发生的概率和危害严重程度成正比,降低风险也就是提高了工程系统的安全保障。除无法改变的客观环境等条件外,风险大小在很大程度上可以通过采用合理的防护技术与措施,降低事故发生概率与减小事故危害程度,达到风险减缓、提高系统安全保障的目的。

1.2　安全保障原则和目标

长距离输水管道工程一般具有供水规模大(流量大)、管线长、沿线地形特征复杂、地势高低起伏变化大、管径及流速较大等特点。由于长时间运行受到工程设计、施工、管理调度和运行环境等多方面因素的综合影响,尤其是在各种运行工况之间进行切换时,整个输水系统会发生水力过渡现象,该工况不仅持续时间长,而且将引起管道压力及供水流量发生较大幅度的变化,直接威胁整个输水系统的供水安全,甚至经常发生管道失效或爆管事故,不仅给城市居民日常生活和工业生产带来不便,更会对国家经济财产、资源、环境造成无法预计的损失和严重的社会影响,甚至造成人员伤亡事故。因此,采用合理、有效的安全防护措施进行事故风险防范是输水工程安全运行和发挥效益的前提与保证。

长距离输水管道工程安全供水包括三方面的内容,即正常运行时保证设计流量;事故时能保证输水 70% 设计流量;保证各工况运行过程中或事故停电时,不发生爆管或其他自身破坏造成大量失水。爆管事故涉及因素多而复杂,其中的水锤危害是主因。因此,水锤防护是输水系统安全防护的重点。而减轻水锤危害、提高自身安全的因素和措施又是多方面的。所以,长距离输水工程安全保障必须采取全系统的综合防护措施。

安全保障目标:在保证输水管道系统各工况正常运行的前提下,尽可能减小系统运行的压力水平,降低事故发生概率和水锤危害程度,提高系统安全保障能力。

安全保障原则:

(1)防护措施可靠、输水系统安全。

防护措施满足输水系统的长期安全供水要求；输水管道最大水锤压力不超过 1.3~1.5 倍的最大工作压力；对加压输水管道，离心泵事故停泵后的反转速度不大于额定转速的 1.2 倍，超过额定转速的持续时间不超过 2 min；沿全管线不出现水柱断裂和具有危害的断流弥合水锤；水锤过后便于启泵供水。

（2）防护方案经济合理、运行节能。

防护方案经过技术经济比较择优选定，并与工程规模和重要性相适应。

（3）技术先进、调度运行管理方便。

在管道充水、启泵、停泵、工况切换、压力和流量调节等方面为运行调度管理提供方便，减少误操作的可能。

第 2 章　安全保障技术研究

2.1　安全防护概述

　　我国幅员辽阔,多丘陵地区,长距离、高扬程、大流量、地形复杂的输水管线工程日益增多,随之带来的输水工程安全问题亦愈突出。输水系统发生爆管破坏的主要原因包括:泵站突然停电,停泵水锤引起的最大水锤升压和最大降压,以及水泵最大反转速;管道初次充水及突然停泵再次启动,以及事故检修再次充水或正常停水后再次启动水泵的气爆型水锤;正常开启与工况切换;关阀水锤和产生的压力波动;流量调节过程导致管道压力波动产生水柱中断及气囊聚积,气囊运动及水柱中断对支管压力波动的影响;爆管工况及重力压力流段的管内静压过高;误操作产生的启泵水锤等。也有专家提出,生产实践中的长输水管路中所出现的管路破裂,70%~80% 与水柱分离产生断流弥合水锤有关。长距离、多起伏、高扬程、多级泵站供水管道系统易发生水柱分离与断流弥合水锤,是影响该类工程供水安全,造成严重水锤危害的主要原因,其水锤防护难度也最大。因此,如何对长距离、山丘地区、高扬程复杂输水系统产生水锤危害的技术条件进行判断是研究和设计人员亟待解决的难题,选择安全可靠、经济合理的水锤防护措施及其设备,是该类工程设计的重要环节和主要技术内容。

　　目前,长距离输水系统水锤防护措施大致可分为以下几种类型:

　　(1)注水(补水)或注空气(缓冲)稳压,从而控制住系统中的水锤压力振荡,防止了真空和断流空腔弥合水锤过高的升压。这种类型的设备有双向调压塔、单向调压塔(水池)、空气罐、注空气(缓冲)阀、弥合水锤预防阀、真空补气阀等。

　　(2)合理选择阀门种类,延长其启闭历时,进行阀门调节与控制。阀门缓慢地关闭和开启,可减小输水干管中流速的变化梯度,从而可以减小水锤压力的升高和降低。对于复杂泵站及输水管道工程的阀门开启和关闭历时必须通过水力过渡过程分析后确定,这种类型的设备有多阶段关阀蝶阀、液控止回半球阀、两阶段关阀蝶阀、普通缓闭止回阀、水泵控制阀等。

　　(3)泄水降压,避免压力陡升。这种类型的设备有超压泄压阀、停泵水锤消除器、防爆膜等,还可设置旁通管以及取消普通旋启式止回阀等。

　　(4)其他类型。选用转动惯性较大的水泵机组或增装惯性飞轮,防止停泵时水流压力、流速剧降;在较长的输水管路中增设止回阀等。

　　以上类别的水锤防护措施包括了管道工程的附属设施和设备,对于具体工程,需要根据其管线分布特性和工程实际,经过详细、准确的水锤分析计算后,合理采用综合防护技术。

2.1.1　泵站防护

　　长距离、高扬程输水系统的水流动力均来自于水泵,所以泵站防护是其中必不可少的一部分。泵站防护主要包括停泵水锤防护和启泵水锤防护。启泵水锤常是在管道未充满水或停泵时水被放空的情况下非正常启泵造成的。启泵水锤只要解决好管道的排气问题就可以有效地避免。泵站水锤防护的重点是停泵水锤。

停泵水锤多发生在由于各种原因导致的水泵突然停车,常见的水锤事故多属于停泵水锤事故。停泵水锤的防护主要包括防止水泵倒转和防止管道升压两个方面。防止水泵倒转的措施主要有液控蝶阀、缓闭止回阀、水泵控制阀和水泵加装飞轮力矩。液控蝶阀、缓闭止回阀和水泵控制阀都是先让阀门在停泵时迅速关闭一定角度,减小过流量,管道内水倒流时,水泵倒转不会过快。同时,小角度的过流可以降低阀后的升压保护管道。加装飞轮力矩是通过增大水泵飞轮的惯性,延长水泵转速减小的时间。但常规的增加飞轮力矩方法同时增加了输水能耗,增加了系统运行成本。

对于长距离输水管道工程,通常情况下在水泵断电以后叶轮都将发生倒转,即使加装飞轮力矩水泵仍会倒转。所以,在停泵水锤防护时应首先考虑阀门控制,满足停泵后的反转速度不应大于额定转速的 1.2 倍,且超过额定转速的持续时间不应超过 2 min 的条件。

2.1.2　管线防护

长距离、多起伏、高扬程管线的防护是水锤防护中最复杂的。由于停泵水锤发生后,在水泵出口端首先产生负压波,负压波向管线末端传递,当某一点处管道的压力低于水的汽化压力时,连续的水就会在此处发生拉断;负压波在管线末端以正压波反传递,在断流处两水柱将发生撞击弥合。因此,管线防护的重点将是断流弥合水锤防护。

由于断流弥合水锤在发生机制上与传统的关阀水锤和停泵水锤有所区别,而且其发生地点也难以事先断定。设置于管线首端用以防止传统停泵水锤的各种停泵水锤消除器、缓闭止回阀以及阀门控制技术等均收效甚微,甚至无效。事故突然停泵和突然快速启闭阀门都可能在泵站管路系统中引发水柱分离和断流空腔再弥合水锤危害,在进行停泵水锤分析及危害预测时,必须首先判别能否发生水柱分离现象,然后决定采取相应的防护措施。

判别输水系统是否发生水柱分离现象应建立在多工况进行停泵、启泵、关阀、开阀、正常运行、工况切换及流量调节的水锤分析计算基础上,复杂输水系统可以在线路布置、输水方式、泵站级数、管材比选、管内流速(管径)、附属设施、附属设备、调度运行等多方面和环节采取综合安全防护措施,经过大量水锤分析计算,合理确定防护措施的数量和位置,消除或减轻水锤危害。

2.2　水锤防护设施及设备

2.2.1　调压塔

2.2.1.1　调压塔(池)

1.结构及工作原理

调压塔构造为一开口的水池,是一种兼具注水与泄(排)水的缓冲式水锤防护设备。

2.性能特点

(1)一旦管道中压力降低,调压塔迅速向管道补水,防止管道中产生负压及水柱分离,可有效地消减断流弥合水锤升压。

(2)当管道中水锤压力升高时,它允许高压水流流入调压塔中,从而起到缓冲水锤升压的作用。

(3)结构简单、工作安全可靠、维护工作少、消锤功能良好。

3.选用的技术要点

(1)调压塔应当设置在可能产生负压的管道附近,如泵站附近或输水干管上易于发生水柱分离的高点或折点处。

(2)调压塔应有足够的的断面面积,在停止或启动水泵过程中,塔内水位波动不大。

(3)调压塔应有足够的高度,在调压过程中不会产生溢流。不可避免产生溢流时,应考虑溢流口和排水措施。

(4)在调压过程中,为防止空气进入主干管内,调压塔应有足够的容量,确保在给管道系统补水过程中塔内仍保持有一定的水量,避免拉空。

(5)一般用于大流量、低扬程的长管路系统,也可结合地形应用于压水管垂直上升的取水泵房中。

2.2.1.2 单向调压塔

1. 结构及工作原理

单向调压塔是防止产生负压(水柱分离)和消减断流弥合水锤过高升压的经济有效、稳妥可靠的停泵水锤防护措施和设备。它主要由体积不很大的水箱或容器、带有普通止回阀的向主干管中注水的注水管以及向调压塔容器中充水的满水管组成。注水管上的止回阀(单向阀)只允许塔中水流(注)入主干管中,它是本设备的核心部件,其准确而及时地启闭必须切实得到保证。

水泵正常运行时,注水管上的止回阀处于关闭状态。如果调压塔水箱不满或全空,则通过满水管向水箱充水;当箱中水位达设计标高时,满水管出口的浮球阀关闭,并自动保持箱内设计正常水位。事故停泵后,当主干管中的水压降到事先设定的数值时,止回阀迅速开启,利用势能差通过水管将足够流量的水及时地注入主干管中,从而防止了发生负压并控制住泵管系统中的水锤压力振荡与危害。

2. 性能特点

(1)箱中设计水位不需要达到水泵正常工作时的水力坡度线,安装高度可以大大降低,水箱容积不大,节省费用。

(2)在管道产生负压时向管道内注水,防止水柱拉断保持水的连续性,但是当管道升压时不允许水流入塔内。

3. 选用的技术要点

(1)单向调压塔的装设位置、座数、容积、注水流量、水位标高、注水管主要尺寸以及防护效果等,都必须应用水锤分析动态模拟,经过方案比较后确定。

(2)无残留空腔是单向注水工艺与技术取得好效果的充要条件。为此,单向调压塔必须注水及时、流量足够,必要时可采用两根注水管。

(3)由于单向调压塔在设计上主要考虑如何消除水锤发生时产生的断流空腔,所以当下压波来临后,安装单向调压塔点仍会产生升压,因此单向调压塔应与超压泄压阀相配合使用,以达到防止断流及管道升压的目的。

(4)在北方,冬季要注意防止冰冻损坏,为此,在水箱底部设置排空管将水箱排空或采取其他防冻措施。在南方,要注意防止水质变坏。

2.2.1.3　箱式双向调压塔

1.结构及工作原理

箱式双向调压塔主要由下阀体、上阀体、活塞、膜片、单向板、泄水口、溢流环等组成。

箱式双向调压塔的调压方式是在其活塞上部承受箱内水深的压力,活塞下部承受管道压力,活塞上部面积大,下部面积小,且其面积的比值根据箱式调压塔的水深(高度)要求和管道内压的大小决定。在正常运行时,管道内压小于或等于其最大设计水压,活塞上部总压力大于或等于管道对活塞下部的总压力,活塞静止不动,被压在阀座上,并保持活塞与阀座间的密封。当管道内产生水锤时,管道内压大于最大正常运行设计压力,管道对活塞下部的内水总压力大于水箱内水对活塞上部的总压力,从而使活塞向上运行,管道内水从活塞上的导流孔流进水箱,并从水箱溢流管流出,从而起到泄压的作用;当管道压力恢复正常,即小于或等于最大正常运行水压时,活塞下移复位,重新封住阀座不使管内水外流;当管道内出现负压时,活塞下部的单向密封板开启,箱式调压塔内的水注入管道,消除可能出现的断流空腔,以预防和消除断流弥合水锤。

2.性能特点

(1)由于在结构上该调压活塞为直接动作形式,无外导管、先导阀等,克服了超压泄压阀存在的拒动作和滞动作等问题,使管道泄压迅速及时,安全程度提高。

(2)一般超压泄压阀除泄压动作滞后外,还必须保证 0.2~0.3 MPa 动作回位误差压力。箱式调压塔动作误差仅 0.02~0.03 MPa,使水锤防护效果提高。

(3)动作灵敏,反应迅速,对任何水锤都有良好的防护效果,适用范围广。

(4)当管道内出现负压时,可迅速向管道内补水,以防止水柱拉断产生断流弥合水锤。

3.选用的技术要点

(1)宜装设于泵站汇水总管处或输水干管上易于发生水柱分离的高点或折点处,一般应安装在管道一侧的阀口井内,大多可能高出地面,高出地面部分应设塔室。

(2)塔高一般为 2~5 m,需要时也可大于 5 m。

(3)结合系统水锤分析计算进行选用,使箱式调压塔的水锤防护效果达到最佳。

(4)公称直径一般为主管道直径的 1/3~1/2,理论上,调压塔直径越大,水锤防护效果越好,但成本也越高,应通过技术经济比较后确定。

2.2.2　进排气阀

进排气阀是输水压力管道工程中的最常用设备,当管道内压力低于大气压时吸入空气,而当管道中压力上升高于大气压时排出空气,即在管线开始充水时管中空气需要排出;管线正常运行时,水中会有溶解的空气随着温度的上升或压力下降从管道中析出;由于管线的放空、瞬变流等情况管线出现负压时,空气从外部进入管中。这种阀不允许水泄入大气,在排除管道中空气时具有自动关闭的功能。

2.2.2.1　真空破坏阀

1.结构及工作原理

真空破坏阀正常情况下保持关闭,如果内部压力不降低到设定压力以下则不会打开。当管线安装真空破坏阀处的压强低于当地大气压时,真空破坏阀打开,把空气吸入管道中,防止真空的进一步增高,当回冲水流及升压波返回时,空气腔体积开始缩小,阀门自行关闭,腔中的空气受到一定的压缩并使回冲流速减小,起了空气垫的作用,从而对断流空腔弥合水锤的升压起到了缓冲和降低的作用。

2.性能特点

(1)只进气不排气,破坏管中的真空,吸入的空气形成空气腔,对管中的水锤升压起到了缓冲和消减的作用。

(2)注入大量空气,不排出积存在管道中,水锤过后,完全将空气排净既费时费事又不能急,给重新启泵带来很大的麻烦。如果处理不当,将酿成启泵水锤危害。

(3)为使空气快速进入阀门,真空破坏阀空气流入面积应比阀门口径等同面积大10%。

(4)一般可用空气阀代替,若经过水力计算,确实仅用空气阀无法满足需要时再用。

2.2.2.2 恒速缓冲排气阀

1.结构及工作原理

恒速缓冲排气阀包括下阀体、中阀体、浮筒杆、小阀芯、盖板、下滑杆、上滑杆、压感弹簧、膜片及阀盖,浮筒与浮筒杆一端铰接,浮筒杆通过中阀体上的轴铰接在中阀体上,浮筒位于下阀体内的护筒内,盖板与下滑杆连成一体,上滑杆与膜片下压环、膜片和膜片上压板连成一体并与压感弹簧共同组成运行控制组件。膜片被阀盖压紧在中阀体上,导管通过限流接头使中阀体与闷盖上的液压缸内腔连通,小排气帽被拧固在中阀体上。

2.性能特点

用浮筒杠杆机构控制排气阀大排气口的启闭,大排气口的开启度随管道内压大小不同而变化,从而达到恒速排气,在任何条件下均可实现全自动稳压排气,以保护管道免遭气爆破坏及提高输水效率。

2.2.2.3 浮球式排气阀

浮球式排气阀为目前国内市场的主力产品,虽然工作原理相似,但性能差异也较大。浮球式排气阀又可分为双口排气阀、组合式排气阀、杠杆式排气阀、复合式排气阀。

1.双口排气阀

双口排气阀结构分为微量排气阀和高速排气阀两部分,工作原理是在阀体内无水时,浮球落入护筒,排气口打开排气,有水时,浮球浮起堵住排气口,封住水流。

2.组合式排气阀

组合式排气阀的工作原理与双口排气阀相同,仅是大排气腔加大,小排气腔减小成附阀形式,故大排气腔排气性能略有提高。

3.杠杆式排气阀

杠杆式排气阀对普通浮球式排气阀的改良主要是以浮球和杠杆来作为控制机构,在杠杆上另加装相应的执行机构装置来控制排气口开关,其控制机构和执行机构用杠杆相连接。该阀的工作性能良好,但缺点是有效排气口径小,一般不适于DN300以上的常用输水管。

4.复合式排气阀

复合式进排气阀由阀体、阀盖、浮球、阀座、密封圈、微量排气阀等组成,如图3-2-1所示,其中微量排气阀分为卷帘式和多杠杆式。

当管内刚开始注水时,大量排气,浮球不动作;当管内空气排完,主阀体开始进水,浮球浮起关闭排气口,微量排气浮芯上升,带动橡胶卷帘关闭微量排气口,停止排气;当管道正常

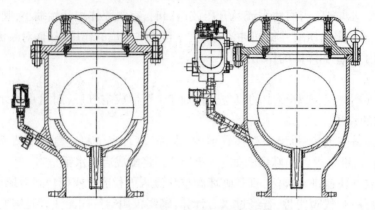

图 3-2-1　复合式进排气阀结构

输水时,少量气体会在阀上部继续聚集,当气体积聚到一定量时,主浮球不会下落,但微量排气阀打开,气体向外排出,水位逐步上升,重新关闭微量排气口,停止排气,如此不断循环此过程;当管内产生负压或水流排空时,主排气浮球迅速下降,主排气口打开,吸入空气,确保管线安全。目前,国内此类产品的微量排气阀排气孔直径最大可以达到 50 mm。

2.2.2.4　气缸式排气阀

1.结构及工作原理

气缸式排气阀主要由壳体、浮筒、排气盖板、大排气口、小排气口、气压缸、活塞杆、导管等组成。当阀体内存气时,浮筒下降,带动小盖板动作上升堵住阀帽上的通气孔,同时打开小阀座,使阀体内有压气体进入气缸,因气缸内气动膜片组件面积远大于大排气口盖板面积,故大排气口开启排气,管道存气即可高速排出;当气体排尽后,浮筒上升,控制膜片的导管与大气连通,盖板受阀内压力作用复位,封住排气口。当下一段气团到达排气阀时,浮筒由于重力的作用下沉,使阀体与导管连通,气体由导管进入气压缸,这时气压缸的压力与托住排气盖板的压力相等,排气盖板在重力作用下打开排气。当管道出现负压时,进气口盖板打开进气,以防产生蒸汽型断流空腔。

2.性能特点

(1)连续大量高速排气:对有压气体,不论水气之间是何种流态,无论是否多段水气相间,均可高速排出管外。当多段水气相间的情况出现时,第一段气排出后水流达到排气阀时,浮筒在水浮力作用下浮起,将排气盖板顶住,使大排气口关死。当下一段气团达到排气阀时,浮筒由于重力的作用下沉,打开小排气口,气体由导管进入气压缸,这时气压缸的压力与托住排气盖板的压力相等,排气盖板在重力作用下打开排气,保证了管道在正常运行时不产生气囊滞留。

(2)具有大量恒速排气功能:在水气相间大量排气的过程中,排气口开度随管道内排气压力大小而改变,压力大,开度减小;压力小,开度增大,从而保证主管道因排气引起的流速变化不超过 0.3 m/s、断流弥合水锤升压小于 0.2 MPa。

(3)具有缓冲功能:可以在阀体存气时迅速动作,高速排气,并在排气结束时,大排气口通过缓闭装置使阀板缓慢延时关闭,不引发管道压力瞬变。阀体内的缓冲装置亦可在排气速度较快时,控制排气速度,做到合理排气,此特点用于消减管道断流水锤有良好作用。

(4)微量排气:少量气体可通过微孔排出,当管道出现负压时可注气,以防污染并缓冲水锤升压。

2.2.3　缓闭式止回阀

当输水系统水泵扬程大于 20 m 时,应使用缓闭式单向阀。目前,缓闭式单向阀主要有水泵自动控制阀、液控蝶阀、液控半球阀等。

2.2.3.1　水泵自动控制阀

1.结构及工作原理

多功能水泵控制阀是通过一个双室膜片控制器,利用液压原理来控制主阀板和缓闭阀板的缓开和缓闭动作。其工作过程如下:泵启动前,阀门出口端压力作用在主阀板上,主阀板处于关闭位置,同时膜片控制器的上腔连通压力水,下腔则与阀门进口端的低压相通。水泵启动后,阀门进口压力逐渐升高,同时压力水通过阀门进口端的连接管缓慢进入膜片控制器下腔,实现主阀板的缓慢开启,开启速度可通过控制阀进行调节。水泵停机时,阀门进口的压力降低,当接近零流量时,主阀板在自身重力作用下迅速关闭。因阀门进口端压力降低,阀门出口端的压力水通过连接管进入膜片控制器上腔,下腔水通过阀门进口端的连接管压回至阀门进口端,缓闭阀板缓慢关闭,慢关时间可通过控制阀进行调节。主阀板的速闭和缓闭阀板的缓闭符合给水系统的两阶段关闭规律,因此能有效地削减水锤压力峰值。

2.性能特点

(1)在水泵出水管初次充水或管路检修后首次运行时,管路中存在着大量气体时,该阀可先向管道充水排气后再开主阀,这样可消减启泵水锤。

(2)该阀具有缓闭止回阀、电动阀两种阀门的功能,以一阀代二阀,可有效简化水泵出口各种阀门的安装,对泵站的设计具有很强的实用意义,可有效减少泵站的设计面积,使泵站在操作管理上更方便、实用。

(3)水力损失较大。

2.2.3.2　液控蝶阀

1.结构及工作原理

本阀由阀门本体、传动机构、液压站、电控箱等四部分组成。阀门本体由阀体、蝶板、阀轴、滑动轴承、密封组件等主要零件组成。重锤式阀体采用卧式安装,阀轴采用半轴结构。传动机构主要由液压缸、摇臂、支撑墙板等连接、传动件组成,是液压动力开、关阀门的主要执行机构。

两阶段关闭蝶阀运作时,在水泵启动时,能够先快后慢地自行开启;在发生事故突然停泵时,阀门能按预先调定好的程序分两阶段(先快关一定角度,再慢关剩余角度),有效消除管路破坏性水锤,保证管线系统安全运行。阀门先较快地关闭至某一角度(快关阶段),关闭行程的大部分,虽然关阀过程产生了管道升压,但由于蝶阀在大开度范围内,其开度系数的变化率很小,升压并不明显。第二阶段以非常缓慢的速度关闭剩余的行程(慢关阶段),由于压力的升高与流速的变化成正比,慢关过程导致流速变化的增量减小,可把出水管道的压力升高限制在允许的范围之内。

2. 性能特点

(1)能按程序启闭,在正常供电和突然断电情况下均能自动按预定的时间和角度分快、慢两阶段关闭,调节范围大,适应性强。

（2）可消除破坏性水锤,防止水泵和水轮机组发生飞逸事故,有效地降低了管网系统的压力波动,保障设备安全可靠地运行。

（3）该阀具有水泵出口操作（控制）阀门、止回阀和水锤防护设备的作用,起到一阀三用的功能。

2.2.3.3　液控半球阀

1.结构及工作原理

液控半球阀由液控止回阀全通径偏心半球阀、液压站、连接阀轴的摆动油缸、PLC组成,见图3-2-2。其中,液压站主要包括高压蓄能罐、补压油泵和电磁阀。

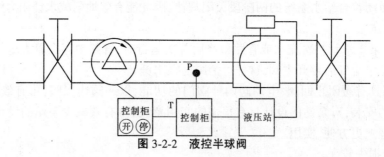

图 3-2-2　液控半球阀

液控止回阀闭阀启泵原理:通过PLC使水泵和液压站产生联动,首先在PLC上设定开阀压力或开阀时间,当水泵开始运转时,水泵和止回阀之间的压力逐渐升高,当压力上升到设定值或达到设置时间时,PLC就会打开高压蓄能罐上的电磁阀,高压油就会进入摆动油缸,推动活塞运动,同时带动阀轴旋转打开阀门,实现闭阀启动。

正常停泵的关闭原理:当按下停泵按钮时,蓄能罐的高压油促使活塞运动,快速关闭阀门,然后水泵才停止运转。

事故停电关阀原理:当事故停电时水泵停止运行,电磁阀打开,使蓄能罐的高压油促使活塞运动,快速关闭阀门90%,然后缓慢关闭10%（关闭角度和时间可根据工况调节）。

2.性能特点

（1）节能。液控止回偏心半球阀开启之后是一个全流道结构,水力损失基本为"零",运行成本低。

（2）防水锤。停泵或事故停电时,可通过PLC及PLC上的蓄电池控制液压装置实现两阶段关闭,各行程角度和各角度的关闭时间可根据不同工况调节,有效消除水锤保护水泵。

（3）使用寿命长。由于偏心的结构,球冠和阀座只有在关闭的最后一刻才会接触,不会产生较严重的磨损,而且阀座目前采用耐磨的镍合金制成,耐磨性强。

（4）无卡阻,有切削功能,可切断阻碍其关闭的杂物,即使出现结垢也可以通过球冠上的刀口进行刮削后仍然关闭。

（5）耐高压,可以达到 64 kg/cm²。

（6）适用范围广,可用于原水、清水、污水及高扬程取水泵站。

2.2.4　超压泄压阀

当管道中发生水力瞬变流时,若某点的压力过高,超压泄压阀自动打开,泄流掉一定流量,维持管道在此点的压力,当压力降到安全值后,泄压阀再自动关闭。

2.2.4.1　先导式超压泄压阀

1.结构及工作原理

当弹簧力大于介质作用于阀芯的正常压力(事先选定的压力值)时,阀芯处于关闭状态,当罐内介质压力超过允许压力时,弹簧受到压缩,使阀芯离开阀座,阀门自动开启,介质从中泄出、减压;当压力回到正常值时,弹簧压力又将阀芯推向阀座,阀门自动关闭。

2.性能特点

先导式超压泄压阀的主要优点是变弹簧直接作用为导阀间接作用,提高了动作的灵敏度,而且主阀采用套筒活塞式、双重密封阀座结构,动作精度高、重复性好、回座快、不泄漏、能带高背压排放、工作寿命长、工作稳定可靠,它还可在线调校,反复启跳排放后,仍然能自动回座,关闭严密,操作维护方便。缺点是水锤升压过快时,往往失去泄压保护作用。

2.2.4.2　直动式超压泄压阀

1.结构及工作原理

直动式超压泄压阀的主体为一气压缸,上部充满了有压气体,中部为气动膜片及活塞杆等,下部为进水管盖板、泄压口等。正常运行时,阀上部有压气体的压力约等于或略高于管道最大设计使用压力,当管道出现少量压力波动时,有压气体被压缩起到缓冲稳压作用,吸纳压力波并防止管道出现负压;当出现异常大的压力升高时,气动膜片和活塞被压至上止点,并带动泄压口盖板开启,使超压水流迅速喷出管外,释放超高压,压力释放后,管道压力恢复正常时,气动膜片及活塞复位,并使泄压口盖板关闭,但盖板关闭速度受泄压口外的缓冲器控制,实现缓闭,防止速闭产生的二次水锤。

2.性能特点

直动式超压泄式阀具有吸纳供水管道运行和流量调节等工况下产生的压力波动的功能,有效地防止管道产生局部负压,稳压作用良好。当管道因停泵、关阀以及水柱中断产生断流弥合水锤等异常快速升压时,可直接迅速打开泄压口释放压力,保护管道免遭破坏;其稳压范围和压力释放值可方便地进行调节。

2.2.4.3　水锤预防阀

1.结构及工作原理

水锤预防阀由一个 V 形宽阀腔带过滤器的主阀、一个三通式低压导阀和一个三通式高压导阀组成,当意外断电、水泵关机、水泵启动等情况时,产生一个低压波动,这时低压导阀开启与大气相通,活塞上腔压力下降,主阀开启泄水,并在回水高压到来时,保持打开,管网压力增至工况压力时,低压导阀和主阀都缓慢关闭。当管网压力超过安全值时,高压导阀立即开启与大气相通,主阀同时开启泄水降压,当压力恢复到正常状态后,导阀和主阀逐步关闭。

2.性能特点

水锤预防阀既可在事故停电时保护水泵系统免受水锤冲击,又可保证超压时管道安全供水;操作方便,只要分别对两个导阀上的调节螺栓进行调节,即可实现高、低压的设定;自带防震压力表,可现场检测压力读数;设定的高、低压力稳定可靠,排放灵敏;V形宽体阀腔,流阻小、抗汽蚀性强、无噪声;由介质自身压力自控,无需外供驱动源。

2.2.4.4 超压泄压阀选用技术要点

(1)超压泄压阀应设在泵站出口总管起端、重力输水管道末端的关闭阀上游。输水管道中间是否需要设置,须经分析计算后确定。

(2)在实际应用中,超压泄压阀的公称直径一般按主管道直径的1/5~1/4选取,但当压力较大时,泄流量可能过大,故在这种情况下,应经计算确定超压泄压阀的规格。

(3)目前,工程中常用的超压泄压阀均为先导式,即用先导辅阀控制主阀启闭泄压,泄压动作滞后,仅适用于水锤升压速度较缓慢的情况,对于升压特快的管道含气型断流水锤,经验表明,几乎无泄压作用。

(4)超压泄压阀的泄压值应根据管道的最大使用压力和管材强度,经水力计算确定。泄压值也可采用最大使用压力加 0.15~0.2 MPa。

(5)先导式超压泄压阀有拒动作可能,故应特别注重分析和测试技术,以确保消除拒动作的可能。

2.2.5 减压恒压阀

2.2.5.1 膜片式减压恒压阀

1.结构及工作原理

膜片式减压恒压阀由主阀和附阀组成,主阀为减压过流通道,附阀起控制减压效果及恒压作用,通过旋拧阀上的调节螺栓可控制及调整主阀出口压力值。

2.性能评价

(1)由主阀、辅阀、调节阀、过滤器、压力表等组成。

(2)结构型式为膜片式。

(3)减压稳压阀,既能减动压,又能减静压,无论进口压力和流量如何变化,稳压效果均良好,出口压力为 0.1~0.8 MPa(可调)。

(4)高灵敏度,最低动作压力为 0.02 MPa(2 m 水柱)时可灵活开启关闭。

(5)膜片强度大于或等于 1.6 MPa。

(6)阀门对于支管流量的汇入、流出具有自动的流量调节作用。

2.2.5.2 活塞式减压恒压阀

活塞式减压恒压阀由主阀和导阀两部分组成。主阀主要由阀座、主阀盘、活塞、弹簧等零件组成。导阀主要由阀座、阀瓣、膜片、弹簧、调节弹簧等零件组成。通过调节弹簧压力设定出口压力、利用膜片传感出口压力变化,通过导阀启闭驱动活塞调节主阀节流部位过流。

2.2.6　调控阀

2.2.6.1　活塞式调流阀

1.结构及工作原理

活塞式调流阀由阀体、阀座、活塞体、密封装置、蜗轮传动装置、电动驱动装置等组成。活塞式控制阀通过驱动曲柄滑块机构带动活塞运动,在阀体内部形成轴向对称的环形流道,并有效地控制流通面积,形成从入口到出口截面递减的流道,从而使流体的流速渐升,并通过圆周方向上的多孔,向管道中心方向形成射流对撞,以达到消能减压和调节流量的目的。同时,连接于活塞前的出口节流部件,可根据具体工况条件进行设计,适应不同系统对阀门抗汽蚀及过流能力的要求。

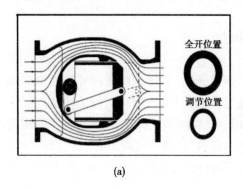
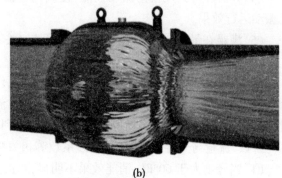

图 3-2-3　活塞式调流阀结构和流态

2.性能评价

(1)活塞控制阀无论活塞被驱动到任何位置,阀腔内水流断面均为环状,使阀门开度与流量呈线性关系,具有良好的流量或压力调节特性。

(2)可根据阀后用户所需调节流量,在接入上位机 PLC 并进行编程后实现:当流量高于所需值时,调流阀可自动关小;当流量低于所需值时,调流阀可自动开大。这样可使阀门出口流量始终控制在用户所需值范围内。

(3)活塞控制阀出口部位的线性收缩和出口节流部件产生的引导对撞及阻力,可产生消能减压的效果,并避免因节流对阀体和管道产生的汽蚀影响。

(4)在开启或关闭过程中,阀座和密封圈没有相互摩擦,延长阀门使用寿命。

(5)活塞采用对称式结构,操作时更易保持平衡从而有效减少操作扭矩。

(6)采用金属与橡胶双重密封,实现气泡级密封、零泄漏,能够阻断静水压力的传递。

2.2.6.2　固定锥形阀

1.结构及工作原理

固定锥形阀采用摆臂和滑块传动形式,其结构组成有进口管、阀体、锥体、套筒闸、阀轴、出口管、摆臂、滑块及电动传动装置等部件。阀门驱动装置为智能调节型电动装置(带现地操作和远传),并带有手动操作的手轮机构。阀门传动装置安装在阀体上,并以带动套筒闸轴向平移运动来开启或关闭阀门。阀门的过流面呈连续的锥形环状,其锥体有不少于 3 片筋板支撑,筋板的前部呈 V 形,高速水流经过时,水流形成旋转,对阀体产生相反的持续扭力,减小了阀门的振动,如图 3-2-4 所示。阀座密封多采用金属对金属浮动硬密封形式,以确保密封效果和坚固耐用。

2.性能评价

（1）阀门开度与流量应成线性关系，不应出现压力突变情况，更不能由此导致关阀水锤。

（2）操作机构接收压力或流量信号后，通过调整阀门的开度实时调节阀后压力或流量，阀后压力或流量的波动范围一般不超过设定值的 10%。

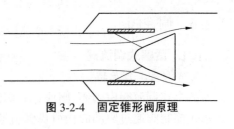

图 3-2-4　固定锥形阀原理

（3）在任何开度状态下保持低气蚀条件运行。运行噪声控制值在距阀体 1 m 处测得的噪声值应不大于 90 db。

（4）具有良好的动态防振动性能，使阀门在流速、压力变化较大的情况下，能长期保持无振动运行效果。

（5）满足在最大压差动水情况下单程开启/关闭时间。

2.2.6.3　蝶阀

电动蝶阀是输水系统最常用的检修阀门。用作调控阀时，通过调整蝶阀开度增加局部水头损失的方式，降低管道富余水头和调节管道流量；当通过单台蝶阀运行无法达到要求时，可通过管道沿线的多台蝶阀进行调节运行。利用电动蝶阀调流调压，一般需要掌握蝶阀阻力系数、流量与开度关系曲线、气蚀系数等相关技术资料，其调节特点如下：

（1）当开度大于 60°时，消能效果不明显，对流量影响较大；当开度小于 30°时，消能效果显著。

（2）蝶阀开度与流量关系曲线成非线性。部分开启时，水流边界条件改变，过水断面急剧收缩，水流对阀门的冲击力很大；尤其是当阀门小开度运行调节时，其消能曲线很陡，冲击力变化较大，造成水体流态复杂，易产生汽蚀和阀门振动。

（3）调流调压精确度不高，运行操作较复杂。利用管道沿线多台蝶阀同时进行调控时，管理运行要求更高。

（4）设备造价低。

2.2.7　其他水锤防护措施

2.2.7.1　空气罐

空气罐是一种内部充有一定量压缩空气的金属水罐装置，它直接安装在水泵出口附近。它利用气体体积与压力的特定定律工作，随着管路中的压力变化气压罐吸收管路中的过高压力。只有空气囊的体积很大（大于管道体积的 1/1 000 左右）时，其升压才较小，缓冲作用才较为明显。因此，当注入空气较少时，特别是大管径的管路，几乎没有缓冲作用，故这种水锤防护措施在实际应用中存在着很大的局限性。

2.2.7.2　止回阀

在较长的输水管路中，增设一个或多个止回阀，把输水管划分成几段，每段上均设置止回阀。当水锤过程中输水管路中水倒流时，各止回阀相继关闭把回流水分成数段，由于每段输水管内静水压头相当小，从而降低了水锤升压。此措施不能消除水柱分离的可能性。增设止回阀最大的缺点是，正常运行时水泵电耗增大、设备投资大、供水成本提高。

2.3　水锤防护设备瞬态仿真模拟算例

前已述及,水锤防护设施和设备的结构原理、性能及选用技术要点。本节利用美国 hummer 软件对部分常用水锤防护关键设备进行了同一输水线路、多算例的瞬态仿真模拟, 以更加直观地显示和量化综合防护的作用。

设输水管线总长度 22.1 km,管径 1 000 mm,管道起终点高差 36.93 m,水泵设计流量 0.9 m/s,设计扬程 61 m。水泵电机功率 450 kW,转速 1 100 r/min。输水线路高程线和水力 坡度见图 3-2-5。

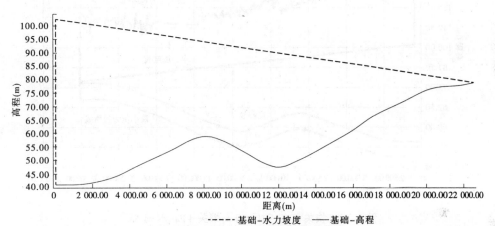

图 3-2-5　输水线路高程线和水力坡度

图 3-2-6 是泵后不设置缓闭单向阀的情况下,水泵正常运行 5 s 后突然停泵,管道在 220 s 内的压力变化包络线图。由图 3-2-6 可知,最大压力为 1.28 MPa,最小压力为 -0.1 MPa。

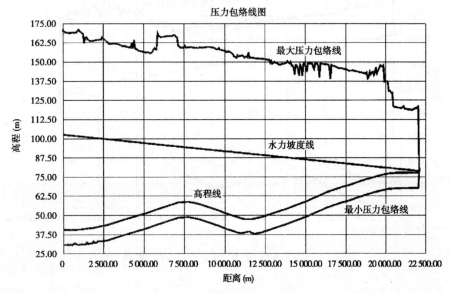

图 3-2-6　无液控缓闭止回阀

为减小水锤压力,观察以下防护措施对该系统水锤压力的影响。

2.3.1 泵站液控缓闭止回阀

水泵下游设置两阶段关闭的液控阀,根据关闭的开度大小、关闭历时不同,其对水锤压力的影响也各不相同,见图 3-2-7~图 3-2-12。

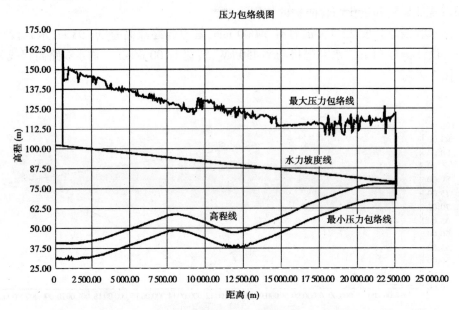

图 3-2-7 快关 60%,时间 10 s;慢关 40%,时间 135 s

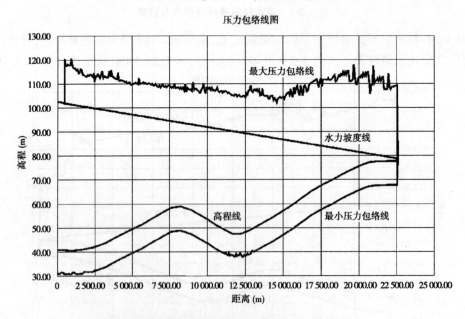

图 3-2-8 快关 60%,时间 10 s;慢关 40%,时间 165 s

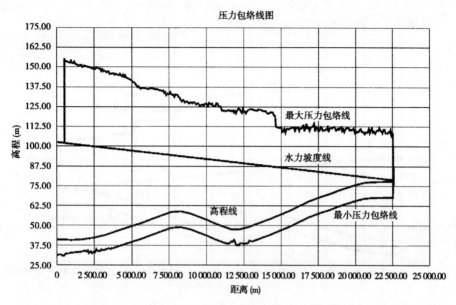

图 3-2-9　快关 70%,时间 10 s;慢关 30%,时间 135 s

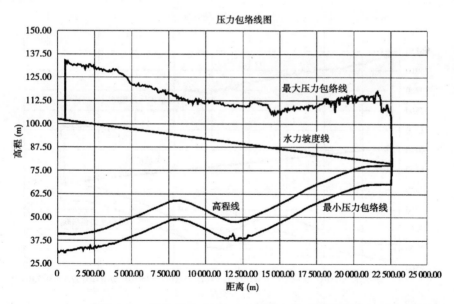

图 3-2-10　快关 70%,时间 10 s;慢关 30%,时间 165 s

压力包络线图

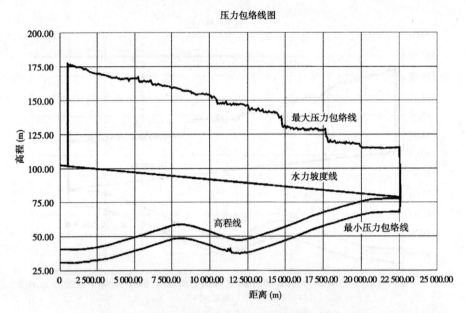

图 3-2-11　快关 80%,时间 10 s;慢关 20%,时间 135 s

压力包络线图

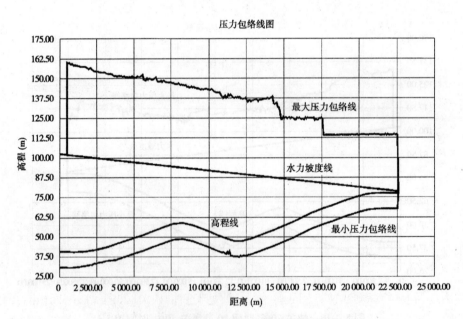

图 3-2-12　快关 80%,时间 10 s;慢关 20%,时间 165 s

从图 3-2-6~图 3-2-12 可看出,各算例最大压力包络线变化总体趋势大体相同,最大压力都出现在管道首端,然后沿管线逐步减小,各算例最大压力大小及衰减趋势略有差别,见表 3-2-1。最小压力包络线几乎相同,管道沿线全部出现负压。算例 6 管道首端升压最大,为 1.34 MPa;算例 3 管道首端升压最小,为 0.78 MPa。算例 3 与算例 5 最大压力包络线变化趋势基本相同,管道首端升压相差不大。但在水泵出口处设置两阶段关闭的液控阀后,其快、慢关角度大小和历时长短对水锤防护效果影响很大。具体地,比较算例 2 和算例 3、算例 4 和算例 5、算例 6 和算例 7,快慢关角度和快关时间均相同,即分别为快关 60%、慢关 40%,快关 70%、慢关 30%,快关 80%、慢关 20%,快关时间均为 10 s,但慢关时间分别为 135 s 和 165 s。计算结果显示,慢关时间对泵后最大水锤压力影响较大,慢关时间长最大水锤压力较小。

表 3-2-1　　液控阀关阀规律对瞬态压力变化的影响

算例	关阀规律	系统最大压力	系统最小压力	最大压力包络线变化情况	备注
1	无液控阀	1.34 MPa	-0.1 MPa	最大压力在管道端部,沿管线逐步减小,衰减较慢	图 3-2-6
2	快关 60%,时间 10 s;慢关 40%,时间 135 s	1.18 MPa	-0.1 MPa	最大压力在管道端部,沿管线逐步减小,衰减较快	图 3-2-7
3	快关 60%,时间 10 s;慢关 40%,时间 165 s	0.78 MPa	-0.1 MPa	最大压力在管道沿线基本均匀分布	图 3-2-8
4	快关 70%,时间 10 s;慢关 30%,时间 135 s	1.12 MPa	-0.1 MPa	最大压力在管道端部,沿管线逐步减小,衰减较快	图 3-2-9
5	快关 70%,时间 10 s;慢关 30%,时间 165 s	0.91 MPa	-0.1 MPa	最大压力在管道端部,沿管线逐步减小,衰减较快	图 3-2-10
6	快关 80%,时间 10 s;慢关 20%,时间 135 s	1.34 MPa	-0.1 MPa	最大压力在管道端部,沿管线逐步减小,衰减较快	图 3-2-11
7	快关 80%,时间 10 s;慢关 20%,时间 165 s	1.17 MPa	-0.1 MPa	最大压力在管道端部,沿管线逐步减小,衰减较快	图 3-2-12

算例 2、算例 4、算例 6 和算例 3、算例 5、算例 7,它们快关阀、慢关阀时间相同,但快关、慢关角度不同。计算结果显示,快关、慢关角度不同对泵后最大水锤压力影响较大,快关 80%压力最大,快关 60%压力最小。

算例 6 快关 80%时的最大压力与算例 1 不设液控单向阀相同,说明在 10 s 快关 80%、135 s 慢关 20%的情况下,两阶段液控阀不起作用。

从以上算例还可以看出,两阶段液控阀对提高最小压力包络线作用甚微,对管路末端压力影响不大。

因此,两阶段液控阀对防水锤升压过高及效果很好,是长距离输水管道水锤防护必不可少的措施。同一管道系统中,液控阀开度的大小和关闭时间的不同,对水锤压力的影响也各不相同,最大压力包络线的削减规律也不相同。液控阀开度的大小和关闭时间对消除停泵关阀水锤升压峰值关系很大,其最佳开度和历时要根据水锤计算分析和对比来具体选定。

上述算例说明:随着液控阀一阶段快关时所留的开度越大,且二阶段慢关时所需时间越长,对水锤压力的消减越明显。但是,随着液控阀开度的增大和关闭时间的延长,水泵反转产生飞逸的可能性增大,应保证水泵倒转速度不超过 1.2 倍的额定转速。

2.3.2　管线增设水力控制阀

2.3.2.1　管线分别增设真空补气阀和复合进排气阀

在水泵下游设两阶段关闭的液控阀,管线中部局部高点分别增设真空补气阀和复合进排气阀,各算例压力包络线如图 3-2-13、图 3-2-14 所示。

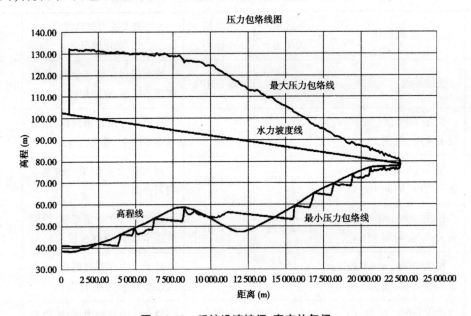

图 3-2-13　系统设液控阀、真空补气阀

从图 3-2-13 和图 3-2-14 可以看出,各算例最大压力包络线变化趋势基本相同,最大压力在管线中部局部高点之前均匀分布,其后衰减较快,各算例最大压力大小略有差别。最小压力包络线几乎相同,管线中部局部低点处未出现负压,管线两端出现不连续负压。算例 2 管道首端升压最大,为 0.92 MPa;算例 2 管道首端升压最小,为 0.89 MPa。真空补气阀是只进气不排气的阀门,由于管道内进入大量空气,将给水泵重启带来困难,并且在管道充水和初期运行阶段,管道内也有空气需要排出。因此,在管线上设置复合进排气阀是必要的。

图 3-2-14 显示,在水泵下游设两阶段关闭的液控阀、加装复合进排气阀后,管道最大压力略有增加,为水泵工作压力的 1.5 倍;管线中部局部低点处虽未出现负压,但管线两端仍出现不连续负压。所以,还需采取其他的水锤防护措施。

2.3.2.2　管线分别增设泄压阀、弥合水锤预防阀、水力空气罐

在水泵下游设液控阀、管道沿线加装复合进排气阀的基础上,分别加装泄压阀、弥合水锤预防阀、水力空气罐,其对管道压力的影响也各不相同。各算例压力包络线图见图 3-2-15～

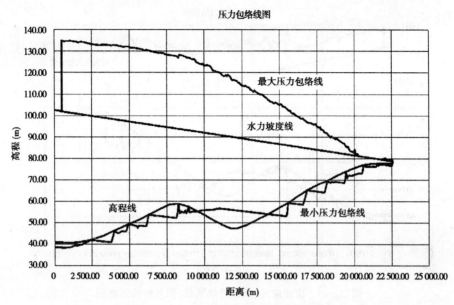

图 3-2-14　系统设液控阀、复合进排气阀

图 3-2-17,计算结果详见表 3-2-2。

　　其中,泄压阀、水力空气罐分别加装在管线端部;弥合水锤预防阀加装在管线中部局部高点处。

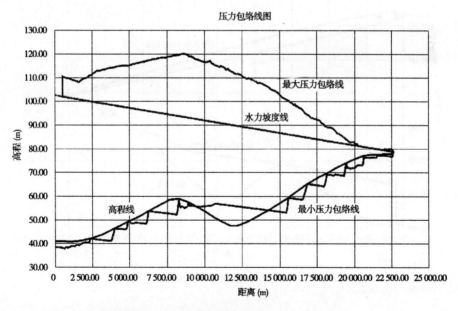

图 3-2-15　设液控阀、复合进排气阀、泄压阀

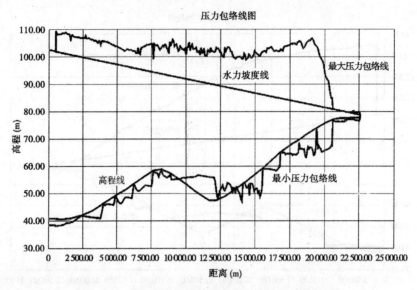

图 3-2-16　设液控阀、复合进排气阀、弥合水锤预防阀

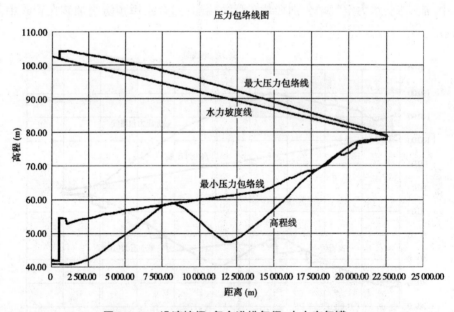

图 3-2-17　设液控阀、复合进排气阀、水力空气罐

表 3-2-2　水力控制阀对瞬态压力变化的影响

算例	布阀情况	系统最大压力及变化	系统最小压力	最大压力包络线变化情况	备注
1	设液控阀	0.78 MPa	-0.1 MPa	最大压力在管道沿线基本均匀分布	图 3-2-8
2	设液控阀、复合进排气阀	0.92 MPa，增加 18%	-0.08 MPa，减小 20%	最大压力在管线中部局部高点之前均匀分布，其后衰减较快	图 3-2-14
3	设液控阀、复合进排气阀、泄压阀	0.68 MPa，减小 14%	-0.06 MPa，减小 40%	最大压力在管线中部局部高点之前均匀分布，其后衰减较快	图 3-2-15
4	设液控阀、复合进排气阀、弥合水锤预防阀	0.67 MPa，减小 14%	-0.1 MPa，无变化	最大压力在管线端部，沿管线逐步减小，衰减较慢	图 3-2-16
5	设液控阀、复合进排气阀、水力空气罐	0.62 MPa，减小 21%	-0.01 MPa，减小 90%，最小压力线明显上移	最大压力在管线端部，其后随水力坡度衰减	图 3-2-17

2.4　长距离输水系统安全保障体系

大型长距离输水是复杂的综合性工程,工程内容往往包括明渠、暗渠、提水泵站、加压泵站、隧洞、调蓄水库等,长距离、高扬程、多起伏、管内流速大(大于 2.0～3.0 m/s)的封闭式(管道或暗渠)输水系统涉及技术问题则更为复杂。本节在总结类似大型工程设计经验和相关技术的基础上,综合长距离输水工程特性、影响安全性能的主要因素及相关措施,从以下 10 个方面建立了长距离有压输水系统安全保障体系。力求在合理投资的情况下,有效降低乃至消除大型、复杂长距离输水系统安全事故发生的频率,提高工程安全性能。

2.4.1　线路及输水方式

(1)选择安全可靠的输水线路,避免穿过毒物污染及腐蚀性地段,无法避免时采取保护措施;管道输水时,保证系统各工况不因出现负压造成水质污染和影响运行安全。

(2)长距离输水系统应合理确定输水管道设计流量。

(3)压力输水管道的设计流速不宜大于 3 m/s,不宜小于 0.6 m/s。

(4)在保证运行安全的条件下,长距离输水管材应满足使用年限、较好的水力条件、接口密封性能好、施工和维护方便、经济合理和防止二次污染等技术条件。

(5)压力输水管道的公称压力应根据最大使用压力确定,其值为最大使用压力加 0.2～0.4 MPa 安全余量。当选用非金属管材时,安全余量适当放大。输水管道的最大使用压力采用不同工况和不同使用条件下的最大水压,需经水锤分析计算确定。

(6)根据水源和输水线路区域地势的实际情况,采用不同输水方式供水。优先选用无动力消耗、调度管理方便、运行较为经济的有压重力输水方式;地形高差很大时,为降低管道中的压力,可在中途设置减压水池,将管道分成几段,形成多级有压重力流输水系统。长距离、多起伏大型输水系统采用加压和重力输水相结合的输水方式,上坡加压输水,高点或相对高点设置高位水池,下坡重力输水。

2.4.2 单、双管及连通

管道根数对事故供水量影响较大,为保证事故流量的要求,在输水管上还需设置若干连通管。

《室外给水设计规范》(GB 50013)指出:"输水干管一般不宜少于两条,当有安全贮水池或其他安全供水措施时,也可修建一条。输水干管和连通管的管径及连通管根数,应按输水干管任何一段发生故障时仍能通过事故用水量计算确定。城镇的事故水量为设计水量的70%。"

按此规定,直接向城镇管网供水工程应采用双管或多管,双管或多管间合理确定连通管数量,验算输水干管在任意一段发生事故时都能通过70%的设计水量,满足城镇安全供水的要求。

有事故调节水池、调蓄水库、多水源供水工程经论证满足最低输水保证率要求和检修时间可以采用单管输水,并据此合理确定调节水池容积。

两条并行的输水管道,应设两处以上的连通管。等分连通管的数量按供水量最低保证率的要求近似计算公式为

$$\alpha = \sqrt{\frac{m+1}{m+4}} \tag{3-2-1}$$

式中:α 为供水最低保证率;m 为连通管的数量。

2.4.3 梯级泵站流量匹配

多级加压输水管路,应按最大输水流量及调节规律选择水泵型号和台数,并计算在非最多台数水泵运行时,各泵站之间的流量差,设置流量控制装置能够平衡上、下游流量。目前,使用较多的梯级泵站间流量调节方式有容积调节、闸阀调节、调节泵调节及变速机组调节等。

容积调节是在梯级泵站间,设一较大容量的泵站前池或加大输水渠道断面,使其有较大的蓄水容积。当前一级泵站流量过大时,将多余水量蓄存在本级泵站前池内;当前一级泵站流量过小时,用泵站前池的蓄存水量加以补充平衡。这种方式可使泵站运行有较大的自由度,无需对泵站各时段的流量进行严格控制。但容积调节方式工程占地和土建投资相对较大。中断压力的梯级加压泵站前池除有利于泵站间的流量匹配外,可兼用于水泵启动、试泵、管道试压等。在上游为无压重力输水渠道,下游是压力输水管道组成的组合输水系统中,一般在上下游明渠、管道衔接处设置调蓄水池或水库以利于流量调节,其调节容积不小于无压渠道流量调节响应时间延后所产生的上、下游流量差。

节流调节是通过改变水泵出口阀门的开度,使装置需要的扬程曲线发生改变,从而达到

调节水泵出水流量的目的。当某级泵站流量过大时,则将该泵站部分水泵出口阀门关小,增大出水管的局部水力损失,加大水泵扬程,使水泵流量减小,以防止泵站流量过大发生弃水,并避免了频繁开停水泵调节流量。节流调节运行不节能、不经济,不推荐采用。但由于简单易行,在水泵性能试验中,仍被广泛采用;在生产实践中,有时也用来防止过载和汽蚀。

水泵叶轮车削调节是通过水泵叶轮直径的车削,可使水泵性能发生变化,从而可对工作点进行调节。水泵叶轮车削调节是实现水泵节能的有效途径,尤其对低扬程泵站以及流量变化较小,而选泵的富余量又过大;或者流量变化比较小,而静扬程又随着季节性变化出现较大变动幅度的供水泵站,采用车削调节,节能效果非常显著。在新泵站设计进行水泵选型或对老泵站进行改造时,常常遇到现有型号或已有的水泵容量过大的问题。对容量过大水泵进行改造的最简便方法就是切削叶轮,使水泵的性能曲线发生改变,水泵的流量、扬程和功率降低,从而使水泵的工作点也发生相应的改变。

变速调节是通过改变水泵的转速改变其性能曲线,从而达到调节水泵工作点的目的。当水泵转轮直径不变时,扬程与转速的平方成正比,流量与转速成正比,在调速范围不大时可以认为效率不变。高效调速方法可选变频变压调速和斩波内馈调速。随着社会经济的发展,该调节方式现已应用广泛,设备投资较大的问题也已被业内所接受。

对于大型长距离和复杂的输水系统,梯级泵站可采用两种及以上流量匹配方式。

2.4.4　管道敷设

长距离输水工程中,管道敷设与安全和工程造价密切相关。从长距离输水工程实际运转情况分析,这些因素容易造成管道运行中的事故发生。

(1)输水管道埋设深度根据当地土壤最大冻结深度和外部荷载、管材强度及与其他管道交叉等因素合理确定。

(2)输水管道设在地下水位线以下时,应进行抗浮验算。

(3)管道地基、基础、垫层、回填土压实密度等要求,根据管材的性质、管道埋设处的具体情况,满足现行国家标准《给水排水工程管道结构设计规范》(GB 50332)的规定。

(4)输水管道与建筑物、铁路和其他管道的水平安全净距,根据建筑物基础结构、路面种类、卫生安全、管道埋深、管径、管材、施工条件、管内工作压力、管道上附属构筑物的外形尺寸大小及有关规定等条件确定。

输水管道应设在污水管上方,当输水管道水管与污水管平行设置时,管外壁净距不得小于 1.5 m。当给水管设在污水管侧下方时,应采用密封性能好的套管,套管伸出交叉管的长度,每边不应小于 3.0 m,且套管的两端应采用防水材料封闭。输水管道与给水管道交叉时,其净距不应小于 0.15 m。

(5)两条或多条输水管并行时,应有适当的安装和检修间距,以免当一条输水管发生事故产生冲刷时,邻近输水管无法正常工作;连通井处的输水管间距还应满足连通阀门及管路补偿接头的安装和检修要求。

(6)露天管道应有防拉脱调节管道伸缩的设施,并设置保证管道整体稳定的措施,还应根据需要采取防冻保温措施。

(7)跨(穿)越设施需根据障碍地段的地形、河道断面特点、水文地质情况和施工条件等因素而定。穿越铁路、高速公路及其他专项设施时,按照相关行业技术规定执行。

对于水位浅、跨度较大且冲刷不严重的平缓河道,采用倒虹吸管穿越。管顶埋深位于规划设计河底 1.5 m 以下,并在主河道管顶加设局部防冲刷加固措施。目前,穿越河道工程采用顶管或定向钻等不开槽穿越形式较为普遍,需根据地质及施工条件等经济技术比较后确定。当管线穿过沟面狭窄,且洪水威胁较大而平时泄流较多的深沟时,采用悬索管桥跨越。当管线穿过沟面较开阔,平时泄流不大,洪水威胁较小的山沟时,采用沟面设立柱加斜吊杆的管桥跨越形式。

山丘区输水管线遇到山体障碍时,可绕行布置。根据地质条件开挖隧洞的方案,可有效缩短线路总长。

2.4.5 设施及设备

2.4.5.1 输水设施

(1)输水明渠沿线合理设置进水闸、分水闸、节制闸、泄水闸、交叉建筑物检修闸等,以满足渠道水位、流量、安全运行及管理的要求;非满流的重力输水管道(渠)设置跌水井或采取控制水位的措施。

(2)调节水池和调压塔。

调节水池不仅能调节水量,起到安全水池的效应,同时能起到调压(减压)水池的作用;结合输水管道沿线地形设置高位水池、调压塔,还能够有效消除运行中可能产生的水锤压力,减小系统运行的压力水平。因此,调节水池、调压塔在长距离输水系统中起着非常重要的作用,应用较为广泛。

长距离重力输水管道可分段设置调节水池,用于分段降压和调节。水池的容积通过工况分析和水力计算确定,一般不小于 5 min 的最大设计水量。实际工程中,常采用调压水池与安全水池合建的形式,利用调节水池对管道压力线进行合理地控制与划分。

①充分利用地形高差,用调节水池分段输水。在允许流速范围内,减小管径。

②尽可能减少管道的动、静水压差。在保证各种运行工况时不溢流的前提下,使输水系统的静压尽量接近管道工作压力,从而达到降低管道压力等级、提高输水安全性的目的。

③调节水池的位置应保证防止管道水压坡降线与管线的交叉,避免负压管段出现。

④当输水管道系统中间有多个调节水池时,应设置保证上、下游流量配合和调节的水位流量控制调节装置(水位控制阀),以自动地保证上、下游流量平衡及水量调节。流量调节装置根据其所控制的上游输水管道长度确定合理的开关速度,避免溢流造成水量浪费和水池拉空发生下游管道爆管事故。

⑤重力输水管和压力输水管间的调节水池,按下游输水管道要求设计水池调节容积和控制水位。

⑥高位水池的溢流水位按照该处最大输水量对应的压力及允许的水锤压力升值确定,并考虑管道正常设计流量、事故流量和初期流量的水压线情况,保证其运行不发生溢流。

(3)阀门井。

①构筑物在地下水位线以下部分应防水,并进行抗浮验算。

②寒冷地区的附属设施应采取必要的防冻措施,避免构筑物本身和管道附件受冻胀危害。

③进气排气阀井宜采用通气井盖。

④在非整体连接输水管道的垂直和水平弯管、三通、变径、分支管、端部堵头、阀门等处

应设支墩。管道的不同管材转换承插口也应考虑设置支墩,防止位移脱口或沉降渗漏水。支墩尺寸大小根据管径、转弯角度、管道设计内水压力和接口摩擦力,以及管道埋设处的地基和周围土质的物理力学指标等因素计算确定。

⑤兼作管道试压靠背的阀门井应满足试压条件下的相关抗滑、抗剪及结构设计计算等。

2.4.5.2　附属设备

1.明渠设备

输水明渠进水闸、分水闸、节制闸启闭机应具有事故停电自重闭门功能,以便分段截断水流,避免发生漫堤和淹泵站事故发生。明渠输水采用上游渠首闸门调节流量方法,调节流量反应时间按照水体的流达时间计算。

2.泵站附属设备

轴流泵和混流泵机组用快速闸门或有控制的拍门作为断流装置时,应有安全泄流设施。快速闸门停泵闭门操作与事故闸门联动控制,保证发生事故时事故闸门及时闭门断流。启闭机应满足启闭时间要求,并设现地紧急手动释放装置和远动控制。采用虹吸式出水流道时,用作断流设施的真空破坏阀动作应准确可靠,保证有足够的过流面积,通过真空破坏阀的空气流速一般取 $50 \sim 60$ m/s。离心泵出口应设置工作阀门和检修阀门,工作阀门选用两阶段或多阶段关闭液控阀。

泵站前设置的清污机应根据污物种类和数量选择清污型式。

3.管道调控设备

调控阀除可用来调控压力管道的流量外,更主要的作用是削减头部高水位或小流量工况时的多余水头。调控阀采用活塞式,该阀不仅具有闸阀、蝶阀启闭功能,还可通过活塞的轴向移动,调节阀门的不同开度,调控管道的流量和压力,使之满足设计或运行的要求。由于调控阀造价高,多数输水工程调流、调压的办法首先考虑设置普通蝶阀,其次考虑设置调控阀。但是普通蝶阀调流、调压的能力有限,操控难度大且易发生气蚀、振动,必须根据系统实际调节工况具体分析。

有压重力流输水管道的流量调节分为上游和下游调节两种方式,上游调节易出现管道水柱中断,发生断流弥合水锤;下游调节方式也可能产生压力波动,但不是断流水锤,较为安全。因此,对于长距离、多起伏输水系统的有压重力流管道,一般采用最下游调控阀门调节的方法,并通过水力计算或水锤分析确定阀门调节的方式和速度,其调节流量的反应时间应按压力波的传播时间计算。

长距离输水管道压力和流量调节应注意以下问题:

(1)合理选择调控阀。必须切实分析系统的运行工况,确定调控阀的流量及阀前、阀后压力,经详细计算后选定调控阀的型式及直径。

(2)调控阀开度与流量呈线性关系为最佳,满足流量调节精度和气蚀要求。不应出现压力突变情况,更不能由此导致关阀水锤。

(3)采用重力和加压组合输水方式时,应设置流量调节设施,避免管道断流水锤发生。

(4)当有压输水管路有末端水池时,应采用具有缓闭功能的水位控制阀或有关电动阀等实现自动流量调节。

(5)重力输水管道最大流速不得大于 3 m/s。当流速大于 3 m/s 时,应加装减压消能装置。

(6)重力输水管道进口端水位变化幅度较大时,以及在较低流量运行工况下,产生较大富余水头时,均应加装减压消能装置。

(7)输水主管线上调控阀以水位和压力控制为优先,以保证系统的安全供水,提高系统运行的反应灵敏度及稳定性;有分支调控阀控制向用户供水的流量,调控阀的控制箱接收流量计反馈信号,自动调整其开度,保证出口流量恒定。

(8)当重力输水管道末端直接与城市管网或众多用户相连时,根据计算结果设置减压装置,避免输水量较小时管网水压静压过高。加压输水根据用户要求留足剩余水头。

(9)有压重力输水管道及加压输水管道的中途设有较大分水量的支管时,应在连接处支管上设置保压阀门或稳压装置,避免分水阀门的开关可能产生主管压力大的波动;当分水连接处压力大于用户需要时,设置减压装置有利于支管的运行安全。

(10)加压输水管道可采用增减并联水泵台数和水泵调速两种方式进行流量调节。多级加压输水管路,通过在连接水池(前池)内设置流量水位双控阀或相应流量控制装置平衡上下游流量。

4.管道检修阀门

在一定长度的输水管道中需设置检修阀门。设置方法是首先在大型河道、铁路、高速公路等穿越设施上、下游分别布置一处,之后根据管路复杂情况、管材强度、事故预期概率、事故水量损失以及事故排水难易等因素确定,一般可考虑每 5~10 km 设置一处。单向阀、减压阀、超压泄压阀、水位及流量控制阀、进气排气阀等水力控制阀处均应安装检修阀。

5.管道泄水阀门

输水管道过河或低洼处及检修阀门间管段低处,根据工程需要设置泄水阀门。泄水阀直径应经过水力计算确定,一般可取输水管直径的 1/5~1/4。当管道内静水压力很高时,泄水阀直径应根据静压力及放空管段的泄(排)水时间计算确定。检修及泄水阀门应具有良好的密封性能,在工作压力范围内的关闭状态下,泄漏量为零,且有良好的可靠性。在运行或试运行时兼有调节流量的泄水阀以及可能产生泥沙淤积的情况,可采用闸板阀或偏心半球阀。

6.仪表及控制设备

仪表及控制设备采用双回路供电,对特殊要求的场合(如系统关键位置的调控阀)应配置不间断供电电源。

7.易出现故障部位的控制设备

易出现故障部位的控制设备应设备用。

2.4.6　过渡过程分析与水锤防护

2.4.6.1　基本资料

(1)水泵电机组:水泵型号及规格、各设计参数(或额定参数,即额定流量 Q、额定扬程 H、额定转速 M、额定功率及总效率等)、GD^2 值、水泵性能曲线、水泵运行情况及调速泵台数、驱动方式、原动机种类、电动机型号及规格、极数及转数、额定功率及电压、电流频率、电动机 GD^2 值等。

(2)泵站阀门:各止回阀种类、规格及布置情况、操纵方式、可能的启闭程序及历时、水力特性及局部阻力系数(对应不同开度)、使用时间及应用业绩等。

（3）管道线路：全系统内管路的总平面布置图和纵断面图、管道(材质、内径、壁厚、外径、工作压力)、管线上的附属设备(进气阀、排气阀、安全阀、泄水阀、调控阀等及镇墩、支墩)、管线上有无支管分水、变径及变材质等情况。在管路纵断面图中,要特别注明可能产生水柱分离的各特异点,如驼峰、丘顶、膝状折点及鱼背等。

（4）调节水池：泵站前池及高位水池等各类水池的构造、容积、池中水温、水位(正常水位、最低及最高水位)、进水及出水方式等;线路中的无压隧洞的长度、断面及水位等。

（5）运行工况：水泵站内各种工况组合及最不利的工况运行的机组台数、方式及输水管根数,每台水泵的供水量(不一定是额定流量)及总扬程(不一定是额定扬程),各管路中的稳态初始速度,管线中水锤波的传播速度等,事故工况的调度运行。

2.4.6.2　水锤安全防护技术

对于山丘区、高扬程、长距离输水管线,在没有任何防护措施的情况下发生供水安全事故(水流传输不过去、不满足设计流量和压力),甚至停泵水锤断流或爆管的概率是非常大的,而复杂输水系统的安全防护技术是建立在准确的水锤分析计算的基础上的综合措施,分析计算与防护措施需互相配合、交互同时进行。多起伏、高扬程、长距离输水系统的水锤安全防护技术包括以下步骤。

1.初步计算

略去管线中的所有水锤防护措施进行过渡过程计算,初步分析了解该管线特性,主要完成如下工作:

（1）在水泵出口设置两阶段或多阶段关闭液控蝶阀(半球阀)的基础上,调试选择一个合理的单向阀门的关闭程序,使管道压力变化尽可能小,即最大水锤压力不超过 1.3~1.5 倍的最大工作压力;同时,保证水泵倒转速度不超过 1.2 倍的额定转速,超过额定转速的持续时间不超过 2 min。

（2）了解管线可能发生断流的时间、位置以及管道的最大升压和降压值,以便进一步采取针对性的安全防护措施。

2.布阀计算

系统布阀计算是在设计人员按照相关规程和经验布阀及初步计算的基础上增加管道进排气阀的边界条件进行计算。进气排气阀造价占输水管道工程的比例很小,但对输水管道安全运行至关重要。因此,进气排气阀应与水泵出口的液控缓闭阀门一样,作为一种基本的管道设施考虑,而不是单独地作为一种防护方案。系统布阀及计算过程,应首先了解各种进气排气阀的布设原则、工作性能和使用的边界条件;再通过调试不同排气阀对输水系统进行水锤分析计算,选择最好的消除断流弥合水锤排气阀,作为该输水管道中基本的水锤安全防护措施。

1)进气排气阀运行工况

输水压力管道中进排空气有以下三种情况:

（1）管道开始充水时管中大量空气需要排除。

（2）管道正常运行时,水中溶解的空气随着温度的上升或压力下降析出。

（3）管道放空、瞬变流等情况出现负压时,空气从外部进入管中。

根据国内外相关理论和有关文献,较平坦的有压输水管道在充水和运行期间可能有六种水气相间的形态,即层状流、波状流、段塞流、气团流、泡沫流和环状流,为及时排出管道存气,理想的排气阀应在管道任何状态下都能高速大量排气,而不是仅能微量排气。工程实践证明,不能保证在管道内任何水流状态下都高速排气,在大多数工况下只能微量排气,是造成有压供水管道排气难的根源,也给输水工程造成了大量的爆管事故和巨大的经济损失。因此,进气排气阀大排气孔,微量排气孔的进、排气量及口径,应根据上述三种工况分别计算,综合比较确定一种适合各种工况的进气排气阀型式和规格。大型调水工程还可通过选择不同型式和规格的进气排气阀进行同台试验的方法确定。

2)进气排气阀布设位置

在输水管道的适当位置设置进气排气阀是保证输水管线安全且最为经济运行的一种有效办法。进气排气阀的设置位置,应根据管路纵断面高程情况确定,设置原则如下:

(1)管线驼峰位置设置复合式进气排气阀。

(2)长水平管段每隔 1.0 km 左右设置复合式进气排气阀。

(3)长下坡管段设置复合式进气排气阀。

(4)在坡度小于 1‰的长上坡管段,每隔 0.5~1.0 km 设置复合式进气排气阀。

(5)上坡管线坡度降的管段设置复合式进气排气/真空阀。

(6)下坡管段坡度上升的管段设置复合式进气排气阀。

3)进气排气阀规格

进气排气阀的口径在仅需要排气功能时宜取输水管直径的 1/12~1/8;在进、排气功能均需要时,宜取输水管直径的 1/8~1/5,或经计算确定。排气阀有效排气口径不得小于其公称通径的 70%。

对于大规模的输水系统,由于需要的进排气量比较大,要求进气排气阀的口径大,而进气排气阀口径大到一定程度后,打排气孔的浮球很难打开,要求机械构件比较复杂,事故率比较高,因此当进气排气阀口径超过 200 mm 时,尽量用几个小口径的进气排气阀组合,达到进、排气的目的,另外也可提高工程的安全度。

管线放空、爆管等工况时需要进气排气阀大量地进气,有时仅靠进气排气阀进气,可能满足不了进气量的要求,因此需要设置真空吸气阀,解决大量进气问题,真空吸气阀相对进气排气阀口径较大。

4)进气排气阀性能

(1)进气排气阀必须具有在输水管道内多段水柱气柱相间或存在多个不连续气囊情况下,连续快速(或大量)排出管道内任何一段气体的功能,即在有压条件下,进气排气阀内充满气体时,大小排气口均开启排气,充满水时均关闭而不漏水,出现负压时可向输水管道注气。

(2)安装前宜进行性能检测。在不小于 0.1 MPa 的恒压条件下,交替向进气排气阀阀体内充水充气,排气阀大小排气口均做到充气开启高速排气,充水关闭不漏水,反复动作 3 次以上合格为止。

(3)当管道压力较大,或工况复杂对水锤防护要求较高时,应采用具有缓冲功能的排气阀或大小排气阀组合使用。

(4)在寒冷地区,应采取保温措施保护进气排气阀。

3.水锤分析

压力输水管道水锤分析,按运行工况包括停泵、启泵、关阀、开阀、正常运行及流量调节等 6 个阶段。大口径、特长距离、大型输水管道的水锤分析和防护,在专门计算分析中,可委托多家机构进行验证计算,以保证计算的准确性及水锤防护措施的有效性。

1)停泵水锤分析内容

(1)防护前突然停泵,引起的最大水锤升压、最大降压,以及水泵最大反转速可能引起危害的分析。

(2)管道是否可能发生断流及断流弥合水锤,其升压危害及消减措施。

(3)采取必要的防护措施后,按下式核算输水管各重点部位的最大压力是否小于管道强度

$$2\Delta H + H_0 \leqslant 1.5H_K \tag{3-2-2}$$

式中:ΔH 为停泵时该处的水锤升压;H_0 为该处的正常工作压力;H_K 为该处管道的公称压力。

(4)采取防护措施后,水泵最大反转速度是否满足要求。

2)启泵水锤分析内容

新建管道初次充水及突然停泵再次启动水泵,以及事故检修或正常停水后再次启动水泵的气爆型水锤分析。

3)关阀水锤分析内容

(1)在可能的最大、最小及设计流量下,按常规关闭管道末端阀门产生的最大水锤升压、最大降压及其危害分析。

(2)在各种流量下,末端阀门最佳关闭程序的计算分析,产生水锤及断流弥合水锤升压、降压及其危害分析。

(3)管道末端控制阀的构造形式及技术要求。

(4)管道较大支管阀门关闭对主输水管道可能产生的压力波动及危害。

4)开阀水锤分析内容

(1)突然开阀管道压力降低对管道的危害分析。

(2)突然开阀是否可能引起管道断流弥合水锤的分析。

(3)最佳开阀程序的确定。

5)正常运行水锤分析

(1)水泵输水的压力管道气体释放量的分析。

(2)管道存气对管道输水量的影响分析。

(3)管道气囊运动引起压力波动对管道强度危害的分析。

(4)管道气囊突然聚积发生气堵造成破坏性水锤分析。

6)流量调节水锤分析

(1)一般方法调节流量可能引起管道产生的压力波动是否导致水柱中断及气囊聚积等危害。

(2)合理的流量调节程序分析。

(3)流量调节引起的气囊运动对输水管路支管压力波动影响分析。

4.水锤防护

水锤防护是一项复杂的系统工程,应综合发挥各种防护措施的优点,使其水锤防护装置与设备的各组成部分协调工作,有效地分布于整个输水系统中。

1) 水锤防护设计

压力输水管道水锤防护设计应结合水锤分析计算成果进行,其内容包括以下几个方面:

(1) 采取各种可行的水锤防护措施及防护效果计算分析。

(2) 多种水锤防护方案的技术经济比较。

(3) 选定方案的详细计算成果及可靠性分析。

(4) 水锤安全防护的实施方案,明确防护设备的名称、类型、数量和安装位置。

(5) 提出防护设备的技术要求。

(6) 提出水泵管道系统启动、停车、运行操作和管理维护要求。

2) 停泵水锤防护主要措施

(1) 根据水锤分析计算成果,确定安装在水泵出口处用于停泵水锤防护的单向阀的类型、技术性能、调节方式和工作参数等。

对于长距离多起伏管路,在水泵出口处应设两阶段或多阶段关闭液控蝶阀(半球阀),对防水锤升压过高及控制水泵机组反转速度等效果很好,快关限制回冲流量,防水泵倒转速度超限值;慢关减小水锤升压,使其压力小于 1.3~1.5 倍的正常使用压力。快慢关角度大小和历时长短对水锤防护效果影响很大,两阶段关闭的最佳角度和时间要根据水锤计算分析和对比选定。

(2) 分析事故停泵工况输水管道某些重点部位在非稳定流状态下的冲击升压,确定是否需要安装水锤预防阀、超压泄压阀、旁通管、水锤消除器等以及相应的规格、工作参数等。

(3) 事故停泵工况出现负压的管道段,所采取的消除负压措施和效果计算。

① 采用性能良好的进气排气阀和真空破坏阀快速向管道内注气消除负压。

注空气法防止真空及削峰效果均很好,且构造简单、体积小、造价低、安装方便等,但由于注(吸)入大量空气,不排出而积存于干管中,水锤过后重新启泵输水排气麻烦。

② 采用转动惯量大的水泵机组,增加惯性飞轮。增大水泵机组的转动惯量,能够使输水管道的最低水头包络线提高,最高水头包络线降低,从而缓解或消除管路中水柱分离的现象。

水泵机组转子的转动惯量越大,事故停泵后,其转速降低的速率越慢、正常水泵工况历时延长。水泵在惯性作用下继续以缓慢降低的速率向管路中供水,减小了管路中发生水柱分离的危险性,避免了水压和水流速度的急剧降低,能够有效地降低停泵水锤的危害。如果增大水泵机组转子的转动惯量难以实现,就需要在水泵机组的主轴上增设惯性飞轮,以实现增加水泵机组转动惯量的目的。

③ 在水泵出口汇水总管处、沿管线的重要高点和折点等处设置单向、双向调压塔或箱式调压塔向管道内注水,以消减真空和水柱分离现象。

注水法的主要优点是:能从根本上消除断流空腔,防止真空以及削减水锤压力峰值;即使注水有所滞后,有一定残腔存在,弥合水锤升压也有所降低;适应面广,工作可靠;水锤过后,便于重新启泵等。

采取单向注水防护措施,当注水的速率大于或等于空腔体积增长的速率时,可保证不出现残留空腔;塔容器的容积满足本空腔处水锤全过程多次注水水量的总需求;塔中设计水面足够高也有利于保证注水流量。

④ 在输水干线末端设置可控的末端阀。

管线末端设置末端阀,不仅对输水系统的启动运行和维修管理有利,更重要的是在发生停泵水锤时,关闭末端阀,一方面切断水流,防止管中水体放空;另一方面,在管道末端阀处产生升压波,向上游传播,与上游传来的降压波代数叠加,使管线中水压降落得到明显的缓和,从而达到防止或减轻水柱分离的目的。但若末端阀关闭过快,将在阀处产生很大的水锤升压,造成新的水锤破坏。因此,末端阀的关闭程序(开度和时间)应在水锤防护优选的分析计算过程中确定。

末端阀宜选择为两阶段或多阶段关闭液控蝶阀(半球阀)。该阀门先较快地关闭至某一角度(快关阶段),关闭行程的大部分,虽然关阀过程产生了管道升压,但由于蝶阀在大开度范围内,其开度系数的变化率很小,升压并不明显。第二阶段以非常缓慢的速度关闭剩余的行程(慢关阶段),由于压力的升高与流速的变化成正比,慢关过程导致流速变化的增量减小,可把出水管道的压力升高限制在允许的范围之内。相比之下,末端阀的快关时间比水泵出口控制阀的快关时间要长得多,甚至比其慢关时间还要长。在液控阀的调节范围内,快关、慢关的角度和时间有无穷多的组合,可以预先假定几种不同的关闭速度,进行分析计算,根据其压力升高,选定最优的关闭程序。大量计算表明,对于蝶阀,选取快关角度为 60°,慢关角度为 30° 是适宜的;末端阀的慢关时间越长越好,一般取 5~7 倍的快关时间为宜。

(4)当长距离输水管道单级加压很高,且坡度较大时,可在管道中部一定的距离加装削弱停泵水锤的单向阀,该单向阀可用来代替管线检修阀门以节省投资。

3)启泵水锤防护措施

(1)对有压输水管路,应根据管道特点、地形复杂情况、水泵特性以及管路上所装附属设备的性能等,分析管道产生启泵水锤的可能性,并确定启泵水锤的类型、大小、危险程度及防护措施等。

管道充水过程保证排气阀排气顺畅,充水流速控制在 $0.3~0.5~m^3/s$,最大不超过 $1~m^3/s$;充水流量是影响管道充水过程中气体压强变化的主要因素,充水流量的大小会导致管内气体压力的剧烈变化,建议以"小流量动态充水原则"充水。

有压重力流输水管道充水前应开启管路末端阀门,控制充水流速,观察沿线排气阀排气状态,当管路末端出口见水后,关闭或减小末端出水阀门,继续充水至所有排气阀终止排气管道完全充满。

加压输水管道初次通水,水泵启动亦应控制充水流速。当输水管全部充满,沿线所有排气阀停止排气后,再逐渐加大充水流速至最大设计流量。

(2)制定有压输水管路水泵的正常开启与切换,检修后再次充水,突然停泵后再次启动,泵站阀门的合理开启操作要求。

(3)对误操作产生可能的启泵水锤,宜采用在水泵出口安装具有防启泵水锤装置的水泵控制阀等方式进行防护。

(4)用于检修后再次充水,突然停泵后再次启动时防止启泵水锤的排气阀,应具有缓闭功能,或采用大、小排气阀结合的办法实现缓闭,还应保证在输水管道中存在水气相间或有多个不连续气囊时,都能大量连续排气和缓闭。

5.校核计算

长距离输水系统泵站及管路水锤防护设计计算中,是按照所选用的防护措施处于正常工作状态获得的结果,即各种防护措施充分发挥其作用,优势互补,综合防护效果最佳。但这些措施中如果某一个设备发生故障,就会对防护效果产生影响。为了判定其影响的程度,校核性计算是很必要的。校核计算至少应包括以下内容：

（1）水泵出口两阶段或多阶段液控阀拒动作的校核计算，即发生事故停泵时，水泵出口液控阀不能关闭，或不能按预定的程序关闭。

（2）末端阀拒动作的校核计算。末端阀不能按预定的程序关闭（拒动作），这种情况在实际中有可能发生，所以应对其进行模拟性校核计算。

（3）波速降低时的校核计算。水锤分析计算时，水锤波速是按管道中充实水柱情况下计算选用的。在管路水锤过程中因气体释放能使水锤波速显著降低。水锤波传播速度的降低，虽然能使水锤升、降压的绝对值减小，从而使系统中压力波动减弱；但对于长距离输水工程，会延缓管线末端产生的升压波向泵站方向传播，从而增加了管路中水柱分离的危险。因此，降低波速进行校核计算是必要的。根据相关参考文献，可取选定方案计算波速的一半进行校核。

2.4.6.3　水锤防护应注意的问题

（1）所选用的防护措施应与输水系统的工程规模、重要性、对安全性的要求及运行管理水平相适应。

（2）大型多起伏、复杂的泵管系统中，在可能产生水锤危害的情况下，应做好早期预判和多环节系统防治。泵站及管路系统设计时，应当在输水管道线路布置、机组选型、管材比选、管内流速、综合性防护及调度运行等多方面和环节采取措施，提高防护功能的安全可靠性及总体防护效果。

（3）防护措施的选择必须与水锤分析计算互相配合、同时进行。大型工程可委托多家专业机构进行水锤分析计算，对计算结果相互验证。

（4）对防护措施的管理维护、调度运行方案及操作规程等方面的要求，应给予足够的重视，避免因防护设备管理维修不善或误操作而引起事故发生。

2.4.7　管道防腐蚀

管道防腐蚀关系到输水系统的运行的可靠性、安全性、经济性和耐久性。既是安全问题，也是节约资源、能源，保护环境和可持续发展问题。防腐层的基本要求是绝缘性好、机械强度高、使用寿命长、施工方便、连续完整、造价较低廉。防腐层应能采用机械化施工，质量均衡、稳定，制作速度快。现场补伤、补口操作简便易行，与管体防腐层达到相同质量，结合性能好。长距离输水工程管道防腐蚀均应根据其腐蚀环境、气候条件、使用寿命要求、投资承受能力、货源供应情况、施工和现场条件等因素，进行综合验证并优选使用的材料。

据统计，大型长距离输水管道工程多采用防腐涂层和牺牲阳极阴极保护的联合保护措施。

2.4.7.1　PCCP 管道防腐蚀

土壤及地下水中含有 Cl^- 和 SO_4^{2-} 超过一定浓度时，会对 PCCP 预应力钢筋产生腐蚀破坏，造成事故爆管。

SO_4^{2-} 在 $250\sim400$ mg/L 时，会对混凝土造成弱腐蚀，防腐采用阻水层或缠防腐布的方法将混凝土或砂浆与硫酸盐实施隔离以取代采用特种水泥实施防腐。

侵蚀性二氧化碳的碳化作用是指混凝土及保护层中的氢氧化钙与环境中的二氧化碳发生化学反应生成碳酸钙，将破坏混凝土及砂浆中的钢材表面的氧化铁保护膜，因此对于地下水或土壤中的侵蚀性二氧化碳超过一定值时,在 PCCP 管表面进行环氧煤沥青防腐。

介质中的 Cl^- 会促进金属的局部腐蚀,在氯化物中,铁及其合金均可产生点蚀,氯离子的存在可加速金属的腐蚀作用,当氯离子含量较高时,在阳极区导致一般坑蚀的蔓延;另外,由于氯离子半径较小,宜穿透保护膜,使腐蚀加剧,产生局部腐蚀,随着氯离子浓度的增加,钢铁表面钝化膜稳定性下降,因此氯离子对碳钢腐蚀性大。HCO_3^- 在高浓度且有氯离子存在时,会导致局部腐蚀。HCO_3^- 不仅可以与 CO_2 互相转化,而且离解后产生 H^+ 和 CO_3^{2-},前者加速腐蚀,后者与 Ca^{2+} 成垢。一般土壤中氯离子含量超过 150 mg/L 时,就必须考虑在 PC-CP 管保护层外表面设置阻水层以保护管道或对管道实施阴极保护并定期监测管线的腐蚀情况。

采取阴极保护的 PCCP 管道,必须在生产制造过程中将低碳钢条在缠丝时衬垫在所有预应力钢丝下面,使所有的环向预应力钢丝实施短路导通,通常在每根管子两侧 180° 的位置各设置一根条钢以备后用。有文献介绍,混凝土压力管道实施有效防腐所需的电流密度通常在 $0.11 \sim 1.11$ mA/m^2。

对于 PCCP 管的承插口处的密封,一般采用密封膏密封承插口处的间隙。

2.4.7.2　钢质管道防腐蚀

1.涂料防腐蚀

按照我国工业和信息化部发布的《石油化工设备和管道涂料防腐蚀设计规范》(SH/T 3022),结合长距离输水工程特点,钢管涂料防腐蚀应注意涂料和防腐蚀等级的确定。

(1)防腐蚀涂料和涂层结构根据腐蚀环境、管道材质和工况条件等进行选择,涂料性能一般应满足:①附着性能;②防腐蚀性能;③底漆和面漆的配套性能和相容性能;④相适应的物理机械性能;⑤与涂装表面温度相适应;⑥内防腐满足国家饮用水卫生标准,外防腐符合国家环保与安全法规的有关要求;⑦具备现场施工条件;⑧经济合理性。

(2)根据土壤对埋地钢管表面的腐蚀程度选择防腐蚀等级,见表 3-2-3。当土壤腐蚀指标的任何一项超过规定值时,防腐蚀等级应提高一级;管道穿越铁路、道路或沟渠的穿越处及改变埋深深度时的弯管处,防腐蚀等级应为特加强级。

表 3-2-3　土壤腐蚀性程度及防腐蚀等级

土壤腐蚀性程度	土壤腐蚀指标					防腐蚀等级
	电阻率 ($\Omega \cdot m$)	含盐量 (%)	含水量 (%)	电流密度 (mA/cm^2)	pH	
强	<50	>0.75	>12	>0.3	<3.5	特加强级
中	50~100	0.75~0.05	5~12	0.3~0.025	3.5~4.5	加强级
弱	>100	<0.05	<5	<0.025	4.5~5.5	普通级

2.外缠绕 3PE 内熔结环氧防腐蚀

1)防腐蚀结构

外缠绕 3PE 内熔结环氧防腐蚀结构见图 3-2-18,外防腐层、内防腐层参考厚度见表 3-2-4 和表 3-2-5。

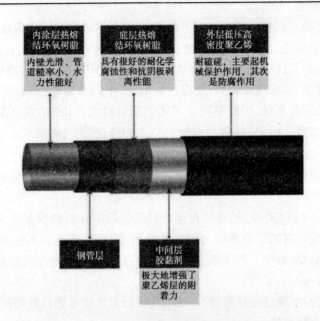

图 3-2-18　钢管内环氧外 3PE 防腐结构示意图

表 3-2-4　外防腐层参考厚度

钢管公称直径 DN (mm)	环氧粉末涂层 (μm)	热熔胶层 (μm)	PE 层最小厚度(mm)	
			普通级(G)	加强级(S)
≤100	≥80	170~250	1.8	2.5
100~250			2.0	2.7
250~500			2.2	2.9
500~800			2.5	3.2
≥800			3.0	3.7

表 3-2-5　内防腐层参考厚度

管道使用要求		内涂层厚度(μm)
减阻型管道		≥50
防腐型管道	普通级	≥250
	加强级	≥350

2)工艺流程

钢管内环氧外 3PE 防腐工艺流程见图 3-2-19。

3)性能特点

(1)在 3PE 外防腐结构中,高温喷涂在钢管表面的熔结环氧涂层与钢管紧密结合,与中间的共聚胶黏层的活性基团反应形成化学黏结,保证了整体防腐层在较高温度下具有良好的结合性和很好的耐腐蚀性以及抗阴极剥离性能。其中,底层环氧起着主要防腐蚀作用,外

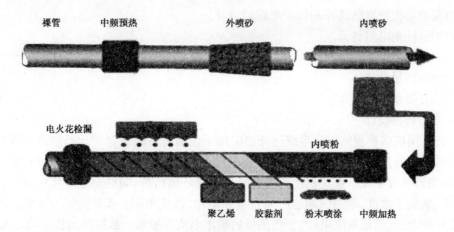

图 3-2-19　钢管内环氧外 3PE 防腐工艺流程

层聚乙烯起机械保护和次要防腐作用,中间胶黏层使底层与外层紧密结合在一起。

(2)内涂层涂熔结环氧粉末,具有防腐蚀能力强、耐冲击、强度高、耐阴极剥离、表面光滑水力损失小等特点。

4)主要检测试验项目

(1)防腐层的附着力测定。

(2)防腐层的阴极剥离试验。

(3)环氧粉末固化时间测定。

(4)聚乙烯片耐化学介质腐蚀试验。

(5)耐紫外老化试验。

(6)压痕硬度测定。

(7)剥离强度测定。

(8)冲击强度试验。

(9)防腐层抗弯试验。

5)执行标准

外防腐层执行《埋地钢质管道聚乙烯防腐层》(GB/T 23257),内防腐层执行《给水涂塑复合钢管》(CJ/T 120)。

3.牺牲阳极的阴极保护

采用牺牲阳极的阴极保护一般应对埋地钢质管道的外壁隔离防护,否则造成阳极消耗过快,投资增大。目前,普遍使用的牺牲阳极材料有镁阳极、锌阳极和铝阳极,镁阳极比重小、电位负,对钢的驱动电压大,主要应用于高电阻率的土壤介质中;锌阳极的驱动电压较小、电流效率高,可应用于低电阻率的土壤介质中和水介质中;铝合金阳极通常在海水介质的船舶、港工设施中应用比较广泛,在土壤介质中应用较少。

牺牲阳极的阴极保护执行标准《镁合金牺牲阳极》(GB/T 17731)、《埋地钢质管道阴极保护技术规范》(GB/T 21448)。方案设计一般包括以下内容:

(1)合理确定阴极保护有效年限。

(2)根据被保护管道所处环境土壤电阻率和保护年限,选择牺牲阳极的成分及电化学性能。

(3)保护电流密度的选择和保护电流的计算。

(4)阳极接地电阻计算。

(5)阳极发生电流量计算。

(6)阳极用量计算。

(7)阳极使用寿命计算。

(8)阳极布置设计。

近年来,阴极保护智能监测系统已开始应用于监测管道阴极保护运行状态和腐蚀环境的变化参数,主要包括传感器单元、电源(充电电池)、数据采集及转换单元、远程通信单元和数据终端及软件单元。系统包括管道监测和腐蚀环境监测,能够测定环境中腐蚀性介质的电阻率、氯离子浓度、钢的腐蚀速度和自腐蚀电位、极化电阻(可表征腐蚀速率)、环境温度、管道保护电位、管道断电电位、牺牲阳极的输出电流等参数。数据在远程传输之前,由模拟信号转换为数字信号,既能现地下载到便携式计算机上,也可通过无线通信传输至输水工程调度中心,并以直观图表的形式监测防蚀测试点的数据变化,及时根据情况采取措施处理阴极保护系统或设备异常。对于每处阳极、测试桩等,可采用北斗系统进行精准定位,提高运行管理安全和效率,避免腐蚀控制失效发生,减少经济损失。

2.4.8　监测与控制

大型输水管道工程设置的监测和控制系统是运行安全的重要保证条件之一,工程运行过程中应对沿线重要的输水工艺参数进行连续监测和自动化控制。自动监测与调度系统用于输水管线的数据检测和控制,生成输水系统沿线压力(水位)分布图,实现在线安全监控,随时掌握输水管线系统的运行状况,保证工程长期高效运行。

2.4.8.1　输水系统调控参数监测

(1)液位和压力监测:包括水位与油位。水位变化会引起压力的变化,确定合理的运行水位,控制最低水位;输水管(渠)始末端设置压力监测点,泵站进出水池、拦污栅前后、节制闸上下游、高位水池、调节水池、隧洞等设置水位控制点。在管线沿途高程起伏变化较大的高点、相对高点进行压力检测,输水管道正常运行时,控制该点的最低压力、最低水位,避免出现管道真空和水池露底等安全隐患。长距离密闭式梯级泵站输水系统应设置进出压力控制装置。进泵压力不得低于设定值,出站压力不得高于管道最高操作压力。

油位包括油压装置油位、主电机上下油缸(油盆)油位等;压力监测还包括泵站主水泵进出口压力、油系统压力(油压装置压力、液压减载压力等)、气系统压力(刹车装置压力等)、水系统压力(辅助供水泵压力、总管压力、支管压力等)、抽真空压力、拍门(闸门)开启至工作位置的压力、持住压力等。

(2)流量监测:输水管(渠)始末端、各分水口设置流量监测点;水泵单机流量、单管流量、泵站总流量的监测。

(3)速度监测:泵站进出口、分水口管道流速监测,机组转速监测。

(4)电量监测:包括泵站电气设备及高低压母线的电流、电压、功率、频率;机组运行电流、电压、功率、功率因数、电度、频率、励磁电流、励磁电压;直流系统电压、电流;变压器负荷电流、电压、功率、功率因数、电度等。

(5)温度监测:包括机组用油、轴瓦、空冷器冷热风温度,齿轮箱温度,电动机定子绕组温度,变压器绕组温度及油温,环境温度等。

　　(6)振动与摆动监测:包括机组主轴、轴承、电动机机架、叶轮外壳、压力管道等的振动或摆度。

　　(7)开度监测:包括阀门、闸门与拍门开度等。

　　(8)水泵叶片角度。

　　(9)设备状态:包括断路器、接地刀闸(地刀)、电压互感器(PT)、隔离开关、励磁装置、直流装置、变压器、泵站辅机设备、闸门、拍门、阀门等设备的工作状态。

　　(10)保护信息:包括设备的各种保护事件与保护定值等。

2.4.8.2　自动化控制

　　自动化地实现输水系统供水过程的参数控制、事故安全闭锁和站间流量平衡,发生压力(水位)、流量异常工况和紧急事故时,及时报警、自动停运与关闭控制。

　　(1)重力输水压力和流量采用压力调节阀自动控制调节,压力式输水方式宜采用水泵调速方式自动调节;输水管道的连接水池,采用具有缓闭功能的水位及流量控制阀,实现自动调节进出水量。

　　(2)当泵站吸水侧压力过低或流量过小,按照一定的延时和一定的停机程序,分别令水泵停止运行,防止水泵抽空,造成泵组损坏。

　　(3)当泵站出水侧压力过高时,按照一定的延时和一定的停机程序,分别令水泵停止运行,确保水泵运行安全。

　　(4)当泵站出水侧流速过大时,按照一定的关阀程序关闭相应主管道阀门,并发出报警信号,防止管道系统大量失水。

　　(5)当某一级泵站发生全部泵组事故停机时,立即将事故信号发送至控制中心和沿线其他泵站,及时做出相应的调度调整,保证系统稳定、安全运行。

　　(6)当各分支管道流速大于某一设定值时,认为分支管道发生事故,自动按程序关闭分水口阀门,保护主管道系统的压力和防止大量失水。

　　(7)大型输水泵组轴承温度、电动机定子温度等的超限信号与主泵机组停运联锁控制。

2.4.9　安全调度运行方案

　　调度运行方案是进一步编制系统运行操作规程的基础、全系统试运行及运行的指导性文件和全线自动化控制的依据,重点解决全系统、全工况沿线输水设施设备试运行启动及运行的串联衔接、控制程序和控制量等问题,对保证输水系统安全、可靠、稳定运行起着至关重要的作用。因此,大型的和复杂的压力输水管道系统必须编制调度运行方案。

　　调度运行方案涉及内容多、工作难度和工作量大,大型复杂的管道系统调度运行方案,运行管理单位(业主)应委托有经验的编制单位完成。

　　长距离输水系统调度运行方案一般包括以下内容:

　　(1)工程基本资料。

　　(2)根据供水目标、分水位置和流量,确定系统可能的运行工况组合。

　　(3)计算不同工况梯级泵站的调控参数,合理确定各工况条件下的水泵安全运行控制方案。

　　(4)根据系统输水方式、沿线附属设施和调控设备位置,制订管道附属设施运行控制程序,计算设备调控参数。

（5）各运行工况下输水系统水力过渡过程计算。

（6）制订输水线路监测方案,确定监测内容、位置、数量及相对应的压力、水位、流量等指标数值。

（7）管道系统充水方案比选与选定。

（8）制订各运行工况组合的调度运行方案(正常及事故)。

（9）制订自动化控制方案,包括调度运行管理系统及其实现。

（10）运行管理与应急预案。

需要指出的是,不同工程项目的输水系统,因输水方式及沿线附属设施和设备设置可能存在较大差异,其运行控制方式、控制程序及参数也不同,应根据其工程特性编制具体的调度运行方案。

2.4.10　生命周期安全评价

安全评价是长距离输水系统安全运行保障的一个重要组成内容,应适时和定期开展。对长距离输水系统进行安全评价,在于通过查找工程中存在的危险源、分析影响因素及可能导致的危险、预测危害后果和程度,提出切实的安全对策及措施,并加以实施,达到降低事故概率,减少损失,提高工程系统安全等级。

在分析失效概率及其主要影响因素的基础上,作者提出了长距离输水系统生命周期安全评价(Life Cycle Safety Assessment,LCSA)的概念,即运用贯穿于输水系统整个生命周期各阶段(包括设计、施工建设和运行管理)的失效影响因素对输水系统安全状态的评价。

2.4.10.1　生命周期安全评价的特点

不同于传统安全评价只针对既有的工程现状进行评价,长距离输水系统生命周期安全评价包括三方面的含义:一方面,安全评价贯穿于从出生、成长、成熟、衰老到死亡整个生命周期的各个阶段,即全过程;第二方面,安全评价可以在生命周期的任意阶段或环节进行,即可在项目立项(可行性研究)到初步设计、施工图设计、施工建设、试运行、运行乃至工程废弃处理的任意阶段或环节开展评价;第三方面,安全评价从失效影响因素的安全工作限度预测评估系统发生事故的概率及其严重程度。

长距离输水系统生命周期安全评价具有以下特点:

（1）覆盖输水系统的工程设计、施工建设、运行和退役整个生命周期的全过程,能够客观全面地反映系统的健康安全状态和工作能力。

（2）运用贯穿于输水系统整个生命周期各阶段的失效影响因素,分析失效的原因和产生条件,提出消除危险、避免失效的解决方案,提高了输水系统本质安全度。

（3）实现输水系统生命周期全过程的安全控制。生命周期评价可以在工程项目的可行性研究、初步设计、施工图设计、施工建设开工前、在建期、工程竣工、试运行、运行初期、运行中期和后期等不同阶段开展,便于查找系统或局部的安全隐患和缺陷,采取改进和预防措施。

（4）便于全面反映输水系统存在的薄弱环节、危险源及其分布部位,预测发生事故的概率及其严重程度,进而建立工程安全档案,提出相应的安全防控措施,为制订输水系统安全生产应急预案及决策提供依据。

（5）可以针对长距离输水系统特殊管段分段评价,再进行整体评价。分段评价能够更准确地体现系统沿线风险的大小差异及周围环境、自身条件变化的复杂性,提高评价精度。合理划分评价管段,是生命周期安全评价的重要内容。

2.4.10.2　长距离输水系统生命周期安全评价体系

从长距离输水系统生命周期工作能力的内涵出发,经归纳总结,构建了长距离输水系统生命周期安全评价体系(如图 3-2-20 所示)。该体系共为三层结构——目标层、指标层和影响因素层,共有 30 项基本评价影响因素。其中,指标层为过程指标,旨在反映输水系统生命周期全过程的质量及安全状态。工程设计过程指标包括失效影响因素 14 项,施工建设过程指标包括失效影响因素 6 项,运行管理过程指标包括失效影响因素 10 项。

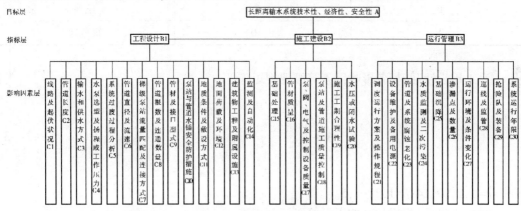

图 3-2-20　长距离输水系统生命周期安全评价指标体系

2.4.10.3　长距离输水系统生命周期安全评价方法及应用

（1）确定生命周期安全评价计划及时机。

长距离输水系统生命周期安全评价可以在生命周期的任意阶段或环节进行,即可在工程设计(可行性研究、初步设计、施工图设计)、施工(开工前、在建期、工程竣工)和运行(运行初期、运行中期、运行后期)的任意阶段或环节开展评价。

（2）根据长距离输水系统总体工程特性,合理确定评价系统或区段。

长距离输水系统生命周期安全评价方法,是针对具体输水系统(泵站及管道等)工程全部或其中一个或多个特殊区(管)段进行安全评价。由于长距离输水系统沿线输水方式、压力、管径、管材、地质条件、周围环境等多种因素的差别,其潜在风险也具有不均一性。从评价精度来说,区段安全评价精度更高。

（3）选定工程设计、科研、施工、运行管理和高等院校等方面的安全评价专家,并根据其资历、相关领域的实际经验和水平分别确定其评价能力权重系数向量 $W = [\,\omega_1\ \omega_2\ \omega_3\ \omega_4\ \omega_5\,]$。

（4）输水系统生命周期安全评价分为工程设计、施工建设和运行管理三个过程指标。专家根据各指标的相对重要性和评价时机对评价指标进行权重分配,并按专家评价能力的权重系数加权平均,得到评价指标权重向量 $E = [\,\varepsilon_1\ \varepsilon_2\ \varepsilon_3\,]$。

（5）专家根据各评价指标中失效影响因素的相对重要性对其进行权重分配,并按专家评价能力权重对失效影响因素的权重分配进行加权平均,分别得到"工程设计""施工建设"和"运行管理"三个评价指标中各影响因素的权重向量:$T = [\,t_1\ t_2\cdots\ t_{14}\,]$、$S = [\,s_1\ s_2\cdots s_6\,]$ 和 $G = [\,g_1\ g_2\cdots\ g_{10}\,]$。

（6）专家根据各评价指标中每一失效影响因素在待评价区段的历史、现实安全状况和技术合理性，按照输水系统安全评价等级表（见表 3-2-6）对其进行量化赋分，分别建立三个评价失效影响因素等级评判矩阵如下：

表 3-2-6　长距离输水系统安全评价等级

安全等级	安全等级区间相对风险值	安全等级实际意义
Ⅰ	[0,2]	很安全
Ⅱ	(2,4]	安全
Ⅲ	(4,6]	较安全
Ⅳ	(6,8]	危险
Ⅴ	(8,10]	很危险

①"工程设计"指标各影响因素等级评判矩阵。

$$A = \begin{bmatrix} a_{11} & a_{12} & \cdots & a_{15} \\ a_{21} & a_{22} & \cdots & a_{25} \\ \vdots & \vdots & a_{ij} & \vdots \\ a_{n1} & a_{n2} & \cdots & a_{n5} \end{bmatrix} \tag{3-2-3}$$

式中：$i=1,2,\cdots,14$；$j=1,2,\cdots,5$。

②"施工建设"指标各影响因素等级评判矩阵。

$$B = \begin{bmatrix} b_{11} & b_{12} & \cdots & b_{15} \\ b_{21} & b_{22} & \cdots & b_{25} \\ \vdots & \vdots & b_{ij} & \vdots \\ b_{n1} & b_{n2} & \cdots & b_{n5} \end{bmatrix} \tag{3-2-4}$$

式中：$i=1,2,\cdots,6$；$j=1,2,\cdots5$。

③"运行管理"指标各影响因素等级评判矩阵。

$$D = \begin{bmatrix} d_{11} & d_{12} & \cdots & d_{15} \\ d_{21} & d_{22} & \cdots & d_{25} \\ \vdots & \vdots & d_{ij} & \vdots \\ d_{n1} & d_{n2} & \cdots & d_{n5} \end{bmatrix} \tag{3-2-5}$$

式中：$i=1,2,\cdots,10$；$j=1,2,\cdots5$，。

（7）建立单项指标综合评判矩阵。

①"工程设计"指标综合评判矩阵。

$$Z = TA = \begin{bmatrix} t_1 & t_2 \cdots t_{14} \end{bmatrix} \times \begin{bmatrix} a_{11} & a_{12} & \cdots & a_{15} \\ a_{21} & a_{22} & \cdots & a_{25} \\ \vdots & \vdots & a_{ij} & \vdots \\ a_{n1} & a_{n2} & \cdots & a_{n5} \end{bmatrix} = \begin{bmatrix} Z_1 & Z_2 & Z_3 & Z_4 & Z_5 \end{bmatrix} \tag{3-2-6}$$

②"施工建设"指标综合评判矩阵。

$$Q = SB = \begin{bmatrix} s_1 & s_2 \cdots s_6 \end{bmatrix} \times \begin{bmatrix} b_{11} & b_{12} & \cdots & b_{15} \\ b_{21} & b_{22} & \cdots & b_{25} \\ \vdots & \vdots & b_{ij} & \vdots \\ b_{n1} & b_{n2} & \cdots & b_{n5} \end{bmatrix} = \begin{bmatrix} q_1 & q_2 & q_3 & q_4 & q_5 \end{bmatrix} \quad (3\text{-}2\text{-}7)$$

③"运行管理"指标综合评判矩阵。

$$H = GD = \begin{bmatrix} g_1 & g_2 \cdots g_{10} \end{bmatrix} \times \begin{bmatrix} d_{11} & d_{12} & \cdots & d_{15} \\ d_{21} & d_{22} & \cdots & d_{25} \\ \vdots & \vdots & d_{ij} & \vdots \\ d_{n1} & d_{n2} & \cdots & d_{n5} \end{bmatrix} = \begin{bmatrix} h_1 & h_2 & h_3 & h_4 & h_5 \end{bmatrix} \quad (3\text{-}2\text{-}8)$$

(8)由式(3-2-6)、式(3-2-7)和式(3-2-8)分别计算各指标的评价分值,得到输水系统评价指标评判分值向量 $Y = \begin{bmatrix} Y_1 & Y_2 & Y_3 \end{bmatrix}$;输水系统评价区段失效概率评分值的确定 P:

$$P = \sum_{i=1}^{3} (\varepsilon_i Y_i) = \varepsilon_1 Y_1 \pm \varepsilon_2 Y_2 + \varepsilon_3 Y_3 \quad (3\text{-}2\text{-}9)$$

式中: ε_i 为第 i 个评价指标权重; Y_i 为第 i 个评价指标的评判分数。

(9)长距离输水系统相对风险值及安全等级的确定。

评价区段相对风险值:　　　　　　　　　　$R = P \times C$　　　　　　　　　　(3-2-10)

式中: P 为评价区段失效概率评分值; C 为评价区段失效后果严重程度指数, $C \in [0,1]$ 。

根据 R 值的大小,对照表 3-2-3 安全等级区间相对风险值,即可确定评价管段的安全等级。

2.4.10.4　应用实例

某长距离多起伏输水工程线路全长 65.6 km,沿线高差达 93 m,采用单管、加压和重力有压输水方式,泵站扬程 65 m,管道直径为 DN2200、DN2000、DN1600,管材为 PCCP、螺旋钢管、玻璃钢管,沿线设置高位水池、调节水池、有压隧洞、无压隧洞各 1 处,倒虹穿越河道 5 次等。

(1)根据应用工程的实际情况,生命周期安全评价时机选定为运行初期。

(2)选定上述 65.6 km 典型线路为评价区段。

(3)选定 5 位工程设计、科研、施工、运行管理和高等院校等方面的安全评价专家,其评价能力权重系数向量 $W = \begin{bmatrix} 0.3 & 0.25 & 0.13 & 0.2 & 0.2 \end{bmatrix}$ 。

(4)根据专家打分和计算,工程设计、施工建设和运行管理三个过程指标的权重向量 $E = \begin{bmatrix} 0.477 & 0.320 & 0.204 \end{bmatrix}$ 。

(5)根据专家打分和计算,"工程设计"评价指标中各影响因素的权重向量:

$T = [0.079 \ 0.081 \ 0.108 \ 0.123 \ 0.074 \ 0.049 \ 0.031 \ 0.045 \ 0.07 \ 0.095 \ 0.068 \ 0.046 \ 0.061 \ 0.07]$

"施工建设"评价指标中各影响因素的权重向量:

$S = [0.116 \ 0.166 \ 0.195 \ 0.192 \ 0.152 \ 0.179]$

"运行管理"评价指标中各影响因素的权重向量:

$G = [0.163 \ 0.146 \ 0.054 \ 0.094 \ 0.067 \ 0.097 \ 0.1 \ 0.084 \ 0.065 \ 0.131]$

(6)专家对各评价指标中每一失效影响因素进行量化赋分,分别建立 3 个评价指标失效影响因素等级评判矩阵 A、B、D,如表 3-2-7 所示。

表 3-2-7　评价指标失效影响因素等级评判矩阵统计

评价指标	失效影响因素	等级评判矩阵					
工程设计过程指标	线路及起伏状况	A	[7.0	6.5	6.0	5.5	6.0]
	管道长度		[6.0	6.0	6.0	6.0	6.0]
	输水和供水方式		[8.0	8.0	8.0	8.0	8.0]
	水泵选型及扬程或工作压力		[4.0	3.0	3.0	3.0	4.0]
	系统过渡过程分析		[6.0	7.5	7.5	7.5	7.5]
	管道直径及流速		[6.0	6.0	6.0	6.0	5.5]
	梯级泵站流量匹配及连接方式		[4.0	4.5	4.5	4.5	3.0]
	管道根数及连通数量		[7.0	7.5	7.0	7.0	6.5]
	管材及接口型式		[7.0	7.0	5.0	5.0	5.5]
	泵站与管道水锤安全防护措施		[6.0	8.0	6.0	6.0	7.0]
	地质条件及敷设方式、覆土厚度		[3.0	2.5	4.0	4.0	5.0]
	地面荷载及环境		[3.0	4.5	3.0	3.5	3.0]
	建筑物工程及附属设施		[4.5	5.0	3.0	3.0	5.0]
	监测与自动化控制		[7.5	8.0	8.0	8.5	7.5]
施工建设过程指标	基础处理	B	[4.0	4.5	4.5	4.5	4.5]
	管材质量		[6.0	6.5	6.4	6.5	6.5]
	泵、阀、电气及控制等设备质量		[8.0	7.8	7.6	7.8	8.0]
	泵站及管道施工质量控制		[8.0	7.5	6.5	7.5	7.5]
	施工工期合理性		[7.5	7.3	7.3	7.5	7.5]
	管道试压		[6.5	8.6	8.2	8.6	8.5]
运行管理过程指标	调度运行方案及操作规程	D	[4.0	4.5	5.0	4.5	4.2]
	设备维护及备用电源		[6.0	6.5	6.5	6.8	6.1]
	管道腐蚀及系统老化		[5.0	5.0	4.5	5.5	5.0]
	水质监测及二次污染		[7.5	6.5	7.0	7.3	7.5]
	基础沉降		[6.0	6.5	6.0	5.0	5.5]
	渗漏点及数量		[6.0	7.0	6.0	7.5	8.0]
	运行环境及条件变化		[3.0	3.5	4.0	3.6	4.0]
	巡线及监管		[4.0	3.0	3.5	4.5	3.8]
	抢险队及装备		[4.0	5.5	6.4	6.5	5.0]
	系统运行年限		[7.0	6.5	8.0	6.8	7.5]

(7)建立单项指标综合评判矩阵。

①"工程设计"指标综合评判矩阵。

$$Z = T \times A = [5.48 \quad 5.549 \quad 5.089 \quad 4.835 \quad 5.628]$$

②"施工建设"指标综合评判矩阵。

$$Q = S \times B = [6.739 \quad 7.22 \quad 6.814 \quad 7.22 \quad 7.068]$$

③"运行管理"指标综合评判矩阵。

$$H = G \times D = [\,5.146\quad 5.793\quad 5.787\quad 6.539\quad 5.745\,]$$

(8)输水系统失效概率评分值的确定。

①"工程设计"指标分值。

$$Y_1 = \sqrt{(5.48^2 + 5.549^2 + 5.089^2 + 4.835^2 + 5.628^2)/5} = 5.325$$

②施工建设指标评价分值。

$$Y_2 = \sqrt{(6.739^2 + 7.22^2 + 6.814^2 + 7.22^2 + 7.068^2)/5} = 7.015$$

③运行管理指标评价分值。

$$Y_3 = \sqrt{(5.146^2 + 5.793^2 + 5.787^2 + 6.539^2 + 5.745^2)/5} = 5.819$$

由此,输水系统评价指标评判分值向量 $Y = [\,5.325\quad 7.015\quad 5.819\,]$。

失效概率评分值 P:

$$P = 0.477 \times 5.325 + 0.320 \times 7.015 + 0.204 \times 5.819 = 5.965$$

(9)长距离输水系统相对风险值及安全等级的确定。

输水系统相对风险值　$R = P \times C = 5.965 \times 0.875 = 5.22$

式中:C 为输水系统失效后果严重程度指数,经计算 $C = 0.875$。

根据 R 的大小,对照表 3-2-3 安全等级区间相对风险值可知,所评价输水系统运行初期的安全等级为Ⅲ级,较安全。

第 3 章　长距离输水系统水力过渡过程分析

3.1　概　述

　　长距离输水系统常因供水调节、检修和事故停电等而改变工况,工况的改变和事故的发生常会引起系统中能量的不平衡,并因水体惯性的存在导致管道中水锤的产生,此时压力会发生激烈的上升或下降,也会因失去控制而使水倒流及机组倒转,致使明渠出现溢流或露底,明流隧洞中还可能出现明满交替流动,对工程造成很大的危险。输水系统中管道压力上升或下降的极值、明渠水位的极值和泵的最大倒转速等都是系统设计或机电设备选择中的重要依据,输水系统在运行中工况变化还会造成系统中的流量不平衡,需要采用合理的调度运行方案来调节系统中流量的平衡,对输水系统进行水力瞬变(过渡过程)计算是该类工程设计中的重要一环,其计算成果可对工程方案设计、管线布置、泵参数选择、安全保障措施及调度运行方案的制订等提供科学依据。

3.1.1　模型概述

　　长距离输水工程系统结构复杂,一般由明渠、管道、泵站、隧洞、暗渠等建筑物组成,其过渡过程计算涉及的数学模型如下:
　　(1)封闭管道不定常流动数学模型。
　　(2)明渠不定常流动数学模型。
　　(3)管道连接数学模型。
　　(4)明渠连接数学模型。
　　(5)明渠管道联合计算模型。
　　(6)上、下水库端边界模型。
　　(7)阀门模型。
　　(8)闸门模型。
　　(9)泵转轮边界模型。
　　(10)水位调节器模型。
　　(11)系统初值计算模型。
　　(12)明渠沿程分水口模型。
　　(13)明满交替流动数学模型。
　　(14)水池模型。
　　(15)空气阀模型。
　　(16)并行计算数学模型。

3.1.2　全系统瞬变流仿真计算方法与特点

本章进行的全系统瞬变流仿真计算方法具有以下主要技术特点：

（1）提出用虚拟阻抗法和零流量状态法求解系统初值，实现大型复杂水力系统瞬变流计算的自动建模。

（2）建立具有侧向进出流的明渠非恒定流计算模型，用来模拟明渠沿程的进流和侧向溢流的问题，并用空间上的延伸来解决明流、管流联合计算时的时步衔接问题。

（3）提出一种新的计算格式——特征隐式格式法，解决了明满流分界面通过计算节点、压力出现剧烈变化时的计算不稳定问题，并建立明满流隐格式矩阵方程自生成系统，使得对可能出现明满交替流动的隧洞群的各种布置形式皆可进行自适应计算。

（4）在对输水工程系统瞬变流进行并行性计算分析的基础上，建立瞬变流并行计算模型，根据负载平衡原则划分并行计算任务，采用消息传递编程模型对大型输水工程编程进行并行计算，加快了计算速度，为大型水利水电工程系统的全系统瞬变流计算的实现打下了基础。

（5）将全系统瞬变流仿真计算方法应用于山东省胶东地区引黄调水工程，实现长距离大型多级调水工程的全系统水力仿真计算。

3.2　数学模型

3.2.1　封闭管道不定常流动数学模型

对于管道中的瞬变流（不定常流动），其连续方程为

$$L_1 = V\frac{\partial H}{\partial x} + \frac{\partial H}{\partial t} - V\sin\alpha + \frac{a^2}{g}\frac{\partial V}{\partial x} = 0 \tag{3-3-1}$$

相应的运动方程为

$$L_2 = g\frac{\partial H}{\partial x} + V\frac{\partial V}{\partial x} + \frac{\partial V}{\partial t} + \frac{fV|V|}{2D} = 0 \tag{3-3-2}$$

式中：H 为沿程水头；V 是平均速度；g 为重力加速度；f 是达西 – 威斯巴哈摩擦系数；α 为管道中心线与水平线的夹角；D 为管道直径；a 为波速。

这是一组双曲线型偏微分方程，它们有两条特征线，沿特征线原偏微分方程可以变成全微分方程。对全微分方程积分便可得到易于数值处理的有限差分方程。首先求取特征线，把运动方程和连续方程线性组合并整理有：

$$L = L_2 + \lambda L_1$$

$$= \lambda\left[\frac{\partial H}{\partial t} + \left(V + \frac{g}{\lambda}\right)\frac{\partial H}{\partial x}\right] + \left[\frac{\partial V}{\partial t} + \left(V + \lambda\frac{a^2}{g}\right)\frac{\partial V}{\partial x}\right] - \lambda V\sin\alpha + \frac{fV|V|}{2D} = 0 \tag{3-3-3}$$

式中，λ 是一未知因子。

要使这个方程变成全微分的条件是

$$\frac{\mathrm{d}x}{\mathrm{d}t} = V + \frac{g}{\lambda} = V + \frac{\lambda a^2}{g} \tag{3-3-4}$$

因而有

$$\lambda = \pm \frac{g}{a}$$

把 $\lambda = g/a$ 代入式(3-3-3)及式(3-3-4),有

$$C^{+}:\begin{cases} \dfrac{\mathrm{d}x}{\mathrm{d}t} = V + a \\[2mm] \dfrac{\mathrm{d}H}{\mathrm{d}t} + \dfrac{a}{g}\dfrac{\mathrm{d}V}{\mathrm{d}t} - V\sin\alpha + \dfrac{faV|V|}{2gD} = 0 \end{cases} \tag{3-3-5}$$

式(3-3-5)中两式分别称作 C^{+} 特征线方程和 C^{+} 上成立的相容性方程。

若取 $\lambda = -g/a$ 并代入式(3-3-3)及式(3-3-4),则有

$$C^{-}:\begin{cases} \dfrac{\mathrm{d}x}{\mathrm{d}t} = V - a \\[2mm] \dfrac{\mathrm{d}H}{\mathrm{d}t} - \dfrac{a}{g}\dfrac{\mathrm{d}V}{\mathrm{d}t} - V\sin\alpha - \dfrac{faV|V|}{2gD} = 0 \end{cases} \tag{3-3-6}$$

式(3-3-6)中两式分别称作 C^{-} 特征线方程和 C^{-} 上成立的相容性方程。

在通常情况下,$V \ll a$,故可在特征线方程中略去 V。若再用 $V = Q/A$ 代入,则有:

$$C^{+}:\begin{cases} \dfrac{\mathrm{d}x}{\mathrm{d}t} = a \\[2mm] \dfrac{\mathrm{d}H}{\mathrm{d}t} + \dfrac{a}{gA}\dfrac{\mathrm{d}Q}{\mathrm{d}t} - \dfrac{Q}{A}\sin\alpha + \dfrac{faQ|Q|}{2gDA^{2}} = 0 \end{cases} \tag{3-3-7}$$

$$C^{-}:\begin{cases} \dfrac{\mathrm{d}x}{\mathrm{d}t} = -a \\[2mm] \dfrac{\mathrm{d}H}{\mathrm{d}t} - \dfrac{a}{gA}\dfrac{\mathrm{d}Q}{\mathrm{d}t} - \dfrac{Q}{A}\sin\alpha - \dfrac{fQ|Q|}{2gDA^{2}} = 0 \end{cases} \tag{3-3-8}$$

特征线 $\dfrac{\mathrm{d}x}{\mathrm{d}t} = \pm a$ 在 $x \sim t$ 平面上是斜率为 $\pm a$ 的两簇曲线。通常,对于一给定的管道,如果气体释出不予考虑,那么 a 为常数,特征线就是两簇直线。

为进行水力瞬变计算,把管长为 L 的管子分成每段长 Δx 的若干段,把时间也分为若干段,每段为 $\Delta t = \Delta x/a$,就得到 $x \sim t$ 平面上的矩形计算网格,并且矩形网格的对角线刚好是特征线。如图3-3-1所示,AP 是 C^{+} 特征线,BP 是 C^{-} 特征线,沿 AP 对式(3-3-7)中的相容性方程进行积分可得

$$H_{P} - H_{A} + B(Q_{P} - Q_{A}) - \int_{A}^{P}\frac{Q}{A}\sin\alpha + \int_{A}^{P}\frac{f|Q|Qa\mathrm{d}t}{2gDA^{2}} = 0 \tag{3-3-9}$$

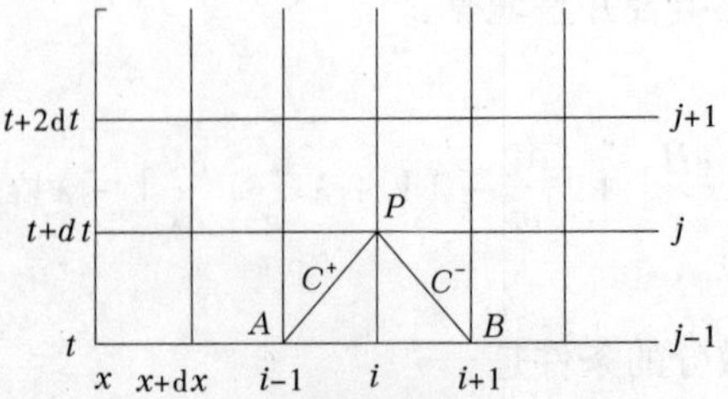

图3-3-1　解单管问题的 $x \sim t$ 网格

式中:B 为特征阻抗,$B = \dfrac{a}{gA}$。

方程(3-3-9)最后一项是摩阻引起的压头损失,其中流量 Q 严格讲是沿 AP 变化的,是个未知量。可以对摩阻项采取一级近似,用 Q_A 代替 Q,因而有

$$\int_A^P \frac{Q}{A}\sin\alpha \mathrm{d}t \approx \frac{Q_A}{A}\sin\alpha\Delta t$$

$$\int_A^P \frac{f|Q|Qa\mathrm{d}t}{2gDA^2} = \int_A^P \frac{f|Q|Q\mathrm{d}x}{2gDA^2} \approx \frac{f|Q_A|Q_A}{2gDA^2}\Delta x$$

令 $C = \dfrac{\Delta t}{A}\sin\alpha, R = \dfrac{f\Delta x}{2gDA^2}$,并将以上近似式代入式(3-3-9),有

$$H_P = H_A - B(Q_P - Q_A) + CQ_A - R|Q_A|Q_A \tag{3-3-10}$$

式(3-3-10)右边第二项表示速度变化而引起的压头变化,最后一项表示沿程损失引起的压头降。同理,沿 BP 积分式(3-3-8)中相容性方程,可得

$$H_P = H_B + B(Q_P - Q_B) + CQ_B + R|Q_B|Q_B \tag{3-3-11}$$

如图 3-3-1 所示,用 i 表示管段上的结点号,用 j 表示时层号(如 H_i^j 表示管段第 i 结点、第 j 时层的压头),方程可表示为

$$C^+: H_i^{j+1} = C_P - BQ_i^{j+1} \tag{3-3-12}$$

$$C^-: H_i^{j+1} = C_M + BQ_i^{j+1} \tag{3-3-13}$$

式中:

$$C_P = H_{i-1}^j + (B + C)Q_{i-1}^j - RQ_{i-1}^j|Q_{i-1}^j| \tag{3-3-14}$$

$$C_M = H_{i+1}^j - (B - C)Q_{i+1}^j + RQ_{i+1}^j|Q_{i+1}^j| \tag{3-3-15}$$

由式(3-3-12)、式(3-3-13)得

$$H_i^{j+1} = (C_P + C_M)/2 \tag{3-3-16}$$

式(3-3-12)~式(3-3-16)是对单管问题进行数值计算时,直接应用的常用公式。

3.2.2　明渠不定常流动数学模型

具有自由表面的液体流动称为明渠流动,考虑沿渠道的横向流入(流出)运动,明渠非定常流动的微分方程如下。

连续方程:

$$v\frac{\partial A}{\partial x} + \frac{\partial A}{\partial t} + A\frac{\partial v}{\partial x} = q \tag{3-3-17}$$

动量方程:

$$g\frac{\partial h}{\partial x} + \frac{\tau_0}{\rho R} - g\sin\alpha + 2v\frac{\partial v}{\partial x} + \frac{v^2}{A}\frac{\partial A}{\partial x} + \frac{v}{A}\frac{\partial A}{\partial t} + \frac{\partial v}{\partial t} = 0 \tag{3-3-18}$$

式中:α 为渠道底面与水平方向夹角;h 为水深,垂直于底面来测量;v 为流速;A 为过水断面面积;R 为水力半径;q 为渠道单位长度上的横向输入流,以流入为正方向;ρ 为密度;τ_0 为切向应力,引入曼宁方程 $J_f = \dfrac{n^2v^2}{R^{4/3}}$ 所定义的能量坡度线的斜率 J_f,则 $\dfrac{\tau_0}{\rho R} = gJ_f$,其中 n 为曼宁粗糙度系数。

连续方程式(3-3-17)和动量方程式(3-3-18)构成明渠非恒定流动的基本微分方程。把 $v = Q/A$ 代入连续方程式(3-3-17)得

$$\frac{\partial A}{\partial t} + \frac{\partial Q}{\partial x} = q \qquad (3\text{-}3\text{-}19)$$

对于棱柱形断面的渠道，$\dfrac{\partial A}{\partial t} = \dfrac{\mathrm{d}A}{\mathrm{d}h}\dfrac{\partial h}{\partial t} + \dfrac{\partial A}{\partial t}\Big|_h = \dfrac{\mathrm{d}A}{\mathrm{d}h}\dfrac{\partial h}{\partial t} = B\dfrac{\partial h}{\partial t}$，$B$ 为过水断面的顶宽，是 h 的函数，于是有

$$B\frac{\partial h}{\partial t} + \frac{\partial Q}{\partial x} = q \qquad (3\text{-}3\text{-}20)$$

把 $v = Q/A$ 代入动量方程式(3-3-18)，再利用方程式(3-3-20)得

$$\frac{g}{\cos\alpha}\frac{\partial h}{\partial x} + g(J_f - \sin\alpha) + \frac{2Q}{A^2}\frac{\partial Q}{\partial x} - \frac{Q^2}{A^3}\frac{\partial A}{\partial x} + \frac{1}{A}\frac{\partial Q}{\partial t} = 0 \qquad (3\text{-}3\text{-}21)$$

对棱柱形断面 $\dfrac{\partial A}{\partial x} = \dfrac{\partial A}{\partial h}\dfrac{\partial h}{\partial x} = B\dfrac{\partial h}{\partial x}$，则有

$$\frac{1}{gA}\frac{\partial Q}{\partial t} + \frac{2Q}{gA^2}\frac{\partial Q}{\partial x} + \left(\frac{1}{\cos\alpha} - \frac{BQ^2}{gA^3}\right)\frac{\partial h}{\partial x} = \sin\alpha - J_f \qquad (3\text{-}3\text{-}22)$$

所以，适用于棱柱形断面缓坡明渠的非恒定流动的微分方程为

$$\begin{cases} B\dfrac{\partial h}{\partial t} + \dfrac{\partial Q}{\partial x} = q \\[2mm] \dfrac{\partial Q}{\partial t} + \dfrac{2Q}{A}\dfrac{\partial Q}{\partial x} + \left(\dfrac{gA}{\cos\alpha} - \dfrac{Q^2}{A^2}B\right)\dfrac{\partial h}{\partial x} = gA(\sin\alpha - J_f) \end{cases} \qquad (3\text{-}3\text{-}23)$$

该方程为双曲型偏微分方程组，可以用特征线法求解，将方程式(3-3-23)的连续方程乘以因子 l 后加到动量方程上，得

$$\frac{\partial Q}{\partial t} + \left(l + \frac{2Q}{A}\right)\frac{\partial Q}{\partial x} + Bl\left[\frac{\partial h}{\partial t} + \frac{1}{Bl}\left(\frac{gA}{\cos\alpha} - B\frac{Q^2}{A^2}\right)\frac{\partial h}{\partial x}\right] = -f + ql \qquad (3\text{-}3\text{-}24)$$

其中，$f = -gA(\sin\alpha - J_f) = -gA\left(\sin\alpha - \dfrac{n^2|Q|Q}{A^2 R^{4/3}}\right)$。

因为 $\dfrac{\mathrm{d}Q}{\mathrm{d}t} = \dfrac{\partial Q}{\partial t} + \dfrac{\mathrm{d}x}{\mathrm{d}t}\dfrac{\partial Q}{\partial x}$，$\dfrac{\mathrm{d}h}{\mathrm{d}t} = \dfrac{\partial h}{\partial t} + \dfrac{\mathrm{d}x}{\mathrm{d}t}\dfrac{\partial h}{\partial x}$，为把式(3-3-24)化为常微分方程，必须满足

$\dfrac{\mathrm{d}x}{\mathrm{d}t} = l + \dfrac{2Q}{A} = \dfrac{1}{Bl}\left(\dfrac{gA}{\cos\alpha} - B\dfrac{Q^2}{A^2}\right)$，于是得到两个特征线方程：

$$\frac{\mathrm{d}x}{\mathrm{d}t} = c^{\pm} = \frac{Q}{A} \pm \sqrt{\frac{gA}{B\cos\alpha}} \qquad (3\text{-}3\text{-}25)$$

将式(3-3-24)写成相容性常微分方程：

$$\frac{\mathrm{d}Q}{\mathrm{d}t} + B\left(\pm\sqrt{\frac{gA}{B\cos\alpha}} - \frac{Q}{A}\right)\frac{\mathrm{d}h}{\mathrm{d}t} = -f + q\left(-\frac{Q}{A} \pm \sqrt{\frac{gA}{B\cos\alpha}}\right) \qquad (3\text{-}3\text{-}26)$$

其中，c^+、c^- 分别为正波与负波的波速；沿两个特征线方向，可把原来的一对偏微分方程变成两对全微分方程组。

沿 c^+ 方向：

$$\begin{cases} \dfrac{\mathrm{d}x}{\mathrm{d}t} = \dfrac{Q}{A} + \sqrt{\dfrac{gA}{B\cos\alpha}} \\ Bc^- \dfrac{\mathrm{d}h}{\mathrm{d}t} - \dfrac{\mathrm{d}Q}{\mathrm{d}t} = f + qc^- \end{cases} \tag{3-3-27}$$

沿 c^- 方向：

$$\begin{cases} \dfrac{\mathrm{d}x}{\mathrm{d}t} = \dfrac{Q}{A} - \sqrt{\dfrac{gA}{B\cos\alpha}} \\ Bc^+ \dfrac{\mathrm{d}h}{\mathrm{d}t} - \dfrac{\mathrm{d}Q}{\mathrm{d}t} = f + qc^+ \end{cases} \tag{3-3-28}$$

将上述全微分方程组差分化，建立如下差分格式，如图 3-3-2 所示：

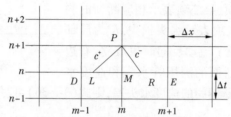

图 3-3-2　明渠特征线差分格式

设 n 及 n 以下（如 $n-1$）的时层上各网格结点其 h、Q 是已知的，由 $(n+1)$ 时层待求点 $P(m, n+1)$ 向已知时层 n 作顺、逆特征线 c^+ 及 c^-，与 n 时层的交点为 L、R。式（3-3-27）、式（3-3-28）分别化为如下二差分方程组：

沿 c^+ 方向：

$$\begin{cases} x_P - x_L = c^+ \Delta t \\ Bc^- (h_P - h_L) - (Q_P - Q_L) = (f + qc^-) \Delta t \end{cases} \tag{3-3-29}$$

沿 c^- 方向：

$$\begin{cases} x_P - x_R = c^- \Delta t \\ Bc^+ (h_P - h_R) - (Q_P - Q_R) = (f + qc^+) \Delta t \end{cases} \tag{3-3-30}$$

在计算过程中采用算术平均值近似，则有

$$\begin{cases} x_P - x_L = \overline{c^+}_{P,L}\Delta t \\ \overline{(Bc^-)}_{P,L}(h_P - h_L) - Q_P + Q_L = (\overline{f}_{P,L} + \overline{(qc^-)}_{P,L})\cdot\Delta t \end{cases} \tag{3-3-31}$$

$$\begin{cases} x_P - x_R = \overline{c^-}_{P,R}\Delta t \\ \overline{(Bc^+)}_{P,R}(h_P - h_R) - Q_P + Q_R = (\overline{f}_{P,R} + \overline{(qc^+)}_{P,R})\Delta t \end{cases} \tag{3-3-32}$$

式中，c、f、$qc^\pm$ 上加"‾"表示两点的平均值。

而 R、L 点的 h、Q 可用 D、M、E 三点的值的二次插值得到。式（3-3-31）和式（3-3-32）是特征线迭代法求解带侧流堰的明渠流动的基本方程。

各点的溢流流量 q 计算如下：

$$q = \xi (h - h_0)^{3/2} \tag{3-3-33}$$

式中：ξ 为溢流系数；h_0 为溢流堰高；h 为水深。

如果假定明渠长为 s，则整个明渠上的溢流流量为

$$q_s = \int_0^s q \mathrm{d}s \tag{3-3-34}$$

3.2.3　管道连接数学模型

管道连接(包括串联、并联、分叉和汇合)的边界条件应满足连续方程和能量方程。以如图 3-3-3 所示的情况为例,管道 1、2 串联,由流量连续有

$$Q_P = Q_{P1} = Q_{P2} \tag{3-3-35}$$

根据能量方程:

$$H_{P1} + \frac{Q_{P1}^2}{2gA_{P1}^2} - KQ_P|Q_P| = H_{P2} + \frac{Q_{P2}^2}{2gA_{P2}^2} \tag{3-3-36}$$

式(3-3-36)左边第一项、第二项表示相应断面的测压管水头和速度水头,第三项表示水头损失,K 为局部水头损失系数,绝对值保证了流动反向时也成立,右边第一项、第二项表示相应断面的测压管水头和速度水头。如果忽略水头损失和断面间的速度水头差,则式(3-3-36)可写成 $H_{P1} = H_{P2}$,即测压管水头相等。

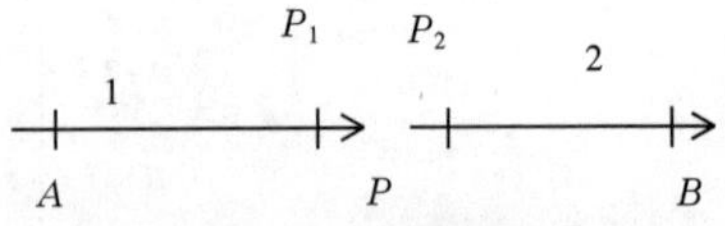

图 3-3-3　管道连接

对多管的分叉和汇合所形成的边界条件,同样可以按连续方程和能量方程来给出。一般来说,局部损失系数不易确定,并且局部损失很小,可以忽略。

3.2.4　明渠连接数学模型

与管道连接一样,明渠连接的边界条件也要满足连续方程和能量方程。以如图 3-3-4 所示的情况为例,渠道 1、2 串联,由流量连续有

$$Q_P = Q_{P1} = Q_{P2} \tag{3-3-37}$$

不考虑过水断面扩张或收缩产生的速度水头差和水头损失,则水面线连续

$$\frac{h_{P1}}{\cos\alpha_1} + z_{P1} = \frac{h_{P2}}{\cos\alpha_2} + z_{P2} \tag{3-3-38}$$

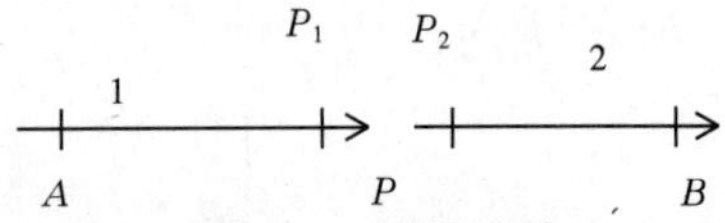

图 3-3-4　明渠连接

其中,h_P、z_P、α 分别为水深和底面高程及倾角。若底面为缓坡,则有

$$h_{P1} + z_{P1} = h_{P2} + z_{P2} \tag{3-3-39}$$

对多明渠的分叉和汇合所形成的边界条件,同样可以按连续方程和能量方程来给出。

3.2.5　明渠管道联合计算模型

3.2.5.1　时步配合问题

一般来说,封闭管道流动中波速比较大(1 000 m/s 左右或更大),在采用特征线法计算时,由于受管道长度的限制,依库朗条件确定的时步长 Δt_c 不可能很长,而要与计算时划分的管段长成一定比例。通常,在水电站和泵站输水系统中,如果不做简化处理,管流的计算时步不超过 0.05 s。同时,明渠流动的波速比较小(一般在 10 m/s 左右或以下),其相应的 Δt_c 在通常情况下取的值一般为 Δt_c 的几十倍甚至上百倍。在有明渠流动和封闭管道流动相连接的大型系统中,Δt_c 和 Δt_c 不可能取相同的值进行仿真计算,因为当管道和明渠都采

用特征线法计算时,在时间步长和空间步长的选择上要求满足库朗条件,依库朗条件和计算精度要求,明渠的 Δx_{o} 相应地应取很小的值,这样计算的工作量很大,在微机上不可实现,而且明渠的过度细分不但不能提高计算精度,甚至会因误差的积累而影响计算的准确性;如果用隐式格式计算,虽然对于给定的时间步长,空间步长可以较大,但受精度影响,仍然有一定限制,如果时间步长短,所需的空间步长不可能很大,而且隐式格式法需要求解方程组,随计算断面增多,方程组规模加大,计算量增大很多,对于大型引水工程的仿真计算,在普通微机上也不可实现。

从以上分析可以看出,要进行明渠与管道的水力动态仿真联合计算,必须解决明流和管流计算时间步长的矛盾,即解决明渠与管道流交界处的衔接问题。

3.2.5.2　解决的方法

要解决明渠与管道流交界处的衔接问题,可以将时步上的衔接问题变为空间的延伸。

设明渠的时间步长为 Δt_{o},管道流的时间步长为 Δt_{c},并设 $\Delta t_{\mathrm{c}} = N\Delta t_{\mathrm{o}}$,其中 N 为整数,并设空间步长分别为 Δx_{o} 与 Δx_{c}。

为保证明渠与管道流的衔接,将明渠在连接断面附近的长 Δx_{o} 的空间步长细分为 $\Delta x_{\mathrm{o}}/N$,则按库朗条件可将明渠在连接断面的 Δt_{o} 缩小为原来的 $1/N$,从而与管道的 Δt_{c} 相匹配。

如图 3-3-5 所示,图中所示为明渠,实线为原来的空间与时间步长划分,虚线是为与管道流相匹配而在连接断面附近重新划分的空间步长与时间步长,斜线为特征线。

程序设计的主导思想是在明渠与管道连接断面附近取出一小段明渠,与管道同步计算。这一小段明渠的 Δx 取为原明渠 Δx_{o} 的 $1/N$,其各断面上的 H、Q 值为原明渠在连接断面 J 处附近 0、1、2 三个断面上的 H、Q 二次插值得到的。这一小段明渠的断面数为 $N+2$,取 $N+2$ 个断面的原因是:为算出第 N 时步的连接断面的 H、Q,必然用到 $N-1$ 时步上的连接断面附近 3 个断面的 H、Q(二次插值),而 $N-1$ 时步的 3 个断面要用到 $N-2$ 时步的 4 个断面的值……依此类推,N 时步 J 断面的 H、Q 值要由 0 时步上的 $N+2$ 个断面定出——从物理的角度来讲,从明渠中波的传播速度与解的依赖区间可以看出,J 点的 H、Q 值也仅受 0 时步 $N+2$ 个断面的影响。具体的编程计算的思路可由以上说明得出。

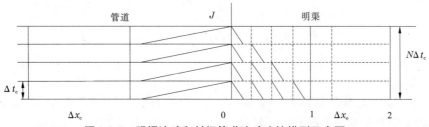

图 3-3-5　明渠流动和封闭管道流动连接模型示意图

3.2.6　上、下水库端边界模型

在过渡过程中,假定上游水位、下游水位不变,处理成水位固定的边界,于是上游边界条件为水库与封闭管道流动连接,由式(3-3-13)、式(3-3-15)可得其边界方程为

$$
\begin{cases}
H_{P1} = H_{\mathrm{s}} \\
Q_{P1} = (H_{P1} - C_{\mathrm{m}})/B
\end{cases}
\tag{3-3-40}
$$

式中：H_s 为上游水库的水位；$C_m = H_2 - (B + C) Q_2 + R Q_2 | Q_2 |$，下标 1、2 分别表示进口管道的第一、第二两个节点；下标 P 表示当前时段末的值。

下游边界条件为水库与封闭管道流动连接，由式（3-3-12）、式（3-3-14）可得其边界方程为

$$\begin{cases} H_{P,NS} = H_d \\ Q_{P,NS} = (C_P - H_{P,NS})/B \end{cases} \tag{3-3-41}$$

式中：H_d 为下游水库的水位；$C_P = H_{NS-1} + (B + C) Q_{NS-1} - R Q_{NS-1} | Q_{NS-1} |$，下标 NS、$NS - 1$ 分别表示管道的最后一个节点和倒数第二个节点；下标 P 表示当前时段末的值。

3.2.7　阀门模型

一个阀门装在已知管线内或两根不同的管线之间，阀门的孔口方程要和管段的端部条件联合处理，而且应当考虑流动反向的可能性。忽略通过阀门的流体加速或减速的影响，即假定存在于阀门中的流体体积不发生变化，则瞬变过程中仍然可以使用定常态的阀门孔口方程：

$$Q_0 = (C_D A_g)_0 \sqrt{2g \Delta H_0} \tag{3-3-42}$$

定义阀门的无量纲开度为

$$\tau = \frac{C_D A_g}{(C_D A_g)_0} \tag{3-3-43}$$

则阀门孔口方程可以写成

$$Q_P = Q = \tau Q_0 \sqrt{\Delta H / \Delta H_0} \tag{3-3-44}$$

这就是阀门启闭时的边界条件。

对于在管线中的阀门，如图 3-3-6 所示，把阀门前方的管道中的参数用下标 1 表示，阀门后方的管道中的参数用下标 2 表示，同时应用 C^+ 和 C^- 方程以及阀门孔口方程，对于正向流动有

图 3-3-6　管路中的阀门

$$\begin{cases} H_{P1} = C_{P1} - B_1 Q_{P1} \\ H_{P2} = C_{M2} + B_2 Q_{P2} \\ Q_{P1} = Q_{P2} = Q_P = \dfrac{\tau Q_0}{\sqrt{\Delta H_0}} \sqrt{H_{P1} - H_{P2}} \end{cases} \tag{3-3-45}$$

式中：H_{P1} 和 Q_{P1} 为上游管道末端 NS 截面（最后一个截面）处下一时刻的压头和流量；H_{P2} 和 Q_{P2} 分别为下游管道始端 1 截面下一时刻的压头和流量。由以上方程组解得：

$$Q_P = -C_v (B_1 + B_2) + \sqrt{C_v^2 (B_1 + B_2)^2 + 2 C_v (C_{P1} - C_{M2})} \tag{3-3-46}$$

式中：

$$C_v = Q_0^2 \tau^2 / 2 \Delta H_0 \tag{3-3-47}$$

当 $C_{P1} - C_{M2} < 0$ 时，将发生负向流动，这时的孔口方程为

$$Q_P = -\frac{\tau Q_0}{\sqrt{\Delta H_0}} \sqrt{H_{P2} - H_{P1}} \tag{3-3-48}$$

由此可得：

$$Q_P = C_v(B_1 + B_2) - \sqrt{C_v^2(B_1 + B_2)^2 - 2C_v(C_{P1} - C_{M2})} \tag{3-3-49}$$

当阀门在管道下游末端启闭时,同时应用 C^+ 方程、阀门孔口方程和边界条件:

$$\begin{cases} H_2 = H_d \\ Q_2 = 0 \\ H_{P1} = C_{P1} - B_1 Q_{P1} \\ Q_{P1} = Q_P = \dfrac{\tau Q_0}{\sqrt{\Delta H_0}}\sqrt{H_{P1} - H_2} \end{cases} \tag{3-3-50}$$

其中,H_d 为阀门后下游水库水位,于是有

$$Q_P = -C_v B_1 + \sqrt{C_v^2 B_1^2 + 2C_v(C_{P1} - H_2)} \tag{3-3-51}$$

对负向流动有:

$$Q_P = C_v B_1 - \sqrt{C_v^2 B_1^2 - 2C_v(C_{P1} - H_2)} \tag{3-3-52}$$

3.2.8　闸门模型

因闸门装在明渠之间,闸门方程需要和明渠的端部条件联合处理,而且应当考虑流动反向的可能性。假定闸门处于淹没出流的条件,忽略通过闸门的流体加速或减速的影响,则瞬变过程中仍然可以使用定常态的闸门方程:

$$Q_0 = \xi_0 \sqrt{2g\Delta H_0} \tag{3-3-53}$$

式中:Q_0 为闸门流量;ΔH_0 为闸门前后水位差;ξ_0 为与闸门开度、流速系数、闸宽、收缩系数、闸门孔数相关的反映闸门流量的系数。

与阀门模型类似,定义闸门的开度。同时,考虑流动方向影响,将闸门方程式(3-3-53)和与其相连明渠断面的特征方程联立求解可得到闸门两边水位及过闸门流量。

3.2.9　泵转轮边界模型

由于泵站在动态过程中可能通过多种工况区,泵特性的描述采用 Suter 提出的方法,以便于进行多种工况的过渡过程计算,并用迭代插值相结合的方法求解特性。

3.2.9.1　泵的无量纲相似特性

泵有 4 个特性参数:总动力头 H、流量 Q、轴转矩 T 和转速 N。这 4 个量中只有 2 个是独立的。在进行水锤计算时,作了两个基本假定:

(1)定常状态特性曲线也适用于非定常状态。在非定常状态,虽然 N 和 Q 都随时间变化,但可由它们的瞬时值确定 H 和 T。

(2)相似关系成立。

根据以上假定,Suter、Marxhal、Flesxh 等提出用无量纲数表示水泵特性:

$$WH(x) = \frac{h}{\alpha^2 + v^2}, \quad WB(x) = \frac{\beta}{\alpha^2 + v^2}$$

其中:$h = \dfrac{H}{H_r}$,$\beta = \dfrac{T}{T_r}$,$\alpha = \dfrac{n}{n_r}$,$v = \dfrac{Q}{Q_r}$,$x = \pi + \arctan\left(\dfrac{v}{a}\right)$,$H$、$T$、$n$、$Q$ 分别为泵的扬程(m)、力矩(N·m)、转速(r/min)、流量(m^3/s),下标 r 表示额定值。

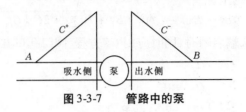

图 3-3-7　　管路中的泵

3.2.9.2　压头平衡方程

图 3-3-7 所示是管道中泵的简图,在时间增量 Δt 末瞬间,经过泵的压头平衡方程为

$$H_{PS} + tdh = H_{PU} \tag{3-3-54}$$

其中,H_{PS} 为吸水侧最后一截面处的压头;tdh 为泵的扬程;H_{PU} 为出水侧第一截面处的压头。

相容性方程:

$$H_{PS} = C_P - B_S Q_{PS} \tag{3-3-55}$$

$$H_{PU} = C_M + B_U Q_{PU} \tag{3-3-56}$$

其中,C_P、C_M 根据 3.2.1 中式(3-3-14)、式(3-3-15)计算。

连续方程:

$$Q_{PS} = Q_{PU} \tag{3-3-57}$$

其中,Q_{PS} 表示吸水侧最后一截面处的流量,Q_{PU} 则是出水侧第一截面处的流量。

根据泵特性得到的动力压头公式:

$$tdh = H_r h = H_r (\alpha^2 + v^2) WH(\pi + \arctan \frac{v}{\alpha}) \tag{3-3-58}$$

已知的 $WH(x_I)$ 是以离散点的形式表示的,对应一个 x_I 有一个 $WH(x_I)$ 值,相邻 x_I 的差值为 $\Delta x = \pi/44$。但实际计算出来的 v 和 α 所构成的 x 不可能精确落在这些 x_I 上,因此需要插值,而插值则按线性插值公式进行。例如,由某一组 v 和 α 算得的 x 值落在 x_I 和 x_{I+1} 之间,如图 3-3-8 所示,实际的 $WH(x)$ 与 x_I 对应的点为 M,与 x_{I+1} 对应的点为 N。用 MN 代替其间的实际曲线。M 点的无量纲坐标为 $\left[I = \frac{x_i}{\Delta x} + 1, WH(I) \right]$,$N$ 点的无量纲坐标为 $\left[I + 1 = \frac{x_{i+1}}{\Delta x} + 1, WH(I+1) \right]$。显然,坐标 $I+1$ 和 I 均是整数,若

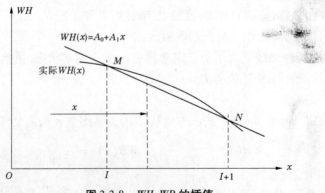

图 3-3-8　　WH、WB 的插值

$$A_1 = \left[WH(I+1) - WH(I) \right] / \Delta x \tag{3-3-59}$$

$$A_0 = WH(I+1) - IA_1 \Delta x \tag{3-3-60}$$

利用线性插值公式可求得

$$WH(x) = A_0 + A_1 x \tag{3-3-61}$$

因而有

$$tdh = H_r(\alpha^2 + v^2) \left[A_0 + A_1 \left(\pi + \arctan \frac{v}{\alpha} \right) \right] \tag{3-3-62}$$

把式(3-3-59)~式(3-3-62)代入式(3-3-58)得出以 v 和 α 作为未知数的压头平衡方程:

$$F_1 = HPM - BSQv + H_r(\alpha^2 + v^2) \left[A_0 + A_1 \left(\pi + \arctan \frac{v}{\alpha} \right) \right] = 0 \tag{3-3-63}$$

式中: $HPM = C_P - C_M, BSQ = (B_S + B_U)Q_r$。

3.2.9.3 转速变化方程

泵的转速变化是由所加的不平衡转矩引起的。当掉电发生时,由轴输入的转矩为零,作用在叶轮上的转矩及其他摩擦力矩将使转速发生变化,故转矩方程如下:

$$T = -\frac{WR_g^2}{g} \frac{\mathrm{d}\omega}{\mathrm{d}t} \tag{3-3-64}$$

式中: W 为旋转部件及进入该部分的液体的重量; R_g 为旋转质量的回转半径; ω 为角速度。

对式(3-3-64)进行离散化,令下标 0 表示 Δt 开始时的值,无下标的量表示 Δt 末时刻的值,则式(3-3-64)可离散成:

$$\frac{T_0 + T}{2} = -\frac{WR_g^2}{g} \frac{\omega - \omega_0}{\Delta t} \tag{3-3-65}$$

因为:

$$\beta_0 = \frac{T_0}{T_r}, \quad \beta = \frac{T}{T_r}, \quad \omega = N_r \frac{2\pi\alpha}{60}$$

所以式(3-3-64)可写成下列形式:

$$\beta = \frac{WR_g^2}{g} \frac{N_r}{T_r} \frac{\pi}{15} \frac{(\alpha_0 - \alpha)}{\Delta t} - \beta_0 \tag{3-3-66}$$

由于 $\beta = (\alpha^2 + v^2) WB(x)$,类似于求压头公式,计算中要用到全特性曲线中的 $WB(x)$ 曲线,因而有

$$\beta = (\alpha^2 + v^2) \left[B_0 + B_1 \left(\pi + \arctan \frac{v}{\alpha} \right) \right] \tag{3-3-67}$$

其中:

$$B_1 = \left[WB(I+1) - WB(I) \right] / \Delta x \tag{3-3-68}$$

$$B_0 = WB(I+1) - IB_1 \Delta x \tag{3-3-69}$$

设

$$C_B = \frac{WR_g^2}{g} \frac{N_r}{T_r} \frac{\pi}{15\Delta t} \tag{3-3-70}$$

最后可得转速变化方程如下:

$$F_2 = (\alpha^2 + v^2) \left[B_0 + B_1 \left(\pi + \arctan \frac{v}{\alpha} \right) \right] + \beta_0 + C_B(\alpha - \alpha_0) = 0 \tag{3-3-71}$$

　　式(3-3-63)、式(3-3-71)构成了关于 v 和 α 的封闭方程,如果泵的全特性曲线已知,就可根据方程求解 v 和 α。

　　该方程组可以用 Newton – Raphson 法求解,求解的出发方程是

$$\begin{cases} F_1 + \dfrac{\partial F_1}{\partial v}\Delta v + \dfrac{\partial F_1}{\partial \alpha}\Delta \alpha = 0 \\[2mm] F_2 + \dfrac{\partial F_2}{\partial v}\Delta v + \dfrac{\partial F_2}{\partial \alpha}\Delta \alpha = 0 \end{cases} \tag{3-3-72}$$

3.2.10　水位调节器模型

　　对于大型长距离多级泵站输水工程,各级泵站的进水池水位最好控制在设计水位,使泵运行在高效区内,而泵站在运行时,当系统中流量受到扰动时,泵站进水池会出现流量不平衡,从而导致进水池水位波动。若这种流量不平衡导致的水位波动持续下去,对泵站可能出现如下工况:一是泵站进水池发生弃水,浪费能源;二是进水池水位不断下降,以致被抽干,使水泵产生汽蚀,损坏机组。借鉴水轮机的 PID 调速器模型,建立以控制泵站进水池水位在设计水位为目标的水位调节器,调节框图如图 3-3-9 所示,在泵站进水池水位变化时,通过调节变速泵的转速,相应地改变泵的流量,使之与来流一致,以维持进水池水位在规定范围内。其传递函数为

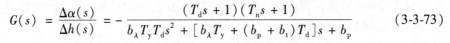

$$G(s) = \frac{\Delta\alpha(s)}{\Delta h(s)} = -\frac{(T_d s + 1)(T_n s + 1)}{b_\lambda T_y T_d s^2 + [b_\lambda T_y + (b_p + b_t)T_d]s + b_p} \tag{3-3-73}$$

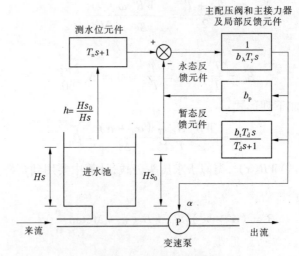

图 3-3-9　系统调节框图

式中:α 为泵转速相对值;$h = Hs_0/Hs$ 为前池水位相对值(Hs_0 为目标水位值,一般取设计值);T_d 为缓冲时间常数;b_λ 为局部反馈系数;T_y 为主接力器反应时间;b_p 为永态反馈系数;b_t 为暂态反馈系数;T_n 为微分时间常数。

　　对方程式(3-3-73)进行整理并做拉氏反变换可得调节器方程为

$$T_d T_{al}\frac{d^2\alpha}{dt^2} + T_{alp}\frac{d\alpha}{dt} + b_p(\alpha - 1) + (h - 1) + T_{nd}\frac{dh}{dt} + T_n T_d\frac{d^2 h}{dt^2} = 0 \tag{3-3-74}$$

其中,$T_{al} = b_\lambda T_y$,$T_{alp} = T_{al} + (b_p + b_t)T_d$,$T_{nd} = T_n + T_d$。

方程式(3-3-74)给出了变速泵在线调节过程中的转速变化规律,和泵转轮的压力水头平衡方程、转速变化方程联立求解即可对泵转轮边界进行求解。

3.2.11　系统初值计算模型

对于包括管道、明渠、水泵站的输水系统,系统初值计算就是求在瞬变过程发生前系统中各单元的流量和各计算点的水头,即系统稳定运行时各计算结点的水头、流量值。计算系统初值的方法有两种,一种是将整个系统看作一个流体网络,将管道、明渠、水泵等元件看作阻抗,采用流体网络的计算方法,计算系统稳态运行时各节点的水头、流量值,称为虚拟阻抗流体网络计算法;另一种是从系统的零流量状态算起,即以系统的零流量状态为初值,用动态的方法计算泵启动稳定下来后系统中各点的水头、流量值,称为零流量状态法。虚拟阻抗流体网络计算法计算简便、计算时间短,可以计算复杂网络结构系统的初值,但是对于比较复杂的、具有多明渠系统的稳态初值计算容易不收敛,难以计算出稳态值。零流量状态法计算时间较长,但对于各种复杂的系统均可求解其稳态初值。所以,对于给定上下游水位的水泵站过渡过程计算,其初值用虚拟阻抗流体网络计算法,而全系统的过渡过程采用零流量状态法计算其稳态初值。

3.2.11.1　虚拟阻抗流体网络计算法

虚拟阻抗流体网络计算模型就是采用流体网络计算方法对系统进行初值计算,将管道、水泵看作阻抗。流体网络可以看作是由一系列的单元组成的,许多单元之间以一定数量的结点相连。

以管道单元为例,如图3-3-10所示单元,规定水从 k 流向 j 时管道流量为正,设 H_k^i、H_j^i 分别为单元 i 连接于结点 k、j 的结点水头,Q_k^i、Q_j^i 分别为单元 i 连接于结点 k、j 的结点流量,规定从结点流出流量为正,由能量守恒定律可得

$$\begin{cases} Q_k^i = K^i \Delta H^i = K^i(H_k^i - H_j^i) \\ Q_j^i = -K^i \Delta H^i = -K^i(H_k^i - H_j^i) \end{cases} \tag{3-3-75}$$

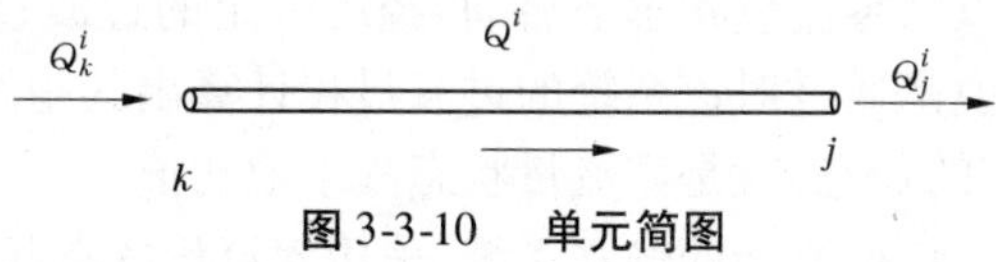

图 3-3-10　单元简图

式中,K^i 通过损失系数求得,令管道损失系数为 S^i,则有

$$\Delta H^i = S^i Q_k^{i2} \tag{3-3-76}$$

$$K^i = \frac{1}{S^i Q_k^i} \tag{3-3-77}$$

式(3-3-77)用矩阵形式表示为

$$\begin{Bmatrix} Q_k^i \\ Q_j^i \end{Bmatrix} = K^i \begin{bmatrix} +1 & -1 \\ -1 & +1 \end{bmatrix} \begin{Bmatrix} H_k^i \\ H_j^i \end{Bmatrix} \tag{3-3-78}$$

简写为 $\overline{Q^i} = \overline{K^i} \, \overline{H^i}$,其中单元结点流量矢量为 $\overline{Q^i} = \begin{Bmatrix} Q_k^i \\ Q_j^i \end{Bmatrix}$,单元特征矩阵为 $\overline{K^i} =$

$K^i \begin{bmatrix} +1 & -1 \\ -1 & +1 \end{bmatrix}$，单元结点水头矢量为 $\overline{H^i} = \begin{Bmatrix} H^i_k \\ H^i_j \end{Bmatrix}$。

在流体网络中任一结点上需满足流量连续方程：连接此结点的所有单元从结点流出流量之和等于输入该结点的流量（若是消耗，则为负值）。

对任一结点有

$$\sum_{i=1}^{N} Q^i_m = C_m \tag{3-3-79}$$

式中的"Σ"为对结点 m 有贡献的所有 N 单元求和。由各结点的流量平衡方程可将各单元的流量平衡方程合并成总体方程组，简写为

$$\overline{K}\,\overline{H} = \overline{C} \tag{3-3-80}$$

式中：$\overline{H}$ 为流体网络水头矢量，由流体网络各结点的水头组成；$\overline{C}$ 为流体网络的输入矢量，由流体网络各结点处的输入流量（若为损耗，则为负值）组成，$\overline{K}$ 为流体网络特性矩阵。

$\overline{K}$ 由单元特性矩阵扩充而成，每个单元有两个连接点，由单元特性方程可知，在流体网络特性矩阵中每个单元有 4 个基值，对如图 3-3-10 所示的单元，单元 i 只对 j、k 两点有贡献，对其他结点的贡献为零，将单元的系数 K^i 叠加到流体网络特性矩阵 $\overline{K}$ 的 (k,k)、(j,j) 位置上，将系数 $-K^i$ 叠加到 (k,j)、(j,k) 位置上，考虑所有的单元即形成流体网络特性矩阵 $\overline{K}$。由矩阵形成过程可知，矩阵为带状对称稀疏矩阵，解方程组时可利用该特性来节省计算机内存和计算时间。

对于流体网络总体方程组，必须引进适当的边界条件求解，对任一结点 m 有两种可能的边界条件，或者规定结点输入（或消耗）C_m，或者规定水头值 H_m，在流体网络计算时，为了求解方程组，结点边界条件必须至少规定有一个水头已知。由于流体网络特性方程组中的系数 K^i 与流量有关，计算中先给定管道的流量，通过迭代计算，使得前后两次的流量计算值相差在给定误差范围内，来求得非线性方程组的解。

3.2.11.2　零流量状态启动法

水力系统的稳态，可以从零流量状态下启动，经历一定的过渡过程到达，采用动态计算模型计算，从仿真的角度说是通过对该系统的过渡过程计算出其稳态初值。简言之，从零流量状态出发计算到达所需的稳态，就是零流量状态法求取初值。

对于明渠和管道较长、结构复杂的输水系统，采用零流量状态起动法可以比较方便地计算其初值。因为明渠较长，其起点和终点间高程变化较大，为了减少计算量，可以在明渠中间设置一些开启后阻抗系数很小的闸门以使明渠中各点的水位与稳态设计值接近，使系统较快地达到稳态，节省计算时间。

3.2.12　明渠沿程分水口模型

长距离输水工程一般沿程设有分水口分流，为了计算分水对系统流量平衡的影响，需要建立沿程分水口的计算模型，由于 3.2.2 部分中的明渠不定常流动模型适用于有侧向溢流的明渠，所以可以用明渠的侧向溢流来模拟明渠沿程分水口处的分流，即用分水口附近一段可以溢流的明渠来模拟分水口的分流作用。

按照图 3-3-2 中模型，明渠各点的溢流流量 q 计算如下

$$q = \xi (h - h_0)^{3/2} \tag{3-3-81}$$

式中:ξ 为溢流系数;h_0 为溢流堰高;h 为水深。

假定明渠长为 s,则整个明渠上的溢流流量为

$$q_s = \int_0^s q\mathrm{d}s \tag{3-3-82}$$

由以上公式可得,明渠溢流流量与明渠长度、溢流系数、溢流堰高有关,所以可以根据分水口分流的能力来选取合适的上述参数进行模拟。

3.2.13　明满交替流动数学模型

明满交替流动就是在隧洞、暗渠中可能出现明流,也可能出现满流的一种特殊流动,即在动态过程中,隧洞、暗渠的某些位置明流流动和满流流动会交替出现,在计算明满交替流动时需要对管流和明渠流动同时进行计算。

根据流量连续和动量守恒原理,不考虑沿渠道的横向流入(流出)运动,$q = 0$,若明渠底坡较缓,$\cos\alpha \approx 1$,$\sin\alpha \approx i$,其中 i 为明渠底坡,则不定常流动可以用连续方程和动量方程描述如下。

连续方程:
$$B\frac{\partial h}{\partial t} + \frac{\partial Q}{\partial x} = 0 \tag{3-3-83}$$

动量方程:
$$\frac{\partial Q}{\partial t} + \frac{2Q}{A}\frac{\partial Q}{\partial x} + \left(gA - \frac{Q^2}{A^2}B\right)\frac{\partial h}{\partial x} = gA(i - J_f) \tag{3-3-84}$$

式中:Q 为流量;h 为水深;B 为水面宽度;i 为底坡;J_f 为沿程水头损失的坡降;t 为时间;x 为空间沿渠长的坐标。

该双曲型偏微分方程组可以采用隐式格式或特征线显式格式求解。

在对隧洞、暗渠进行明满交替流的计算时,由于动态过程中不能预先知道在渠道中何时何处发生漫顶,也就不可能明确区分管流或明流并按相应的方法进行计算。为了克服这一不可知性,需采用一种能适应上述情况的计算方法。

解决上述问题的思路是对管流进行如图 3-3-11 所示的等效处理,即在原计算断面的顶部加一竖直向上的窄缝,并设窄缝的宽度 $B = gA/c^2$。其中,A 为断面的总面积,c 为输水道在满流时的波速。这样,明流与满流问题便可同时用明流的模型进行计算。

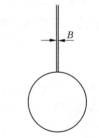

图 3-3-11　满流化为明流计算

经上述等效变换后,由于一般涵洞的洞顶在即将发生漫顶时,水面顶宽 B 随 h 变化十分剧烈(如一圆形断面涵洞),因而特征线的斜率 $c \sim \sqrt{\dfrac{gA}{B}}$ 随水深变化也较为剧烈,用明流特征线法求解时,用直线代替曲线会引入较大误差,导致计算失败。为了解决上述困难,我们建立了特征隐式差分格式进行计算,即将在特征线法基础上得到的以全微分形式表达的特征线方程还原为偏微分方程:

沿 c^+ 方向:

$$Bc^- \left(\frac{\partial h}{\partial t} + c^+ \frac{\partial h}{\partial x}\right) - \left(\frac{\partial Q}{\partial t} + c^+ \frac{\partial Q}{\partial x}\right) = f \tag{3-3-85}$$

沿 c^- 方向:

$$Bc^+ \left(\frac{\partial h}{\partial t} + c^- \frac{\partial h}{\partial x} \right) - \left(\frac{\partial Q}{\partial t} + c^- \frac{\partial Q}{\partial x} \right) = f \tag{3-3-86}$$

其中，$c^\pm = \frac{Q}{A} \pm \frac{gA}{B}, f = -gA(i - J_f)$。

对上述两方程采用相应的差分格式，根据边界条件，形成带状矩阵方程后进行求解。计算实践表明，上述方法在明满交替流动的计算中克服了一些计算格式在明满分界面通过计算节点时出现的计算不稳定问题，具有很好的稳定性。用于实际工程的明满交替流动的计算，得到了满意的结果。

3.2.14 水池模型

对引水工程中泵站前后的进水池和出水池及沿程无压水池做如下假定：

（1）水池的边壁是刚性的。

（2）水池中水体惯性可以忽略。

（3）过渡状态水头损失可按稳定状态来确定。

所以，水池方程为

$$\begin{cases} H_C = Y_s + f_s Q_s |Q_s| + Z_s \\ Q_s = \dfrac{\mathrm{d}Y_s}{\mathrm{d}t} A_s + q \end{cases} \tag{3-3-87}$$

式中：H_C 为水池底部的测管水头；Q_s 为流入水池的流量；Y_s 为水池内水柱高度；f_s 为流入流出水池的流量损失系数；Z_s 为水池底部高程；A_s 为水池截面面积；q 为溢流流量，对非溢流式水池而言，$q = 0$。

当水池水位高出溢流堰顶部时发生溢流，溢流流量为

$$q = fsd \cdot xlsd \cdot \sqrt{2g} \cdot \Delta h^{1.5} \tag{3-3-88}$$

式中：Δh 为水池水位高出溢流堰的高差；fsd 为溢流系数；$xlsd$ 为溢流堰长度。

若水池底部和管道相连，则相应的边界方程为

$$\begin{cases} Q_{P1} = Q_{P2} + Q_s \\ H_{P1} = H_{P2} = H_C \end{cases} \tag{3-3-89}$$

其中，下标 1、2 分别表示水池底部上、下游管道断面。

式（3-3-87）~式（3-3-89）加上和水池相连管道断面的特征线方程即可联立求解得到各未知数。

3.2.15 空气阀模型

空气阀按其低于大气压系统进气，高于大气压系统排气的物理特点建立模型，用差分法求解。

对空气阀作如下假定：

（1）空气等熵地流入流出阀。

（2）管内的空气温度始终不变。

（3）流进管内的空气仍留在空气进、排气阀附近。

（4）液体表面高度基本不变，空气体积和管段里液体体积相比很小。

由以上假定,要求空气阀安装在管线顶点并被选为计算截面。

流过阀的空气质量取决于管外大气的绝对压力 p_0、绝对温度 T_0 以及管内的绝对压力 p 和绝对温度 T,分下列四种情况:

(1)空气以亚声速流进。

$$\dot{m} = C_1 A_1 \sqrt{7 p_0 \rho_0 \left[\left(\frac{p}{p_0} \right)^{1.4286} - \left(\frac{p}{p_0} \right)^{1.7143} \right]} \qquad p_0 > p > 0.528 p_0 \qquad (3\text{-}3\text{-}90)$$

式中:$\dot{m}$ 为空气质量流量;C_1 为进气时阀的流量系数;A_1 为进气时阀的流通面积;ρ_0 为大气密度;R 为气体常数;p 为管内压力。

(2)空气以临界流速流进。

$$\dot{m} = C_1 A_1 \frac{0.686}{\sqrt{R T_0}} p_0 \qquad p \leqslant 0.528 p_0 \qquad (3\text{-}3\text{-}91)$$

(3)空气以亚声速流出。

$$\dot{m} = - C_2 A_2 p \sqrt{\frac{7}{RT} \left[\left(\frac{p}{p_0} \right)^{1.4286} - \left(\frac{p}{p_0} \right)^{1.7143} \right]} \qquad \frac{p_0}{0.528} > p > p_0 \qquad (3\text{-}3\text{-}92)$$

式中:A_2、C_2 分别为排气时阀的流通面积和流量系数。

(4)空气以临界速度流出。

$$\dot{m} = - C_2 A_2 \frac{0.686}{\sqrt{RT}} p \qquad p > \frac{p_0}{0.528} \qquad (3\text{-}3\text{-}93)$$

3.2.16　并行计算模型

长距离输水工程全系统过渡过程计算的工作量大,计算速度很慢,需要的计算时间很长。为提高计算速度,考虑采用并行计算方法进行全系统过渡过程计算,以减少计算时间,提高计算速度。

在对全系统进行过渡过程计算中,管道流动、明渠流动可以采用特征线法计算,主要分两部分,就是边界计算和中间节点计算。各种边界计算时只和与其相连管道或明渠中的邻近节点有关,由中间节点的计算提供。而管道和明渠中间节点的计算则与其相应的边界点有关,由边界计算提供。对于明满交替流动,由于采用特征隐式格式,边界和中间节点计算统一于一个方程组中。相连的管道流、明渠流、明满交替流之间在计算时也互为边界。因此,在同一时步计算中,各部分的计算相对独立,只要自身相应的计算条件满足就可以进行计算,各部分可以改变计算顺序而不影响计算结果,计算有并行性,具有数据驱动并行计算模式的特点。由上述分析,全系统过渡过程计算本身具有较好的可并行性,各部分可以相对独立计算。但是,由于过渡过程计算是研究全系统的动态过程,每一时步的计算结果都要求正确。在每一时步,各部分计算需要相互交换信息,以满足各部分进行下一步计算的需要,即各部分计算之间需要交换信息和同步。

长距离调水工程全系统过渡过程的并行计算的首要任务是并行划分,可以采用两种方法:一种以计算对象为界限对过渡过程计算进行划分,即将计算任务分成管道计算部分、明渠计算部分、各种边界计算部分等分别进行计算,对于各种边界、管道、明渠中间节点的计算也可以按计算的数量进一步细分来实现并行计算,划分的各部分可以独立计算,但在每时步各部分要进行相互的信息交换。另一种是对全系统过渡过程并行计算也可以按实际系统空间上的位置进行划分,例如对于多级泵站系统,可以按各级泵站的组成来划分并行计算的任务,再把计算的任务分配到各处理部件上。但是无论如何进行划分,都需要做到:①各处理部件的负载平衡,对于分布式并行计算系统而言,就是使各计算单元的计算时间相当,以减少相互等待时间;②各计算任务间的消息传递少,通信量小;③各部分的计算时间长于通信时间。只有这样,才能提高并行计算效率,加快计算速度。

对全系统过渡过程计算完成并行划分后,将各计算任务分配到并行计算系统的相应处理机上就可以进行并行计算。

3.3　工程应用计算结果及分析

3.3.1　工程资料

山东省胶东地区引黄调水工程泵站及全系统水力过渡过程计算范围从通滨分水闸至威海市米山水库,输水线路全长约 482 km。系统中含有 9 座梯级泵站,其中宋庄泵站、王褥泵站、灰埠泵站、东宋泵站和辛庄泵站为 5 级明渠提水泵站,黄水河泵站、温石汤泵站、高疃泵站和星石泊泵站为 4 级加压泵站,其间由明渠、压力管道、隧洞、暗渠及暗涵相连,沿途设多处分水口。工程规模大、线路长、地形复杂、分水点多、泵站级数多,各级泵站机组台数多,其中加压泵站设置有调速泵。

在对给定泵站上下游控制水位的加压泵站及其输水压力管道进行过渡过程计算的基础上,对由明渠、提水泵站、加压泵站、压力输水管道、暗渠、无压隧洞、空气阀及调压井等组成的现代大型水利工程——山东省胶东地区引黄调水工程进行了全系统水力仿真计算。

3.3.1.1　宋庄泵站参数

宋庄泵站的主泵参数、调节泵参数分别见表 3-3-1 和表 3-3-2。

表 3-3-1　宋庄泵站主泵参数

主泵参数	数值	主泵参数	数值
主泵的型号	12CJS – 100	额定转速(r/min)	375
主泵装机台数	7	设计扬程(m)	9.5
备用泵	2 机	配用功率(kW)	720
单泵额定流量(m^3/s)	5.37		

表 3-3-2　宋庄泵站调节泵参数

主泵参数	数值	主泵参数	数值
调节泵型号	26HLB – 40	设计扬程(m)	9.5
单泵额定流量(m^3/s)	3.4	配用功率(kW)	200
额定转速(r/min)	450		

3.3.1.2　王褥泵站参数

王褥泵站的主泵参数、调节泵参数分别见表 3-3-3 和表 3-3-4。

表 3-3-3 王褥泵站主泵参数

主泵参数	数值	主泵参数	数值
主泵型号	1.6HL-50A	额定转速(r/min)	250
主泵装机台数	6	设计扬程(m)	11.5
备用泵	2 机	配用功率(kW)	800
单泵额定流量(m³/s)	7.0		

表 3-3-4 王褥泵站调节泵参数

主泵参数	数值	主泵参数	数值
备用泵型号	900HLB-10	设计扬程(m)	12
单泵额定流量(m³/s)	1.87	配用功率(kW)	310
额定转速(r/min)	590		

3.3.1.3 灰埠泵站参数

灰埠泵站及主泵参数、调节泵参数分别见表 3-3-5 和表 3-3-6。

表 3-3-5 灰埠泵站及主泵参数

进水池水位(m)	最高水位	5.20
	设计水位	4.40
	最低水位	3.60
出水池水位(m)	设计水位	12.40
	最高水位	12.80
泵站设计流量 (m³/s)		20.7
主泵型号		1400HD-9
主泵装机台数		4
单泵额定流量(m³/s)		6.4
额定转速(r/min)		375
转轮直径(m)		1.48
设计扬程(m)		8.9
水泵 GD^2(kg·m²)		260
同步电动机 GD^2(kg·m²)		300

表 3-3-6 灰埠泵站调节泵参数

调节泵型号	1000HDS-9
调节泵装机台数	2
单泵额定流量(m³/s)	3.1
额定转速(r/min)	495
转轮直径(m)	1.100
设计扬程(m)	8.9
水泵 GD^2(kg·m²)	55
异步电动机 GD^2(kg·m²)	65

3.3.1.4 东宋泵站参数

东宋泵站及主泵参数、调节泵参数分别见表 3-3-7 和表 3-3-8。

表 3-3-7 东宋泵站及主泵参数

进水池水位(m)	最高水位	10.19
	设计水位	9.39
	最低水位	8.59
出水池水位(m)	设计水位	22.25
	最高水位	22.58
泵站设计流量 (m³/s)		19.7
主泵型号		1400HD-14
主泵装机台数		4
单泵额定流量(m³/s)		5.85
额定转速(r/min)		375
转轮直径(m)		1.398
设计扬程(m)		13.8
水泵 GD^2(kg·m²)		220
同步电动机 GD^2(kg·m²)		255

表 3-3-8 东宋泵站调节泵参数

调节泵型号	1000HDS-12
调节泵装机台数	2
单泵额定流量(m³/s)	2.75
额定转速(r/min)	490
转轮直径(m)	1.300
设计扬程(m)	13.4
水泵 GD^2(kg·m²)	71
异步电动机 GD^2(kg·m²)	82

3.3.1.5　辛庄泵站参数

辛庄泵站及机组参数见表 3-3-9。

表 3-3-9　辛庄泵站及机组参数

进水池水位(m)	最高水位	14.14
	设计水位	13.34
	最低水位	12.60
出水池水位(m)	设计水位	45.35
	最高水位	45.70
泵站设计流量（m^3/s）		17
水泵型号		1200S39
装机台数		8
单泵额定流量（m^3/s）		2.8
额定转速(r/min)		500
转轮直径(m)		1.150
设计扬程(m)		36
水泵 GD^2（$kg \cdot m^2$）		543(有水),429(无水)
同步电动机 GD^2（$kg \cdot m^2$）		625

3.3.1.6　黄水河泵站参数

黄水河泵站及机组参数、沿程所布置的空气阀位置,任家沟隧洞和暗渠参数分别见表 3-3-10～表 3-3-13。

表 3-3-10　黄水河泵站及机组参数

进水池水位(m)	最高水位	38.22
	设计水位	37.22
	最低水位	34.22
出水形式		压力管道、任家沟隧洞
泵站设计流量（m^3/s）		12.5
水泵型号		800S83
主泵装机台数		8
备用泵装机台数		2
单泵额定流量（m^3/s）		1.65
额定转速(r/min)		750
转轮直径(m)		1.06
设计扬程(m)		83
水泵 GD^2（$kg \cdot m^2$）		50.6
同步电动机 GD^2（$kg \cdot m^2$）		400
异步电动机 GD^2（$kg \cdot m^2$）		900

表 3-3-11　黄水河泵站设计图沿程所布置的空气阀

序号	前管道号	后管道号	桩号	
			管线 1	管线 2
1	57	58	5 + 083.10	
2	92	93	10 + 450.00	
3	109	110	10 + 802.62	
4	120	121	10 + 987.00	
5	127	128	11 + 219.00	
6	158	159	12 + 310.00	
7	205	206		5 + 083.10
8	240	241		10 + 450.00
9	257	258		10 + 802.62
10	268	269		10 + 987.00
11	275	276		11 + 219.00
12	306	307		12 + 310.00

表 3-3-12　任家沟隧洞参数

断面形状 （宽×高,m×m）	隧洞长度 （m）	入口 底高程(m)	出口 底高程(m)	校核水深 （m）	糙率
3.9 × 3.5	3 554.9	98.5	96.14	3.84	0.028

表 3-3-13　任家沟暗渠参数

管径	壁厚	管长	每米损失系数	起点高程	末点高程
2.821	0.2	1 411.04	1.472×10^{-5}	97.39	87.1

注:等效管径计算公式为 $D = \sqrt{\dfrac{4Lw}{\pi}}$,其中 L 为矩形截面的长度, w 为矩形截面的宽度;暗渠的每米损失计算方法:水力半径 $R = \dfrac{A}{L_s}$,即面积比湿周,每米损失系数 $e = \dfrac{c^2}{A^2 R^{4/3}}$,其中 c 为糙率, A 为过水断面面积, L_s 为湿周。

3.3.1.7　温石汤泵站参数

温石汤泵站及机组参数、沿程所布置的空气阀位置,村里集隧洞和暗渠参数分别见表 3-3-14 ~ 表 3-3-17。

表 3-3-14　温石汤泵站及机组参数

进水池水位(m)	最高水位	93.00
	设计水位	90.50
	最低水位	88.00
出水形式		压力管道、村里集隧洞
泵站设计流量 (m³/s)		12.5
水泵型号		800S29
主泵装机台数		8
备用泵装机台数		2
单泵额定流量(m³/s)		1.65
额定转速(r/min)		750
转轮直径(m)		0.74
设计扬程(m)		29
水泵 GD^2(kg·m²)		15.6
同步电动机 GD^2(kg·m²)		380
异步电动机 GD^2(kg·m²)		68

表 3-3-15　温石汤泵站沿程所布置的空气阀位置

序号	前管道号	后管道号	桩号	
			管线 1	管线 2
1	54	55	1 + 468.66	
2	57	58	2 + 484.28	
3	69	70	4 + 222.86	
4	71	72	5 + 009.12	
5	93	94		1 + 468.66
6	96	97		2 + 484.28
7	108	109		4 + 222.86
8	110	111		5 + 009.12

表 3-3-16　村里集隧洞参数

断面形状 (宽×高,m×m)	隧洞长度 (m)	入口 底高程(m)	出口 底高程(m)	校核水深 (m)	糙率
3.8 × 3.3	6 270.3	106.0	101.83	3.55	0.028

表 3-3-17　村里集暗渠参数

直径 （m）	壁厚 （m）	水平距离 （m）	每米损失 系数	起始点高程 （m）	末点高程 （m）
2.44	0.22	4 407.47	2.001×10^{-5}	103.265	78.435
2.44	0.22	4 300.03	2.001×10^{-5}	78.435	62.235
2.93	0.22	14 350.02	7.507×10^{-6}	62.235	36.435
2.93	0.22	4 700.01	7.507×10^{-6}	36.435	29.435
2.44	0.22	1 706.00	2.001×10^{-5}	29.435	28.935

注：等效直径计算公式为 $D = \sqrt{\dfrac{4Lw}{\pi}}$，其中 L 为矩形截面的长度，w 为矩形截面的宽度；暗渠的每米损失计算方法：水力半径 $R = \dfrac{A}{L_s}$，即面积比湿周，每米损失系数 $e = \dfrac{c^2}{A^2 R^{4/3}}$，其中 c 为糙率，A 为过水断面面积，L_s 为湿周。

3.3.1.8　高疃泵站参数

高疃泵站及机组参数、沿程所布置的空气阀位置分别见表 3-3-18、表 3-3-19。

表 3-3-18　高疃泵站及机组参数

进水池水位(m)	最高水位	30.68
	设计水位	31.68
	最低水位	29.68
出水池水位(m)	设计水位	88.53
	最高水位	93.50
出水形式		高位水池
泵站流量（m³/s）		5.5
水泵型号		800S65
主泵装机台数		3
调节泵装机台数		1
单泵额定流量(m³/s)		1.9
额定转速(r/min)		750
转轮直径(m)		0.96
设计扬程(m)		66
水泵 GD^2 (kg·m²)		43.5
同步电动机 GD^2 (kg·m²)		375
异步电动机 GD^2 (kg·m²)		900

表 3-3-19　高瞳沿程所布置的空气阀位置

序号	桩号	序号	桩号
1	1 + 231. 52	26	30 + 484. 500
2	2 + 731. 48	27	31 + 061. 500
3	4 + 001. 12	28	31 + 669. 900
4	4 + 585. 78	29	32 + 945. 000
5	7 + 247. 72	30	34 + 903. 500
6	8 + 375. 48	31	35 + 460. 900
7	8 + 790. 09	32	37 + 506. 900
8	16 + 927. 25	33	38 + 135. 700
9	17 + 702. 66	34	38 + 799. 700
10	18 + 562. 30	35	39 + 184. 400
11	19 + 156. 70	36	39 + 807. 400
12	19 + 677. 00	37	44 + 898. 000
13	22 + 084. 12	38	45 + 317. 200
14	23 + 305. 00	39	46 + 905. 000
15	23 + 523. 71	40	47 + 499. 200
16	25 + 073. 100	41	47 + 898. 200
17	25 + 181. 500	42	48 + 979. 800
18	25 + 770. 600	43	57 + 449. 300
19	26 + 846. 200	44	57 + 749. 300
20	27 + 322. 600	45	58 + 461. 700
21	27 + 452. 100	46	60 + 403. 700
22	27 + 750. 200	47	62 + 337. 900
23	28 + 626. 700	48	64 + 606. 000
24	29 + 460. 900	49	65 + 610. 700
25	30 + 246. 000		

3. 3. 1. 9　星石泊泵站参数

星石泊泵站及机组参数、沿程所布置的空气阀位置,卧龙隧洞参数等分别见表 3-3-20 ~ 表 3-3-23。

表 3-3-20   星石泊泵站及机组参数

进水池水位(m)	最高水位	10.20
	设计水位	12.70
	最低水位	7.70
出水形式		卧龙隧洞
泵站流量（m³/s）		4.8
水泵型号		800S72
主泵装机台数		3
调节泵装机台数		1
单泵额定流量(m³/s)		1.65
额定转速(r/min)		750
转轮直径(m)		0.98
设计扬程(m)		72
水泵 GD^2(kg·m²)		39
同步电动机 GD^2(kg·m²)		350
异步电动机 GD^2(kg·m²)		484

表 3-3-21   星石泊泵站沿程所布置的空气阀位置(卧龙隧洞前)

序号	桩号	序号	桩号
1	1+057.900	9	5+270.000
2	1+401.100	10	6+131.800
3	1+528.900	11	6+666.800
4	2+556.100	12	7+265.000
5	2+646.200	13	8+750.000
6	3+096.900	14	8+892.700
7	3+555.200	15	9+290.000
8	4+836.100		

表 3-3-22   卧龙隧洞参数

断面形状 （宽×高,m×m）	隧洞长度 （m）	入口底高程 （m）	出口底高程 （m）	校核水深 （m）	糙率
2.4×1.9	1238.3	58.0	57.19	1.85	0.015

表 3-3-23　星石泊泵站沿程所布置的空气阀(卧龙隧洞后)

序号	桩号	序号	桩号
1	0 + 692. 900	5	5 + 491. 900
2	2 + 154. 800	6	7 + 426. 800
3	2 + 389. 200	7	9 + 512. 100
4	3 + 409. 300		

3.3.1.10　阀门特性

水泵出口设有液控蝶阀,开阀时间 30 ~ 60 s(可调);关阀时间:快关 60° ~ 80°(可调),时间 3 ~ 10 s(可调),慢关 60° ~ 80°(可调),时间 30 ~ 120 s(可调)。阀门开度—损失系数曲线见图 3-3-12。

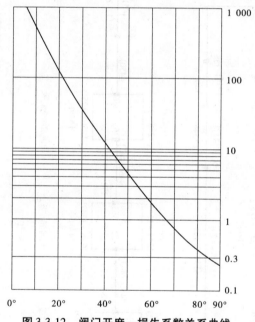

图 3-3-12　阀门开度—损失系数关系曲线

温石汤泵站和高瞳泵站的分水口处和下游的阀门采用泵后液控蝶阀的特性计算。下游末端蝶阀安装在各个泵站最后一根管道的末端。

3.3.1.11　工程布置

山东省胶东地区引黄调水工程输水系统结构简图详见图 3-3-13 ~ 图 3-3-24。其中,东宋铁路倒虹吸、任家沟隧洞、村里集隧洞、孟良口子隧洞、卧龙隧洞为无压流,即按明流计算;其他倒虹吸和桂山隧洞按满流计算。图中带方括号"[ ]"数据表示单元编号;圆括号"( )"中不带"′"数据为管道编号,带"′"数据为明渠编号;无括号数据为节点编号。每段明渠即一个单元,多段连续管道为一个单元。各个泵的编号分别为 1#、2# 等。

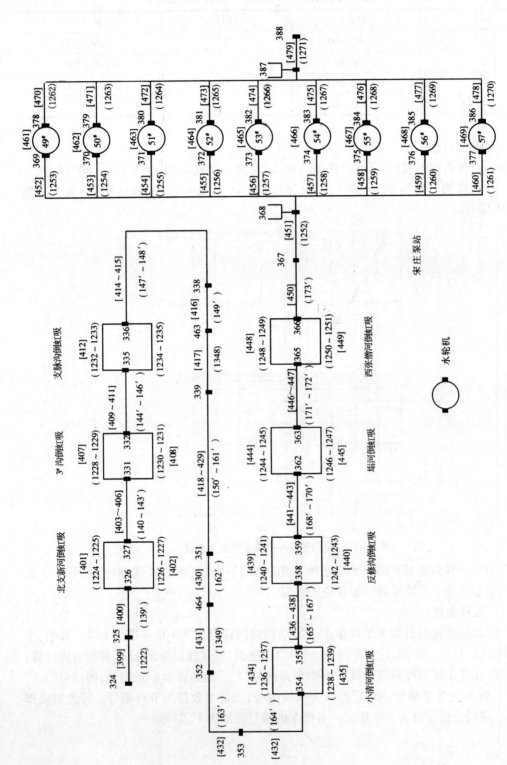

图 3-3-13　系统结构简图（通济闸—宋庄泵站段）

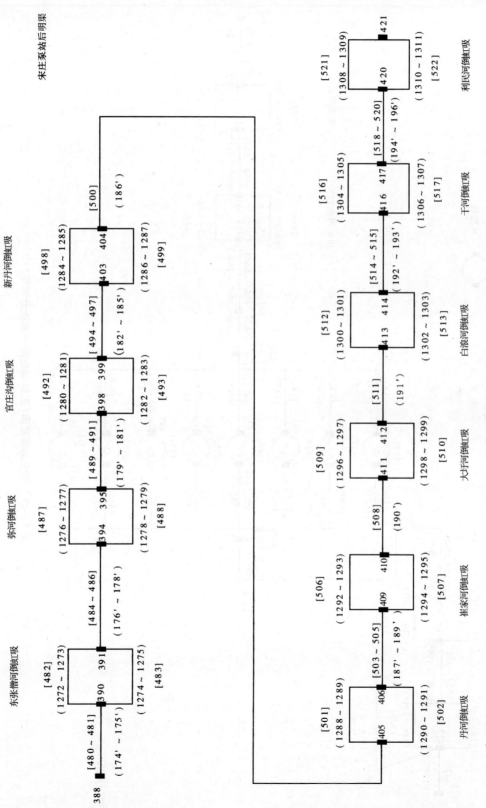

图 3-3-14　系统结构简图（宋庄泵站后明渠段）

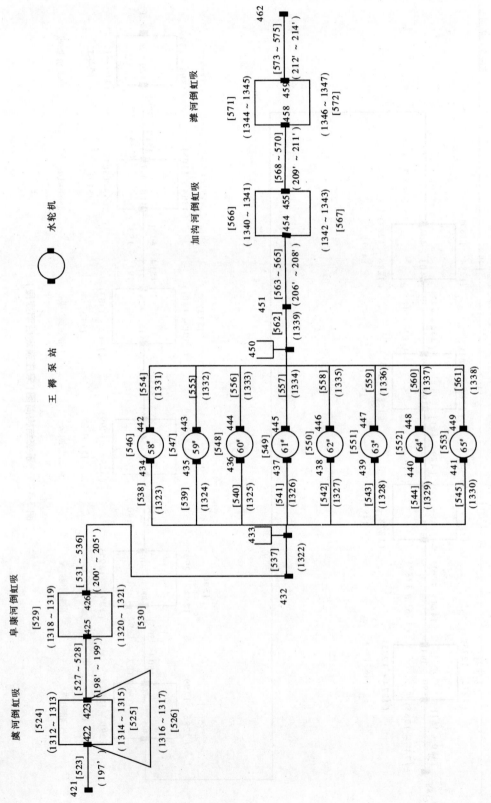

图 3-3-15　系统结构简图（王朏泵站段—宋庄分水闸）

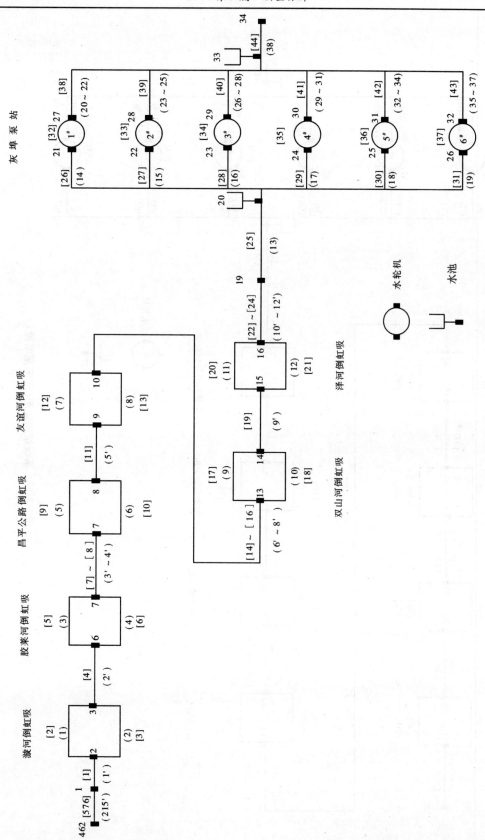

图 3-3-16 系统结构简图（宋庄分水闸—灰埠泵站段）

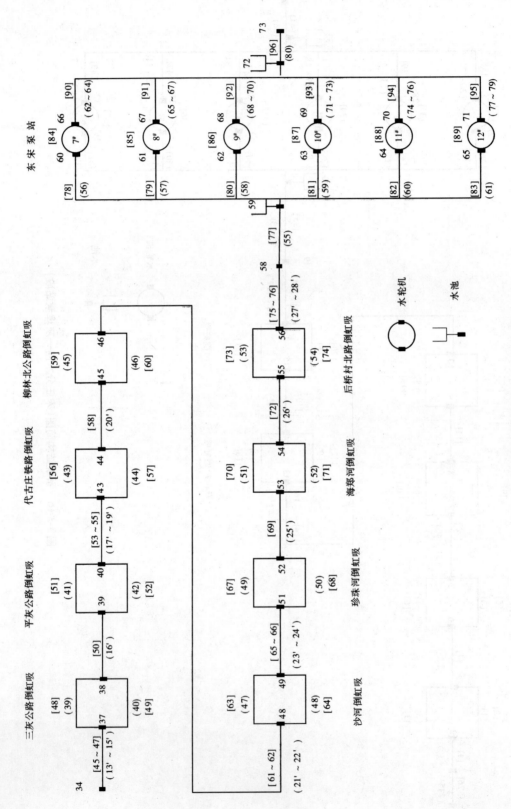

图 3-3-17　系统结构简图（东宋泵站段）

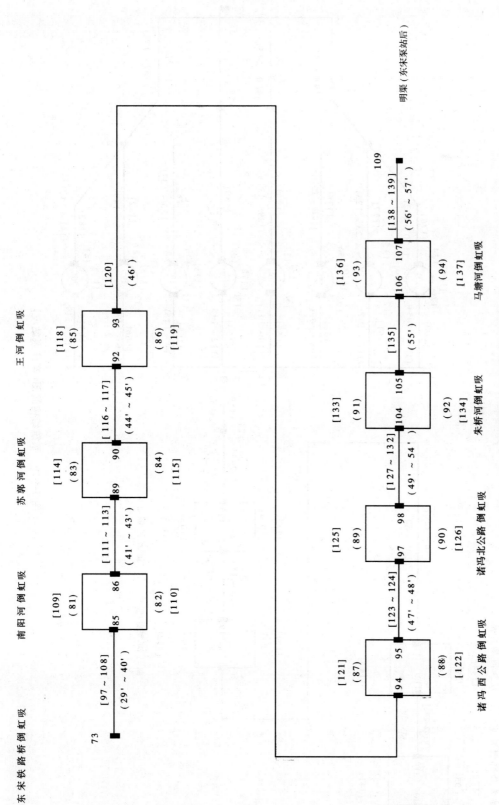

图 3-3-18　系统结构简图（东宋泵站后）

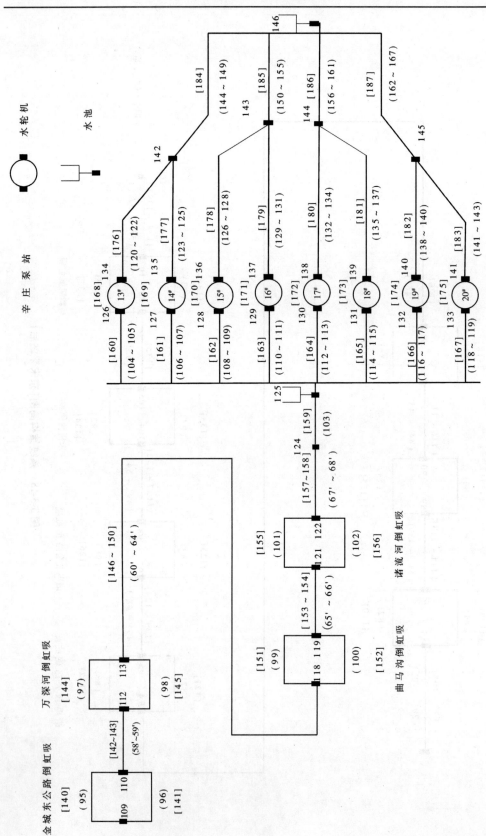

图 3-3-19　系统结构简图（辛庄泵站段）

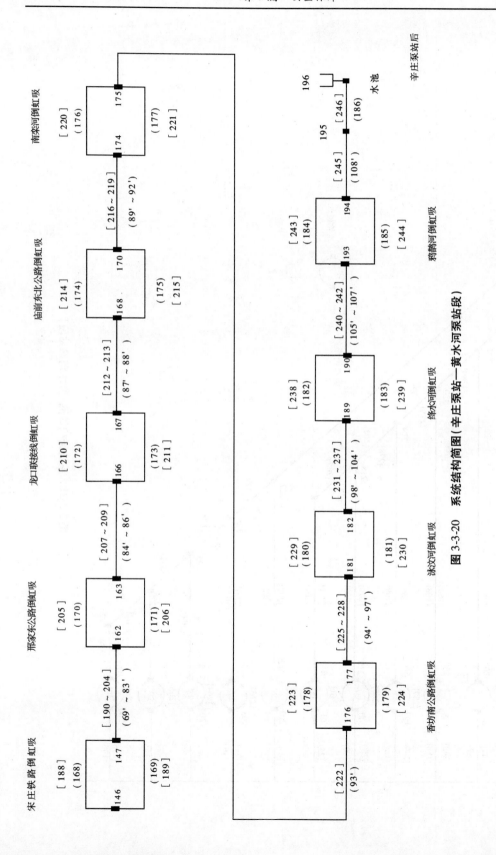

图 3-3-20　系统结构简图（辛庄泵站—黄水河泵站段）

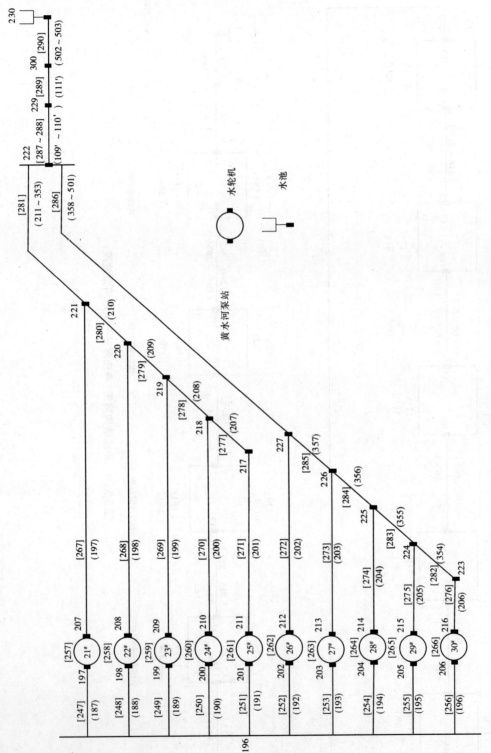

图 3-3-21 系统结构简图（黄水河泵站段）

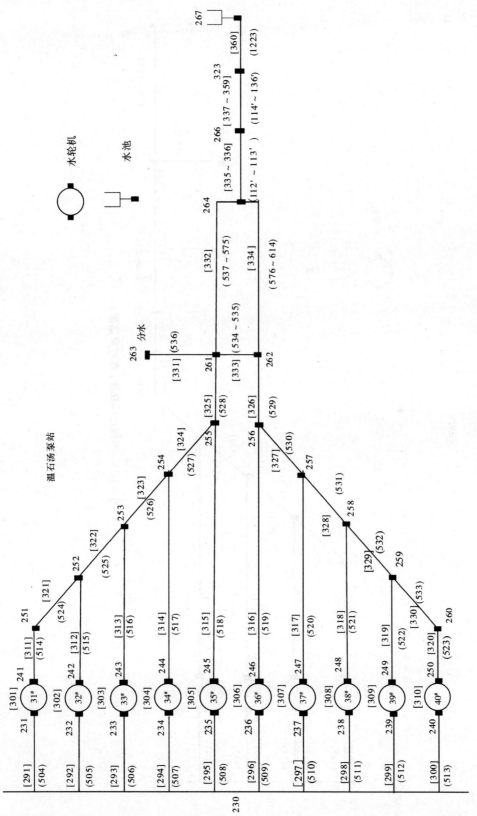

图 3-3-22 系统结构简图（温石汤泵站段）

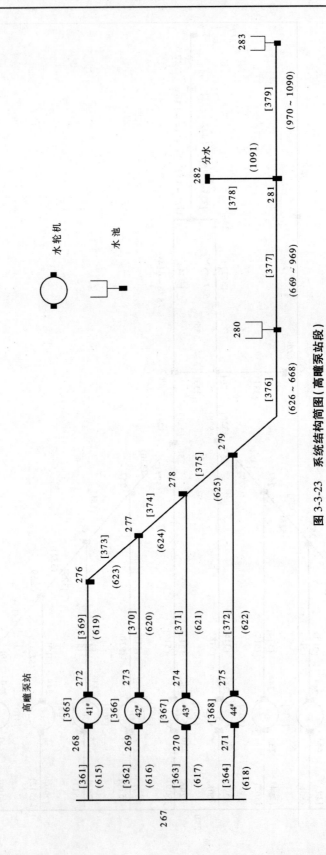

图 3-3-23　系统结构简图(高疃泵站段)

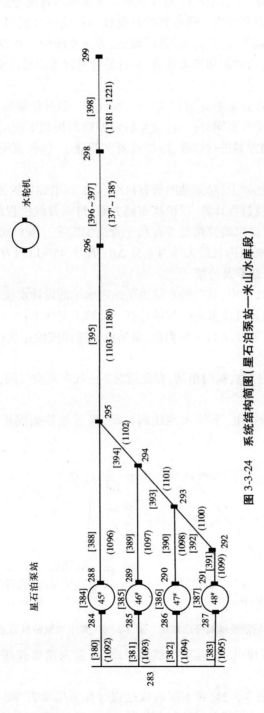

图 3-3-24　系统结构简图（星石泊泵站—米山水库段）

3.3.2 加压泵站及其输水压力管道计算结果及分析

对黄水河、温石汤、高疃、星石泊四级加压泵站和输水压力管道分别进行水力过渡过程计算的主要目的是校核管道系统空气阀布置的合理性和系统中可能出现的最高、最低压力及水泵的最大倒转速,给出系统的最高、最低压坡线,为该系统的工程设计提供参考。仿真计算只针对管道部分,不包括隧洞和暗渠部分,并且是针对管道的设计流量工况进行过渡过程计算。

在管道空气阀初步布置方案的基础上,进行布阀计算。具体步骤如下:首先对上述方案进行泵站所有机组由稳定运行到同时掉电,且泵后液控蝶阀拒动工况的过渡过程计算。检查沿程压力分布,并对布阀方案进行修改,增加或减少部分空气阀,直至保证在过渡过程中管道最低压力不低于-4 m。

在完善后的布阀方案基础上,对泵站的所有机组启动、掉电和机组掉电同时下游末端蝶阀关闭等工况分别进行过渡过程计算,以校核布阀方案,得到管线沿程的最高、最低测管水头线,分析掉电同时关闭下游末端蝶阀是否有利于管线的安全。泵后阀门关闭规律优化以控制泵的最大倒转速在20%以内且最大压力上升 $\Delta H/H_0$ 在45%以内为目标。

3.3.2.1 黄水河泵站计算结果及分析

黄水河泵站过渡过程计算中,其上游水位为泵站进水池的设计水位,下游水位为任家沟隧洞进口处的设计水位,按设计流量进行校核计算。计算工况如下:

H-1:水泵启动到稳定运行,8台主泵启动,泵后液控蝶阀按给定规律图 3-3-25 动作,备用泵停机。

H-2:水泵由稳定运行掉电,阀门拒动,在此情况下沿线布置空气阀,保证管道中的最小负压在-4 m 之上。

H-3:水泵由稳定运行掉电,下游末端蝶阀拒动,泵后液控蝶阀按给定规律图 3-3-26 动作。

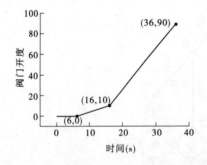 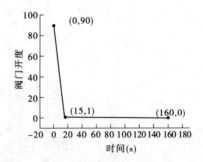

图 3-3-25 黄水河泵站泵后液控蝶阀开启规律　图 3-3-26 黄水河泵站泵后液控蝶阀关闭规律

H-4:水泵由稳定运行掉电,泵后液控蝶阀拒动,下游末端蝶阀按给定规律图 3-3-27 动作。

增设的空气阀位置见表 3-3-24,各工况过渡过程计算结果见表 3-3-25。沿程空气阀布置如图 3-3-28 所示,管线上所需增补的空气阀为其上的2、3、4,而1则是需安装在泵站出口处的管线上,以防止泵后出现负压力。由于黄水河泵站后的管线是平行布置的双行管线,所以两条管线上同样的位置应该增补同样的空气阀。

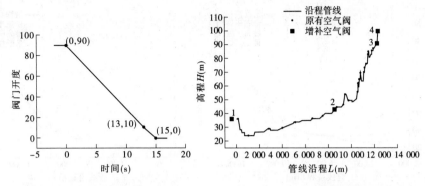

图 3-3-27　黄水河泵站下游末端　　　图 3-3-28　黄水河泵站—任家沟
　　　　蝶阀关闭规律　　　　　　　　　隧洞沿程管线空气阀布置

表 3-3-24　黄水河泵站沿线所需增设空气阀位置

管线一			管线二		
序号	桩号	高程(m)	序号	桩号	高程(m)
1		36	1		36
2	8+567.7	42.906	2	8+567.7	42.906
3	12+285	90.49	3	12+285	90.49
4	12+357	100	4	12+357	100

表 3-3-25　各工况过渡过程计算结果

项目		启动工况	停机工况		
		H-1	H-2	H-3	H-4
进水池初始水位(m)		37.22	37.22	37.22	37.22
下游初始水位(m)		101.58	101.58	101.58	101.58
管道最高压力	压力值(m)	123.801	91.967	125.624	91.967
	位置	(140,5)	(140,1)	(139,4)	(140,1)
管道最低压力	压力值(m)	1.487	-3.564	-3.564	-4.250
	位置	(122,10)	(164,49)	(188,2)	(164,65)
	时刻(s)	58.656	7.90	7.903	7.95
机组最高负转速	相对值		-1.056	-0.154	-1.105
	绝对值(r/min)		-791.906	-115.542	-829.100

注:表中压力为管道中心线处压力;压力极值位置用所在管段及特征线计算断面编号表示,","前数字为管段号;","后数字为特征线计算断面编号,如"(6,2)"表示第 6 根管段,上游向下游方向数第 2 个计算断面。

不考虑在出口处安装自动蝶阀的情况(排除 H-4),搜索 H-1、H-2、H-3 沿程管道的测管压力极值,得到黄水河泵站管线一、管线二的管道布置高程、沿程的稳态,对应于这三个工况的最高和最低测管水头线见图 3-3-29 及图 3-3-30,由图可见,系统的过水能力和扬程都满足要求。

H-1:8 台水泵同时开启,在开启过程中的最小压力为 1.487 m,满足压力不低于 -4 m

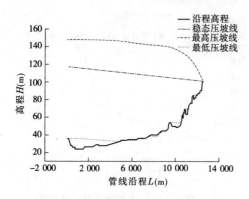

图 3-3-29　黄水河泵站—任家沟隧洞
沿程稳态、最高、最低压坡线(管线一)

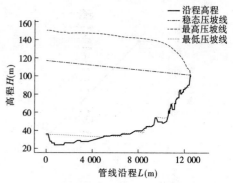

图 3-3-30　黄水河泵站—任家沟隧洞
沿程稳态、最高、最低压坡线(管线二)

的要求。管道系统中的最大压力为 123.801 m。过渡过程中水泵的相对流量、相对转速变化曲线见图 3-3-31。

H-2：8 台水泵同时掉电,在阀门拒动的情况下,增设了一部分空气阀,将过渡过程中的最小压力控制在-3.564 m,管道系统中的最大压力为 91.967 m。泵站发生了倒流和倒转的情况,最大倒转转速达-791.906 r/min。过渡过程中水泵的相对流量、相对转速变化曲线见图 3-3-32。

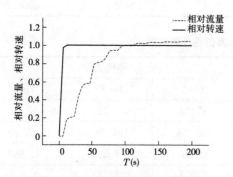

图 3-3-31　黄水河泵站 H-1 工况
水泵相对流量、相对转速变化曲线

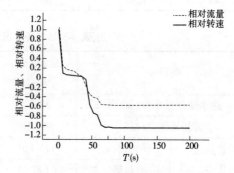

图 3-3-32　黄水河泵站 H-2 工况
水泵相对流量、相对转速变化曲线

H-3：8 台水泵同时掉电,管道系统中的最大压力为 125.624 m,最高负转速达-115.542 r/min。过渡过程中水泵的相对流量、相对转速变化曲线见图 3-3-33。

H-4：8 台水泵同时掉电,泵后阀门拒动,下游(指管线出口进入任家沟隧洞处)末端蝶阀关闭。与 H-2 对比而言,管线末端不会发生倒流,因而会产生很大的负压,不利于控制管道的负压。

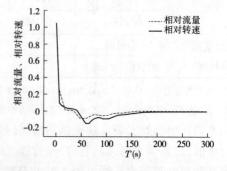

图 3-3-33　黄水河泵站 H-3 工况水泵相对
流量、相对转速变化曲线

3.3.2.2　温石汤泵站计算结果及分析

温石汤泵站过渡过程计算中,其上游水位为泵站进水池的设计水位,下游水位为村里集隧洞进口处的设计水位,按设计流量进行校核计算。计算工况如下:

W-1:分水口不分水,水泵启动到稳定运行,泵后液控蝶阀按给定规律图 3-3-25 动作,8台主泵启动,备用泵停机。

W-2:分水口不分水,水泵在稳定运行情况下掉电,阀门拒动,在此情况下沿线布置空气阀,保证管道中的最小负压在-4 m 之上。

W-3:水泵由稳定运行掉电,泵后液控蝶阀和分水口阀门按给定规律图 3-3-34 和图 3-3-35动作,下游末端蝶阀拒动,保证泵不发生倒转。

W-4:水泵由稳定运行掉电,泵后液控蝶阀拒动,分水口阀门和下游末端蝶阀按给定规律图 3-3-35 和图 3-3-27 动作。

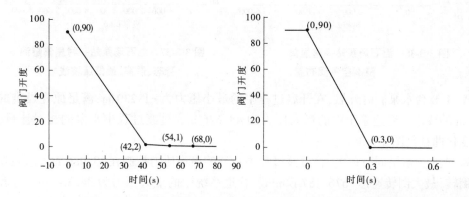

图 3-3-34　温石汤泵站泵后液控蝶阀关闭规律　　图 3-3-35　温石汤泵站分水口阀门关闭规律

过渡过程的计算结果见表 3-3-26,计算表明在工况 W-1 下,温石汤的沿线管道各点的压力都在-4 m 以上,而且从图 3-3-36 中可以看出,管线上的局部高点都布置了空气阀,沿程的空气阀布置满足要求。

表 3-3-26　过渡过程的计算结果

项目		启动工况	停机工况		
		W-1	W-2	W-3	W-4
进水池初始水位(m)		90.50	90.50	90.50	90.50
下游初始水位(m)		108.77	108.77	108.77	108.77
管道最高压力	压力值(m)	44.676	34.334	37.425	148.147
	位置	(16,1)	(33,4)	(11,1)	(72,130)
管道最低压力	压力值(m)	-1.230	-3.086	-3.086	-15.160
	位置	(72,127)	(70,131)	(70,131)	(111,130)
机组最高负转速	相对值		-0.902	-0.0076	-0.872
	绝对值(r/min)		-676.187	-5.733	-654.126

注:表中压力为管道中心线处压力;压力极值位置用所在管段及特征线计算断面编号表示,","前数字为管段号;","后数字为特征线计算断面编号,如"(6,2)"表示第 6 根管段,上游向下游方向数第 2 个计算断面。

不考虑在出口处安装自动蝶阀的情况(排除 W-4),搜索 W-1、W-2、W-3 沿程管道的测管压力极值,得到温石汤泵站管线的管道布置,沿程的稳态、最高和最低测管水头线见图 3-3-37,由图 3-3-37 可见,系统的过水能力和扬程都满足要求。

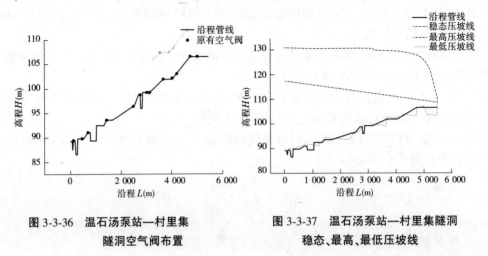

图 3-3-36　温石汤泵站—村里集
隧洞空气阀布置

图 3-3-37　温石汤泵站—村里集隧洞
稳态、最高、最低压坡线

W-1:8 台水泵同时开启,在开启过程中的最小压力为-1.230 m,满足原先设定的不低于-4 m 的要求。管道系统中的最大压力为 44.676 m。过渡过程中水泵的相对流量、相对转速变化曲线见图 3-3-38。

W-2:8 台水泵同时掉电,将过渡过程中系统的最小压力控制在-3.086 m。水泵发生倒流和倒转,最大倒转速达-676.187 r/min。管道系统中的最大压力为 34.334 m。过渡过程中水泵的相对流量、相对转速变化曲线见图 3-3-39。

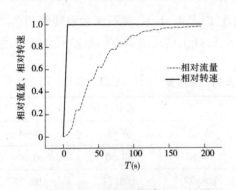

图 3-3-38　温石汤泵站 W-1 工况
水泵相对流量、相对转速变化曲线

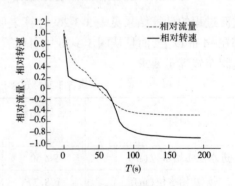

图 3-3-39　温石汤泵站 W-2 工况
水泵相对流量、相对转速变化曲线

W-3:8 台水泵同时掉电,泵后液控蝶阀按照给定的规律关闭,分水口阀门按给定的规律在水泵掉电后迅速在 0.3 s 内以直线关闭。管道系统中的最大压力为 37.425 m,水泵最大倒转速为-5.733 r/min。过渡过程中水泵的相对流量、相对转速变化曲线见图 3-3-40。

W-4:8 台水泵同时掉电,泵后阀门拒动,下游(指管线出口进入任家沟隧洞处)末端蝶阀关闭。与 W-2 工况相比,管道中的最高压力上升至 148.147 m,管线末端的管道会产生很大的负压,达-15.160 m,不利于控制管道的负压。

3.3.2.3　高疃泵站计算结果及分析

对于高疃泵站,过渡过程计算中的上游水位为高疃泵站进水池的设计水位,下游水位为星石泊泵站进水池的设计水位,按设计流量进行校核计算。计算工况如下:

G-1:将泵站所有管道虚拟为起始高程和末端高程都为 4.27 m(末端管道的高程),分水口阀门不分水,水泵由静止同时开始启动,泵后液控蝶阀按给定规律图 3-3-41动作,3 台主泵启动,备用泵停机。

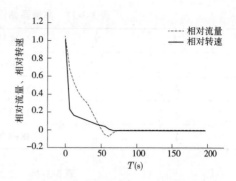

图 3-3-40　温石汤泵站 W-3 工况水泵相对流量、相对转速变化曲线

G-2:水泵由稳定运行掉电,泵后液控蝶阀和分水口阀门同时拒动,在此情况下沿线布置空气阀,保证管道中的最小负压不低于-4 m。

G-3:水泵由稳定运行掉电,泵后液控蝶阀按给定规律图 3-3-42 动作,分水口阀门和下游末端蝶阀拒。

G-4:水泵由稳定运行掉电,泵后液控蝶阀、分水口阀门和下游末端蝶阀分别按给定规律图 3-3-42~图 3-3-44 工作。

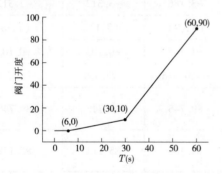

图 3-3-41　高疃泵站泵后液控蝶阀开启规律

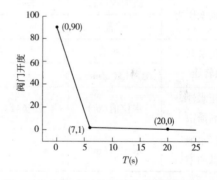

图 3-3-42　高疃泵站泵后液控蝶阀关闭规律

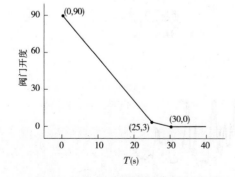

图 3-3-43　高疃泵站分水口阀门关闭规律

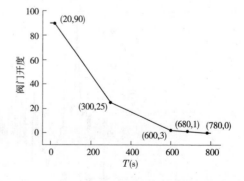

图 3-3-44　高疃泵站下游末端蝶阀关闭规律

增补的空气阀位置见表 3-3-27,过渡过程计算结果见表 3-3-28。沿程空气阀布置如图 3-3-45所示,其中高疃泵站后管线上所需增补的空气阀为其上的 1、2。管线上的局部高点增补了空气阀 3、4。

表 3-3-27　高疃泵站沿线所需增设空气阀位置

序号	桩号	高程(m)
1	3+512	47.98
2	3+742.57	56.8
3	37+138.9	8.51
4	38+879.6	34.73

表 3-3-28　过渡过程计算结果表

项目		启动工况 G-1	停机工况		
			G-2	G-3	G-4
进水池初始水位(m)		30.68	30.68	30.68	30.68
下游初始水位(m)		10.2	10.2	10.2	10.2
管道最高压力	压力值(m)	—	90.526	104.796	104.805
	位置	—	(119,5)	(16,11)	(16,5)
管道最低压力	压力值(m)	—	−3.186	−3.312	−3.312
	位置	—	(52,9)	(7,1)	(7,1)
机组最高负转速	相对值		−1.147	−0.103	−0.103
	绝对值(r/min)		−860.336	−77.497	−77.504
无压水池最高涌浪	水位值(m)	92.641	89.746	89.746	89.746
无压水池最低涌浪	水位值(m)		84.364	85.173	85.179

注:表中压力为管道中心线处压力;压力极值位置用所在管段及特征线计算断面编号表示,","前数字为管段号;","后数字为特征线计算断面编号,如"(6,2)"表示第6根管段,上游向下游方向数第2个计算断面。

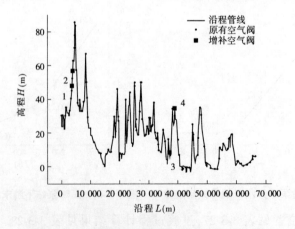

图 3-3-45　高疃泵站—星石泊泵站空气阀布置

不考虑在出口处安装自动蝶阀的情况(排除 G-4),搜索 G-2、G-3 沿程管道的测管压力极值,画出高瞳泵站管道布置,沿程的稳态、最高和最低测管水头线见图 3-3-46,由图 3-3-46可知,系统的过水能力和扬程都满足要求。

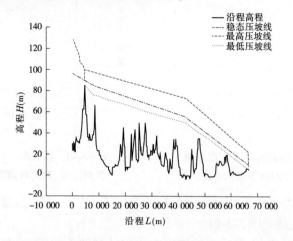

图 3-3-46　高瞳泵站—星石泊泵站沿程稳态、最高、最低压坡线(G-2、G-3)

考虑出口处蝶阀关闭的 G-4,搜索 G-2、G-3、G-4 沿程管道的测管压力极值,画出高瞳泵站管道布置,沿程的稳态、最高和最低测管水头线见图 3-3-47,比较图 3-3-46与图 3-3-47可知,在关闭下游末端蝶阀的情况下,靠近下游侧的管道压力会升高很多。

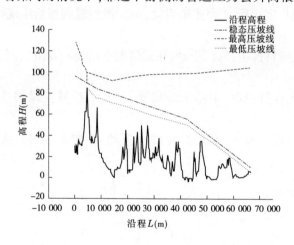

图 3-3-47　高瞳泵站—星石泊泵站稳态、最高、最低压坡线(G-2、G-3、G-4)

G-1:由于无压水池在启动情况下易漏,不方便进行仿真计算,所以 G-1 是高瞳全部管道高程虚拟以后的启动工况。虚拟的启动工况在给定的规律下开启,过渡过程中的无压水池中的最大涌浪是 92.641 m,未超过设计的最高值 93.50 m。

G-2:3 台水泵同时掉电,在阀门拒动的情况下,全管道增设空气阀,将过渡过程中的最小压力控制在-3.186 m,管道系统中的最大压力为 90.526 m。水泵发生倒流和倒转的情况,最大倒转速度达-860.336 r/min。过渡过程中水泵的相对流量、相对转速变化曲线见图 3-3-48。

G-3:全管道掉电,泵后液控蝶阀在给定的关闭规律下关闭,分水口处阀门拒动,管道系

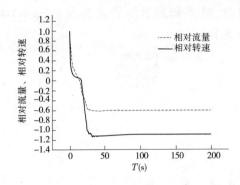

图 3-3-48　高瞳泵站 G-2 工况水泵
相对流量、相对转速变化曲线

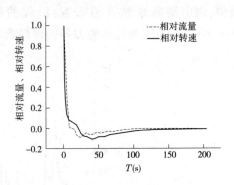

图 3-3-49　高瞳泵站 G-3 工况水泵
相对流量、相对转速变化曲线

统中的最大压力为 104.796 m,水泵最大倒转速为-77.497 r/min。过渡过程中水泵的相对流量、相对转速变化曲线见图 3-3-49。

G-4:3 台水泵同时掉电,泵后液控蝶阀在给定的规律下关闭,水泵未发生倒流和倒转的情况,分水口处阀门关闭,下游末端蝶阀非常缓慢地关闭。系统最高压力为 104.805 m。

3.3.2.4　星石泊泵站计算结果及分析

星石泊泵站过渡过程计算中的上游水位为星石泊泵站进水池的设计水位,下游水位为卧龙隧洞进口处的设计水位,按设计流量进行校核计算。计算工况如下:

X-1:水泵启动到稳定运行,3 台主泵启动,泵后液控蝶阀按给定规律图 3-3-50 动作,备用泵停机。

X-2:水泵由稳定运行掉电,阀门拒动,在此情况下沿线布置空气阀,保证管道中的最小负压在-4 m 之上。

X-3:水泵由稳定运行掉电,下游末端蝶阀拒动,泵后液控蝶阀按给定规律图 3-3-51 动作。

X-4:水泵由稳定运行掉电,泵后液控蝶阀拒动,下游末端蝶阀按给定规律图 3-3-27 动作。

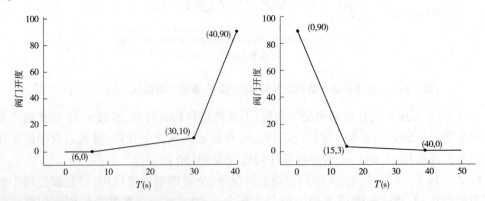

图 3-3-50　星石泊泵站泵后液控蝶阀开启规律　　图 3-3-51　星石泊泵站泵后液控蝶阀关闭规律

增补的空气阀位置见表 3-3-29,过渡过程计算结果见表 3-3-30。沿程空气阀布置如图 3-3-52所示,其中星石泊泵站—卧龙隧洞管线上所需增补的空气阀为其上的 2、3,而 1 则需安装在泵站出口处的管线上,以防止泵后出现过大负压力。

表 3-3-29　星石泊泵站沿线所需增补空气阀

序号	桩号	高程(m)
1		5.2
2	9+290	38.6
3	9+720	48.3

表 3-3-30　过渡过程计算结果

项目		启动工况 X-1	停机工况		
			X-2	X-3	X-4
进水池初始水位(m)		10.20	10.20	10.20	10.20
下游初始水位(m)		59.52	59.52	59.52	59.52
管道最高压力	压力值(m)	95.569	74.617	103.981	160.597
	位置	(15,1)	(15,1)	(15,1)	(64,38)
管道最低压力	压力值(m)	0.374	-3.948	-3.945	-8.293
	位置	(89,36)	(72,5)	(76,2)	(48,102)
机组最高负转速	相对值		-0.976	0	-0.971
	绝对值(r/min)		-732.107	0	-728.430

注:表中压力为管道中心线处压力;压力极值位置用所在管段及特征线计算断面编号表示,","前数字为管段号;","后数字为特征线计算断面编号,如"(6,2)"表示第 6 根管段,上游向下游方向数第 2 个计算断面。

不考虑在出口处安装的自动蝶阀关闭的情况(排除 X-4),搜索 X-1、X-2、X-3 沿程管道的测管压力极值,画出星石泊泵站至卧龙隧洞前的管道布置、沿程的稳态、最高和最低测管水头线见图 3-3-53。

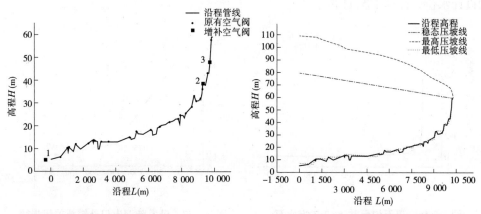

图 3-3-52　星石泊泵站—卧龙　　　　　图 3-3-53　星石泊泵站—卧龙隧洞
隧洞管线空气阀布置　　　　　　　管线稳态、最高、最低压坡线

X-1:3 台水泵同时开启,在开启过程中的最小压力为 0.374 m,管道中的最大压力为 95.569 m。过渡过程中水泵的相对流量、相对转速变化曲线见图 3-3-54。

X-2：3 台水泵同时掉电，在阀门拒动的情况下，增设了一部分空气阀，见表 3-3-29，将过渡过程中的最小压力控制在-3.948 m，管道中的最大压力为 74.617 m。水泵发生倒流和倒转的情况，倒转的最大转速达-732.107 r/min。过渡过程中水泵的相对流量、相对转速变化曲线见图 3-3-55。

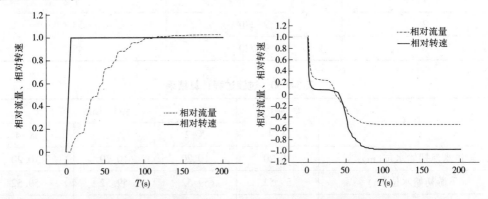

图 3-3-54　星石泊泵站 X-1 工况水泵　　　　图 3-3-55　星石泊泵站 X-2 工况水泵
相对流量、相对转速变化曲线　　　　　　　　相对流量、相对转速变化曲线

X-3：3 台水泵同时掉电，泵后液控蝶阀在给定的规律下关闭，水泵未发生倒流和倒转的情况。管道中的最大压力为 103.981 m。过渡过程中水泵的相对流量、相对转速变化曲线见图 3-3-56。

X-4：3 台水泵同时掉电，泵后液控蝶阀拒动，下游末端蝶阀(指管线出口进入任家沟隧洞处)关闭。管道中的最大压力为 160.597 m。与 X-2 工况对比而言，会产生很大的负压，达-8.293 m，不利于控制管道的负压。

3.3.2.5　卧龙隧洞—米山水库段计算结果及分析

卧龙隧洞—米山水库段管道中，桩号为 0+346.45 处设一阀门，该阀门按照图 3-3-57 的规律关闭。过渡过程计算中的上游水位为卧龙隧洞出口处的设计水位，下游水位为米山水库的设计水位。计算工况如下：

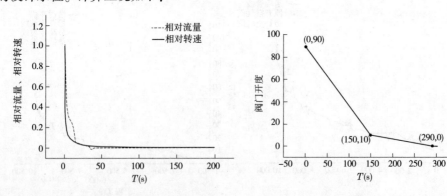

图 3-3-56　星石泊泵站 X-3 工况水泵　　　　图 3-3-57　卧龙隧洞出口处蝶阀关闭规律
相对流量、相对转速变化曲线

M-1：上下游为设计水位，卧龙隧洞出口 346.45 m 处阀门按照图 3-3-57 规律关闭；卧龙隧洞—米山水库管线沿程的空气阀位置见图 3-3-58。

管线沿程稳态压坡线、最高和最低测管压坡线见图 3-3-59。由图 3-3-59 可得,管线中过水能力基本满足要求。该段管道的压力变化不大,在实际中,无阀门关闭情况,卧龙隧洞中的水自流而下,管道的安全性得到一定程度的保证。

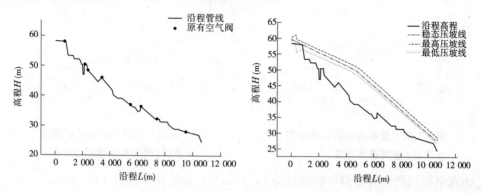

图 3-3-58　卧龙隧洞—米山水库管线空气阀布置　图 3-3-59　卧龙隧洞—米山水库管线沿程压坡线

3.3.3　隧洞暗渠段的计算结果及分析

对于黄水河、温石汤、高疃、星石泊这后四级泵站间的任家沟隧洞及暗渠、村里集隧洞及暗渠和卧龙隧洞,按照远期校核流量设计,而全系统计算中由于这四级泵站流量为设计流量,所以全系统计算中这些隧洞和暗渠的流量按设计流量计算。在设计流量条件下的全系统计算中,村里集暗渠的末端会出现明满交替流动,所以取村里集暗渠末端的一部分按明满交替流动模型进行计算。

3.3.3.1　任家沟隧洞计算结果及分析

任家沟隧洞糙率取 0.028,断面为 3.9 m×3.5 m(宽×高)加半圆拱的城门洞形式,设计的校核水深 3.84 m。按明流计算,虚拟洞高 10.0 m。计算中,隧洞进口水位取为 102.34 m,出口水位取为 99.98 m,采用零流量状态法计算稳态,计算得到如图 3-3-60 所示的沿程稳态水面线。仿真得到的稳态水面线低于实际洞高,因此明流的假设正确,隧洞中的流动状态为明流。在上下游水位确定的条件下,仿真中得到稳定时隧洞中的流量为 16.39 m³/s,接近校核流量 16.4 m³/s。

3.3.3.2　任家沟隧洞和暗渠联合计算结果及分析

任家沟隧洞糙率为 0.028,按明流计算,虚拟洞高为 10 m;任家沟暗渠糙率为 0.014,按满流计算。计算中,任家沟隧洞进口水位取为 102.34 m,暗涵出口水位取为 93 m 的条件下,采用零流量状态法计算稳态,计算得到如图 3-3-61 所示的沿程稳态水面线。仿真得到的稳态水面线低于实际洞高。因此,明流的假设正确,隧洞中的流动状态为明流。在给定上下游水位条件下,仿真中得到稳定时隧洞中的流量为 15.85 m³/s,接近校核流量 16.4 m³/s。

3.3.3.3　村里集隧洞计算结果及分析

村里集隧洞断面为 3.8 m×3.3 m(宽×高)加半圆拱的城门洞形式,糙率取 0.028,按明流计算,虚拟洞高为 10 m。计算中隧洞进口水位取为 109.55 m,出口水位取为 105.38 m,采用零流量状态法计算稳态,计算得到如图 3-3-62 所示的沿程稳态水面线。仿真得到的稳态水面线低于实际洞高,因此明流假设正确,隧洞中的流动状态为明流。在给定上下游水位条

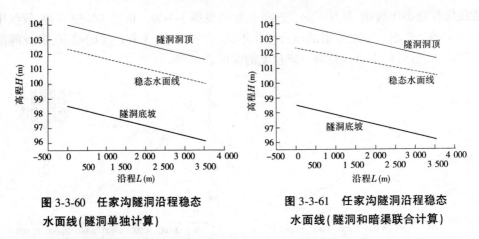

图 3-3-60　任家沟隧洞沿程稳态
水面线(隧洞单独计算)

图 3-3-61　任家沟隧洞沿程稳态
水面线(隧洞和暗渠联合计算)

件下,仿真中得到稳定时隧洞中的流量为 14.33 m³/s,接近校核流量 14.3 m³/s。

3.3.3.4　村里集隧洞和暗渠联合计算结果及分析

村里集隧洞的糙率为 0.028,按明流计算,暗渠糙率为 0.014,按满流计算。计算中村里集隧洞进口水位取为 109.55 m,暗渠出口水位取为 31.68 m,进行稳态仿真计算,得到如图 3-3-63 所示的沿程稳态水面线。仿真得到的稳态水面线低于实际洞高,因此明流的假设正确,隧洞中的流动状态为明流。在给定上下游水位条件下,仿真中得到隧洞中的流量为 13.71 m³/s,接近校核流量 14.3 m³/s。

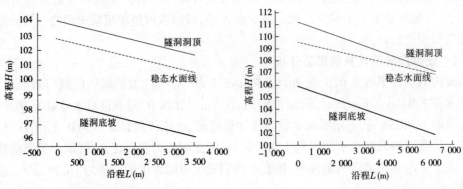

图 3-3-62　村里集隧洞沿程稳态水面线
(隧洞单独计算)

图 3-3-63　村里集隧洞沿程稳态水面线
(隧洞和暗渠联合计算)

3.3.3.5　村里集暗渠的明满交替流计算结果及分析

村里集暗渠末端可能出现明满交替流动的部分采用明满交替流动数学模型进行仿真计算。计算中,取至村里集暗渠出口 6 447.5m 的一部分暗渠进行仿真计算,其糙率取为 0.014,稳态时上游给定流量为 11.0 m³/s 的设计流量,暗渠出口水位为 30.68 m,在上游流量扰动的条件下进行过渡过程计算。计算工况及结果如下:

(1)上游流量在 2 s 内直线从 11.0 m³/s 减小到 8.0 m³/s,暗渠中不同时刻的压坡线见图 3-3-64。由图 3-3-64 可知,在上游,流量这样扰动时暗渠中会出现明满交替流动,但是水面波动幅度不大。

(2)上游流量在 2 s 内直线从 11.0 m³/s 增加到 14.0 m³/s,暗渠中不同时刻的压坡线见图 3-3-65。由图 3-3-65 可知,在上游流量这样扰动时暗渠中会出现明满交替流动,但是水面波动幅度不大。

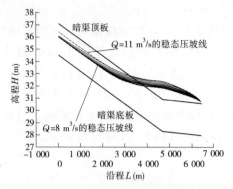

图 3-3-64　村里集暗渠末端部分的
沿程压坡线 (流量减少)

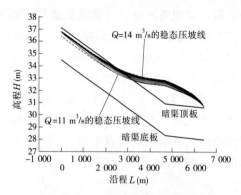

图 3-3-65　村里集暗渠末端部分的
沿程压坡线 (流量增加)

3.3.3.6　卧龙隧洞计算结果及分析

卧龙隧洞断面为 2.4 m×1.9 m (宽×高) 加半圆拱的城门洞型式,隧洞设计的校核水深
1.85 m。仿真计算中卧龙隧洞段的糙率
取 0.015,进口取为校核水位 59.85 m,出
口水位取为 59.14 m,按明流计算,虚拟洞
高为 10 m。在明流计算模型下,对卧龙隧
洞进行稳态仿真计算得到如图 3-3-66 所
示的沿程稳态水面线。

在校核流量下,卧龙隧洞在虚拟洞高
高于实际洞高的条件下,按明流模型计算
得到的稳态水面线低于实际洞高,这说明
卧龙隧洞在实际的校核水位下工作时,其
中流动状态为明流,明流假设正确。仿真
计算中得到的稳定流量是 5.75 m³/s,接近校核流量(6.2 m³/s)。

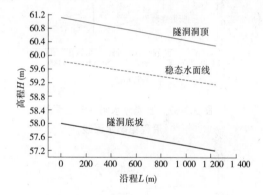

图 3-3-66　卧龙隧洞沿程稳态水面线

3.3.4　全系统计算结果及分析

采用全系统过渡过程计算软件,对由 9 级泵站及站间明渠、管道、无压隧洞、暗渠、无压
水池等组成的山东省胶东地区引黄调水工程全系统进行了过渡过程多工况的计算。

3.3.4.1　全系统稳态计算结果及分析

由于胶东引黄调水工程中设置有泵站、管道、明渠,结构复杂,所以采用零流量状态法计
算全系统的稳态平衡值。计算得到相应流量下全系统的稳态水面线,对明渠、暗渠、无压隧
洞、无压水池分别进行校核计算,计算结果可作为全系统各工况过渡过程计算的基础。

对于通滨分水闸至黄水河泵站前的明渠段泵站,按照明渠沿程的校核流量进行校核,在
黄水河泵站前分掉大流量,对此后的 4 级加压泵站沿线的管道以及隧洞、暗渠按照其设计
流量进行校核。计算从全系统的零流量状态开始,即起始时系统中所有泵都不运行,渠道和
管道中的水也不流动,流量为零。为了减少计算稳态时间,在管道中设置虚拟阀门,在渠道
中设置虚拟闸门,起始时虚拟阀门、虚拟闸门关闭,然后各泵站中的泵同时启动至正常运行

台数,沿程的虚拟闸门、虚拟阀门同时打开,虚拟闸门、虚拟阀门全开时,其阻抗系数很小,对系统的影响可忽略不计。计算结果及分析如下:

(1)通滨分水闸—宋庄泵站的沿程稳态水面线见图 3-3-67,宋庄泵站—王褛泵站,沿程稳态水面线见图 3-3-68,王褛泵站—宋庄分水闸,沿程稳态水面线见图 3-3-69,宋庄分水闸—灰埠泵站,沿程稳态水面线见图 3-3-70,灰埠泵站—东宋泵站,沿程稳态水面线见图 3-3-71,东宋泵站—辛庄泵站,沿程稳态水面线见图 3-3-72,辛庄泵站—黄水河泵站,沿程稳态水面线见图 3-3-73。图中的虚线是沿程明渠的稳态水面线,虚线上的实线部分对应着倒虹部分的测管水头。可以看出,稳态水位线都在岸高线以下,且有较大余量,所以系统的过水能力足够,设计基本合理。

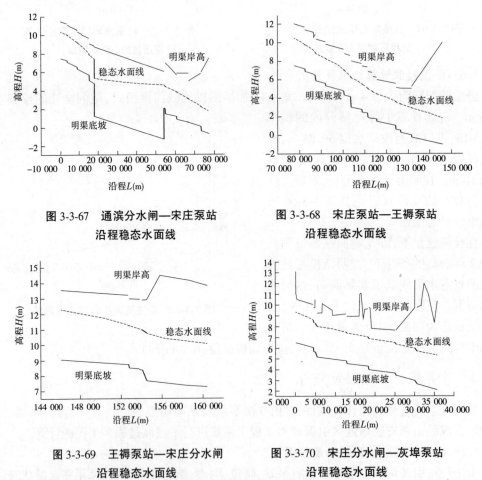

图 3-3-67　通滨分水闸—宋庄泵站
沿程稳态水面线

图 3-3-68　宋庄泵站—王褛泵站
沿程稳态水面线

图 3-3-69　王褛泵站—宋庄分水闸
沿程稳态水面线

图 3-3-70　宋庄分水闸—灰埠泵站
沿程稳态水面线

(2)灰埠泵站、东宋泵站、辛庄泵站进水池稳定水位在合理范围内,出水池的稳定水位也在最高水位之下,低于进水池的堤岸,计算结果参见表 3-3-31。

(3)在全系统稳态计算中,任家沟隧洞段以及其后的任家沟暗渠通过的流量都为其设计流量。隧洞内的流动状态为明流,沿程稳态水面线、隧洞底坡及隧洞洞顶见图 3-3-74。任家沟暗渠中稳态水面线与顶板无交点,则可知在任家沟暗渠中的流动状态也是明流。

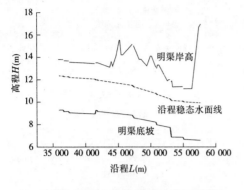

图 3-3-71 灰埠泵站—东宋泵站
沿程稳态水面线

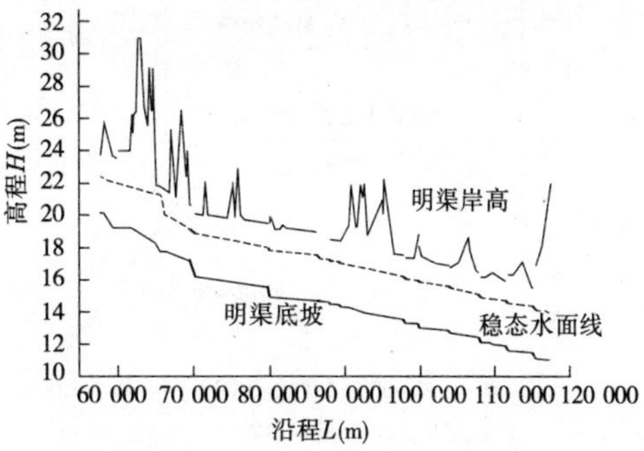

图 3-3-72 东宋泵站—辛庄泵站
沿程稳态水面线

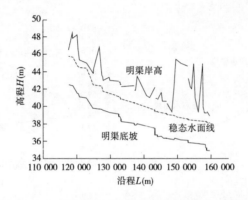

图 3-3-73 辛庄泵站—黄水河泵站沿程稳态水面线

表 3-3-31 泵站进出水池水位

项目	设计水位(m)	校核水位(m)	池堤高度(m)	稳态水位
灰埠进水池	4.40	4.76	6.6	4.761
灰埠出水池	12.40	12.80	13.80	12.386
东宋进水池	9.39	9.79	11.09	9.785
东宋出水池	22.25	22.58	23.65	22.264
辛庄进水池	13.34	13.69	15.44	13.520
辛庄出水池	45.35	45.70	46.20	45.520

（4）在全系统稳态计算中，村里集隧洞以及其后的村里集暗渠通过的流量都为其设计流量。隧洞内的流动状态为明流，沿程稳态水面线、隧洞底坡及隧洞洞顶见图 3-3-75。计算中采用明流模型，在图中按照实际高度画出暗渠的顶板，由图可见稳态水面线与顶板有交点，说明在村里集暗渠的末端部分可能出现明满交替流，见图 3-3-76。

（5）在全系统稳态计算中，卧龙隧洞段通过的流量是设计流量，卧龙隧洞内的流动状态为明流，沿程稳态水面线、隧洞底坡及隧洞洞顶见图 3-3-77。

3.3.4.2　全系统明渠设计流量稳态计算结果及分析

在 3.3.4.1 部分计算结果基础上，当上游通滨分水闸的分水水位由 10.37 m 降至 9.97

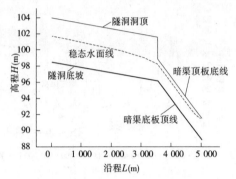

图 3-3-74　全系统计算任家沟隧洞及暗渠
设计流量下的沿程稳态水面线

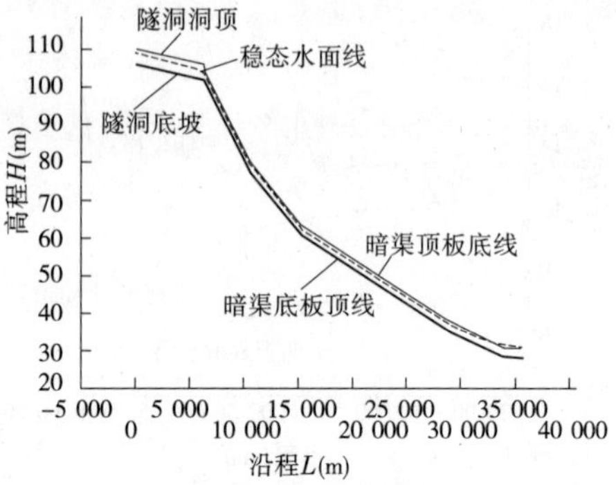

图 3-3-75　全系统计算村里集隧洞及暗渠
设计流量下的沿程稳态水面线

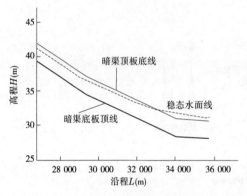

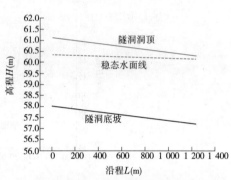

图 3-3-76　全系统计算村里集暗渠末端设计
流量下的沿程稳态水面线

图 3-3-77　全系统计算卧龙隧洞及
暗渠设计流量下的沿程稳态水面线

m 后,在适当的时间关闭灰埠泵站内的 1 台主泵、东宋泵站内的 1 台主泵、辛庄泵站内的 2
台主泵、调节各个分水口的分水流量最终使得明渠沿程的水面线维持在其设计水位附近,沿
程流量在设计流量附近。

通滨分水闸—宋庄泵站的沿程稳态水面线见图 3-3-78,宋庄泵站—王褥泵站的沿程稳
态水面线见图 3-3-79,王褥泵站—宋庄分水闸的沿程稳态水面线见图 3-3-80, 宋庄分水闸—

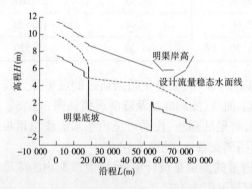

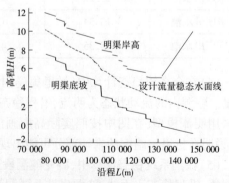

图 3-3-78　设计流量下的通滨分水闸—宋庄
泵站沿程稳态水面线

图 3-3-79　设计流量下的宋庄泵站—王褥
泵站沿程稳态水面线

灰埠泵站的沿程稳态水面线见图 3-3-81,灰埠泵站—东宋泵站的沿程稳态水面线见图 3-3-82,东宋泵站—辛庄泵站的沿程稳态水面线见图 3-3-83,辛庄泵站—黄水河泵站的沿程稳态水面线见图 3-3-84。对照 3.3.4.1 部分的校核流量的稳态计算结果,设计流量下沿程的水面线均低于校核流量下的沿程水面线,所以水面线也均在岸高之下。

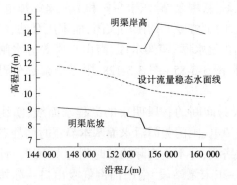

图 3-3-80　设计流量下的王褚泵站—宋庄
分水闸沿程稳态水面线

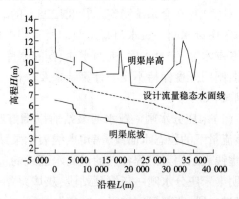

图 3-3-81　设计流量下的宋庄
分水闸—灰埠泵站沿程稳态水面线

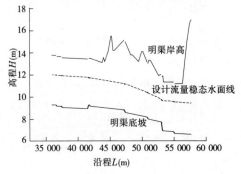

图 3-3-82　设计流量下的灰埠泵站—东宋
泵站沿程稳态水面线

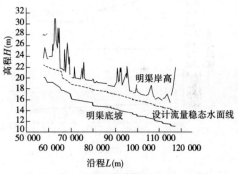

图 3-3-83　设计流量下的东宋泵站—辛庄
泵站沿程稳态水面线

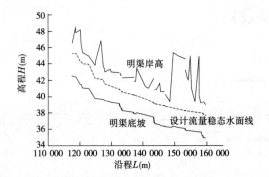

图 3-3-84　设计流量下的辛庄泵站—黄水河泵站沿程稳态水面线

3.3.4.3　明渠沿程倒虹吸闸门关闭过渡过程计算结果及分析

在 3.3.4.1 部分计算结果的基础上,对灰埠泵站、东宋泵站、辛庄泵站掉电关阀,宋庄分水闸—黄水河泵站前的所有明渠段的倒虹吸前的闸门关闭的工况进行计算,得到各建筑物控制闸门前水位涌高值及闸后水位降落值,以核算堤顶是否超高。

计算中,在全系统稳定运行 85 225 s 的时刻,灰埠泵站、东宋泵站和辛庄泵站掉电关阀,同时宋庄分水闸—黄水河泵站前的所有明渠段的倒虹吸前的闸门关闭,而宋庄泵站、灰埠泵站、双友水库、宁家水库、街西水库、侯家水库、新建水库、南栾水库、南山水库等分水闸均不关闭,闸门开度保持不变。计算结果及分析(见图 3-3-85~图 3-3-128,限于篇幅部分附图予以删减)如下:

(1)宋庄分水闸—黄水河泵站前以倒虹吸为间断的各段明渠的沿程水面线,实线表示校核流量下的稳态水面线,三角点线表示泵站掉电、闸门关闭后水面基本静止的静态水面线,虚线表示明渠沿程各点的最高水面线的包络线,并不是实际的某时刻的水面线。计算得知,明渠宋庄分水闸—灰埠泵站段、灰埠泵站—东宋泵站段、南阳河倒虹吸出口—苏郭河倒虹吸进口段、苏郭河倒虹吸—辛庄泵站段、辛庄泵站—黄水河泵站段,在泵站掉电、沿程闸门关闭后,水面的波动没有发生漫堤现象(见图 3-3-85~图 3-3-107)。

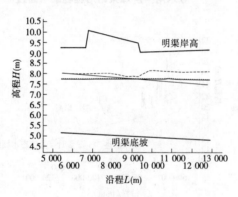

图 3-3-85　胶莱河倒虹吸出口—昌平公路倒虹吸入口段明渠沿程水面线

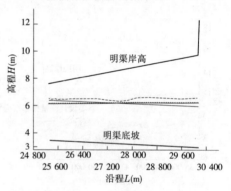

图 3-3-86　双山河倒虹吸出口—泽河倒虹吸入口段明渠沿程水面线

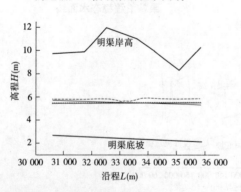

图 3-3-87　泽河倒虹吸出口—灰埠泵站段明渠沿程水面线

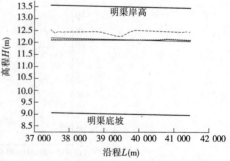

图 3-3-88　平灰公路倒虹吸出口—代古庄铁路倒虹吸入口段明渠沿程水面线

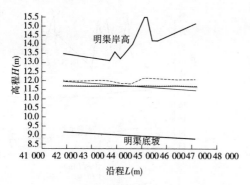

图 3-3-89 柳林北公路倒虹吸出口—沙河
倒虹吸入口段明渠沿程水面线

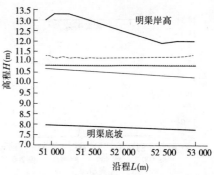

图 3-3-90 珍珠河倒虹吸出口—海郑河
倒虹吸入口段明渠沿程水面线

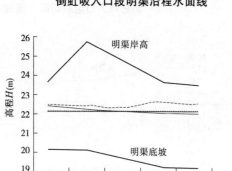

图 3-3-91 东宋泵站—东宋铁路倒虹
吸入口沿程明渠水面线

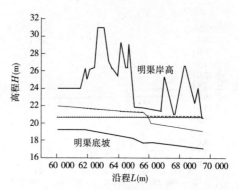

图 3-3-92 东宋铁路倒虹吸—南阳河
倒虹吸入口沿程明渠水面线

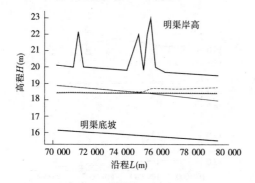

图 3-3-93 南阳河倒虹吸出口—苏郭河
倒虹吸入口沿程明渠水面线

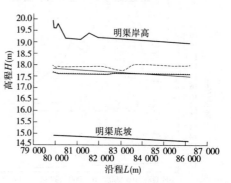

图 3-3-94 苏郭河倒虹吸出口—王河
倒虹吸入口沿程明渠水面线

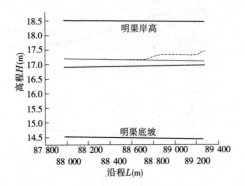

图 3-3-95　诸冯西公路倒虹吸出口—诸冯北
公路倒虹吸入口沿程明渠水面线

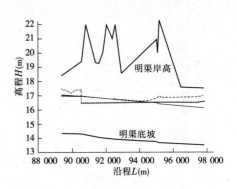

图 3-3-96　诸冯北公路倒虹出口—朱桥河
倒虹吸入口沿程明渠水面线

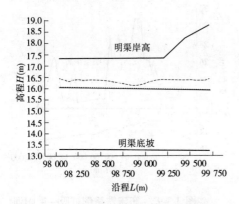

图 3-3-97　朱桥河倒虹吸出口—马塘河
倒虹吸入口沿程明渠水面线

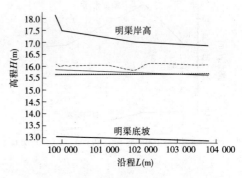

图 3-3-98　马塘河倒虹吸出口—金城东公路
倒虹吸入口沿程明渠水面线

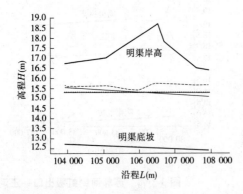

图 3-3-99　金城东公路倒虹吸出口—万深河
倒虹吸入口沿程明渠水面线

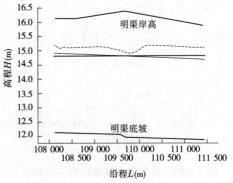

图 3-3-100　万深河倒虹吸出口—曲马沟
倒虹吸入口沿程明渠水面线

（2）南阳河倒虹吸前的明渠水面线的最高包络线与岸高的最后一小段有交点，而且最终的静态水面线也与岸高有交点，说明在该段明渠的末端会发生溢流现象，见图 3-3-92。

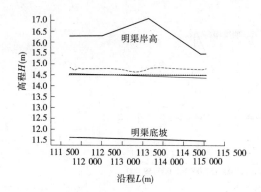

图 3-3-101　曲马沟倒虹吸出口—诸流河
倒虹吸入口沿程明渠水面线

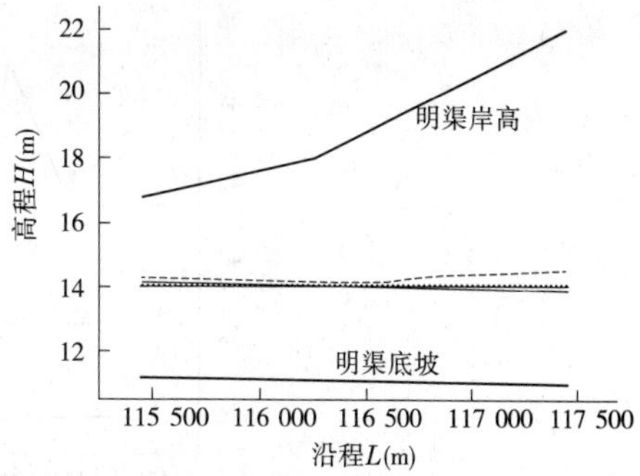

图 3-3-102　诸流河倒虹吸出口—辛庄
泵站入口沿程明渠水面线

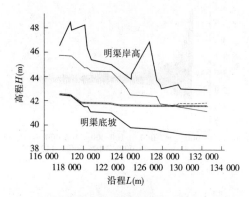

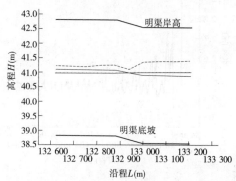

图 3-3-103　辛庄铁路倒虹吸出口—邢家东
公路倒虹吸入口沿程水面线

图 3-3-104　邢家东公路倒虹吸出口—龙口联接线
倒虹吸入口沿程水面线

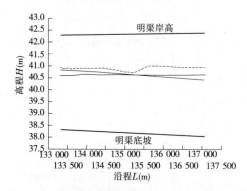

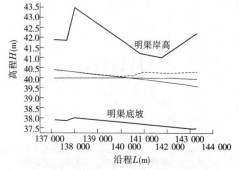

图 3-3-105　龙口联接线倒虹吸出口—庙前东北
公路倒虹吸入口沿程水面线

图 3-3-106　庙前东北公路倒虹吸出口—南栾河
倒虹吸入口沿程水面线

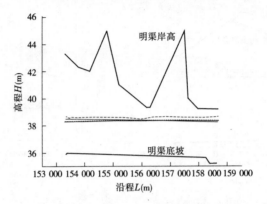

图 3-3-107　绛水河倒虹吸出口—鸦鹊河倒虹吸入口沿程水面线

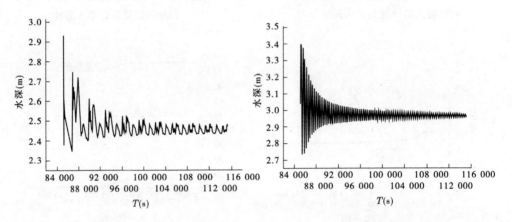

图 3-3-108　关阀后友谊河倒虹吸与其后　　　　图 3-3-109　关阀后三灰公路倒虹吸与其前
　　　　　明渠接口处水深变化曲线　　　　　　　　　　　　明渠接口处水深变化曲线

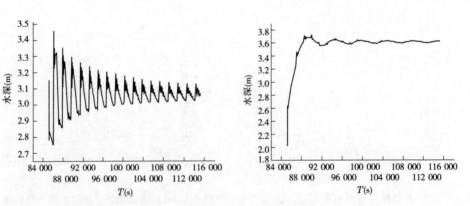

图 3-3-110　关阀后平灰公路倒虹吸与　　　　图 3-3-111　关阀后南阳河倒虹吸与
　　　其后明渠接口处水深变化曲线　　　　　　　其前明渠接口处水深变化曲线

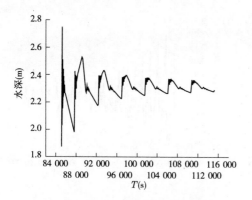

图 3-3-112　关阀后南阳河倒虹吸与
其后明渠接口处水深变化曲线

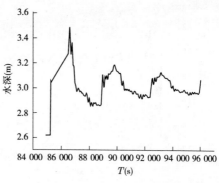

图 3-3-113　朱桥河倒虹吸与其前明渠
接口处水深变化曲线

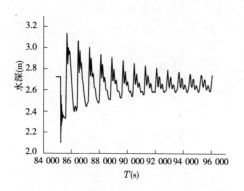

图 3-3-114　朱桥河倒虹吸与其后明渠
接口处水深变化曲线

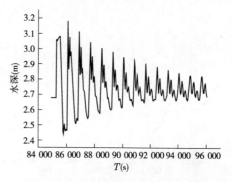

图 3-3-115　马塘河倒虹吸与其前明渠
接口处水深变化曲线

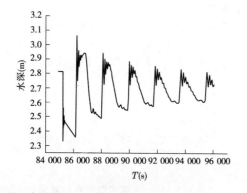

图 3-3-116　马塘河倒虹吸与其后明渠
接口处水深变化曲线

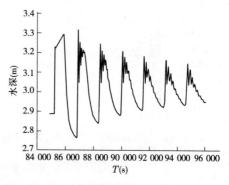

图 3-3-117　诸流河倒虹吸与其前明渠
接口处水深变化曲线

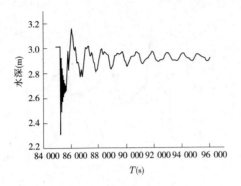

图 3-3-118　诸流河倒虹吸与其后明渠
接口处水深变化曲线

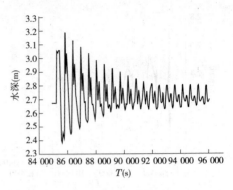

图 3-3-119　埠上节制闸与其前明渠
接口处水深变化曲线

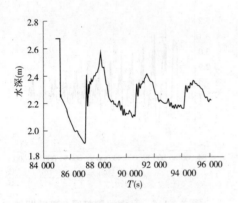

图 3-3-120　埠上节制闸与其后
明渠接口处水深变化曲线

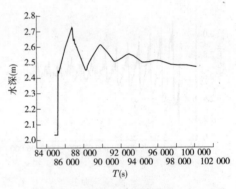

图 3-3-121　邢家东公路倒虹吸与其前
明渠接口处水深变化曲线

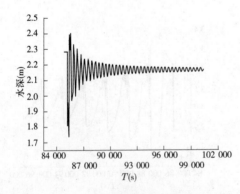

图 3-3-122　邢家东公路倒虹吸与
其后明渠接口处水深变化曲线

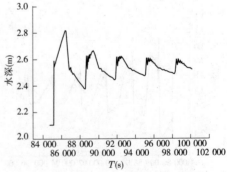

图 3-3-123　南栾河倒虹吸与其前
明渠接口处水深变化曲线

　　(3)灰埠泵站进水池在其前端的泽河倒虹吸闸门关闭后的最高水位是 5.856 m,出现在 86 183 s,该水位未超过灰埠泵站进水池的堤高,在安全范围内,但是超过了设计最高水位(5.2 m),水位波动曲线见图 3-3-129,数据详见表 3-3-32。灰埠泵站出水池在过渡过程中的

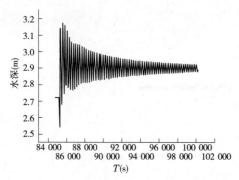

图 3-3-124　南栾河倒虹吸与其后明渠
接口处水深变化曲线

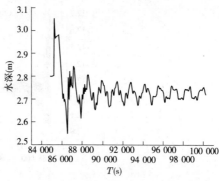

图 3-3-125　泳汶河倒虹吸与其前明渠
接口处水深变化曲线

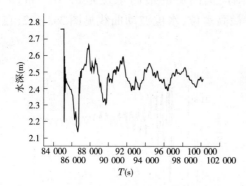

图 3-3-126　泳汶河倒虹吸与其后明渠
接口处水深变化曲线

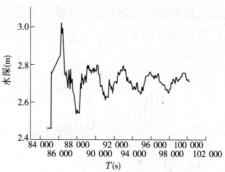

图 3-3-127　绛水河倒虹吸与其前明渠
接口处水深变化曲线

最高水位未超过堤高,也低于其设计最高水位,水位波动曲线见图 3-3-130,在安全范围内,
数据详见表 3-3-32。

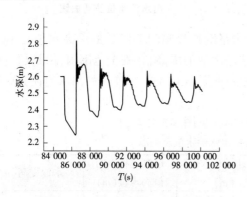

图 3-3-128　绛水河倒虹吸与其后明渠
接口处水深变化曲线

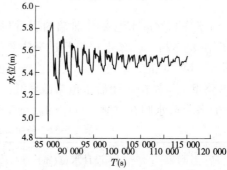

图 3-3-129　过渡过程中灰埠泵站
进水池水位波动曲线

(4)东宋泵站进水池在其前端的后桥村北路倒虹吸闸门关闭后的最高水位是 10.279
m,出现在 85 672 s(闸门关闭后 447 s)。该水位未超过东宋泵站进水池的堤高,在安全范围
内,但是超过设计最高水位(10.19 m),水位波动曲线见图 3-3-131,数据详见表 3-3-32。东

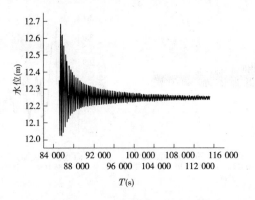

图 3-3-130　过渡过程中灰埠泵站出水池水位波动曲线

宋泵站出水池在其后端的东宋铁路倒虹吸闸门关闭后的最高水位是 22.020 m,出现在 86 172 s。该水位未超过堤高,也低于其设计最高水位,水位波动曲线见图 3-3-132,在安全范围内,数据详见表 3-3-32。

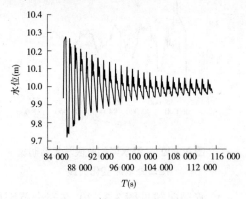

图 3-3-131　过渡过程中东宋泵站　　　　　图 3-3-132　过渡过程中东宋泵站

进水池水位波动曲线　　　　　　　　　出水池水位波动曲线

（5）辛庄泵站进水池在其前端的后桥村北路倒虹吸闸门关闭后的最高水位是 14.540 m,出现在 85 576 s。该水位未超过辛庄泵站进水池的堤高,在安全范围内,但是超过设计最高水位(14.14 m),见表 3-3-32,水位波动曲线见图 3-3-133。辛庄泵站出水池在其后端的辛庄铁路倒虹吸闸门关闭后水位略微降低。

（6）各个分水闸在过渡过程中的流量变化曲线见图 3-3-134。

表 3-3-32　各泵站进、出水池水位及堤高

项目	设计水位（m）	设计最高水位（m）	过渡过程中的最高水位（m）	水池堤高（m）
灰埠泵站进水池	4.40	5.20	5.856	6.60
灰埠泵站出水池	12.40	12.80	12.688	13.80
东宋泵站进水池	9.39	10.19	10.279	11.09
东宋泵站出水池	22.25	22.58	22.020	23.65
辛庄泵站进水池	13.87	14.14	14.540	15.44

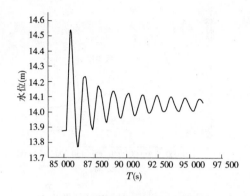

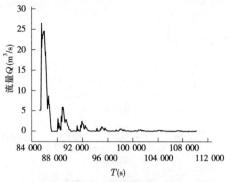

图 3-3-133　过渡过程中辛庄泵站
进水池水位波动曲线

图 3-3-134　过渡过程中双友水库
分水闸流量变化曲线

3.3.4.4　泵站掉电的事故工况过渡过程计算结果及分析

在 3.3.4.1 部分全系统稳态计算结果的基础上,对宋庄分水闸—米山水库之间部分泵站断电的情况进行过渡过程计算,以分析不同泵站掉电时沿程各水工建筑物的水位变化情况,结果具有一定的参考意义。

1.工况 D-1

在系统仿真计算达到稳定后,从 86 110 s 时刻开始,灰埠、东宋、辛庄、黄水河 4 级泵站所有水泵掉电,泵后闸门或阀门以及沿线所有电动闸门都拒动,以考察沿线的水力过渡过程以及可能的溢流点溢流情况。设每个泵站进水池的溢流堰长为 50 m,溢流系数设为 0.8。

在实际运行中,这种掉电方式发生的可能性比较小,但是这部分计算在一定程度上给出了最恶劣的掉电方式下,沿程明渠和泵站进水池的溢流情况,对工程中相邻两级泵站同时掉电的情况有一定的参考意义。

(1)图 3-3-135~图 3-3-138 是初始时刻 86 110 s 和计算结束时刻 11 800 s 的宋庄分水闸—黄水河泵站前的各级泵站之间的沿程水面线,实线代表初始时刻 86 110 s 时沿程稳态水面线,虚线表示在 11 800 s 时刻的沿程水面线。

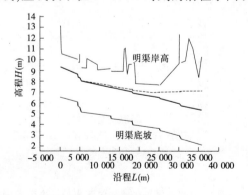

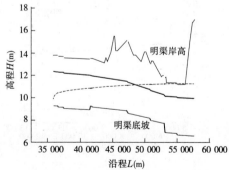

图 3-3-135　宋庄分水闸—灰埠
泵站沿程水面线(工况 D-1)

图 3-3-136　灰埠泵站—东宋泵站
沿程水面线(工况 D-1)

(2)在图 3-3-139~图 3-3-176 中,宋庄分水闸—黄水河泵站前的以倒虹吸隔开的各段明渠的沿程水面线,实线表示初始稳态水面线,虚线表示明渠沿程各点的最高水面线的包络

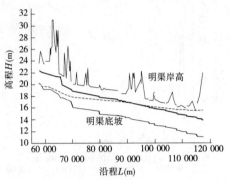

图 3-3-137　东宋泵站—辛庄泵站
沿程水面线（工况 D-1）

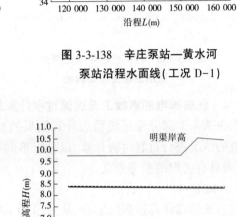

图 3-3-138　辛庄泵站—黄水河
泵站沿程水面线（工况 D-1）

线，并不是实际某时刻的水面线。

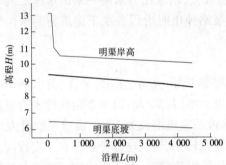

图 3-3-139　宋庄分水闸—漩河倒虹吸入口段
明渠沿程水面线（工况 D-1）

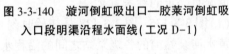

图 3-3-140　漩河倒虹吸出口—胶莱河倒虹吸
入口段明渠沿程水面线（工况 D-1）

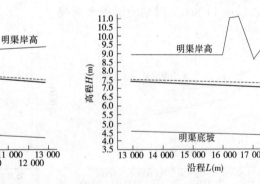

图 3-3-141　胶莱河倒虹吸出口—昌平公路倒虹吸
入口段明渠沿程水面线（工况 D-1）

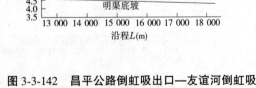

图 3-3-142　昌平公路倒虹吸出口—友谊河倒虹吸
入口段明渠沿程水面线（工况 D-1）

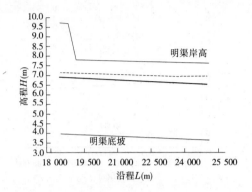

图 3-3-143　友谊河倒虹吸出口—双山河
倒虹吸入口段明渠沿程水面线（工况 D-1）

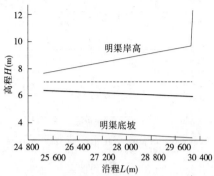

图 3-3-144　双山河倒虹吸出口—泽河
倒虹吸入口段明渠沿程水面线（工况 D-1）

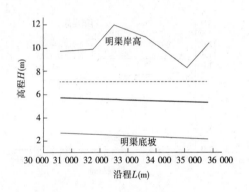

图 3-3-145　泽河倒虹吸出口—灰埠
泵站段明渠沿程水面线（工况 D-1）

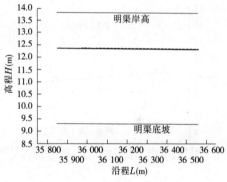

图 3-3-146　灰埠泵站—三灰公路
倒虹吸入口段明渠沿程水面线（工况 D-1）

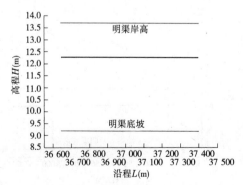

图 3-3-147　三灰公路倒虹吸—平灰公路倒虹吸
入口段明渠沿程水面线（工况 D-1）

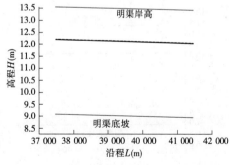

图 3-3-148　平灰公路倒虹吸出口—代古庄铁路
倒虹吸入口段明渠沿程水面线（工况 D-1）

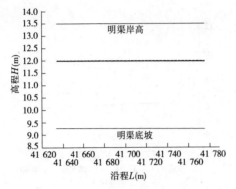

图 3-3-149　代古庄铁路倒虹吸出口—柳林北
倒虹吸入口段明渠沿程水面线(工况 D-1)

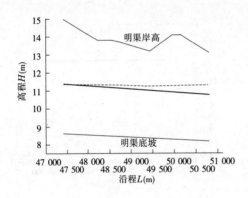

图 3-3-151　沙河倒虹吸出口—珍珠河倒虹吸
入口段明渠沿程水面线(工况 D-1)

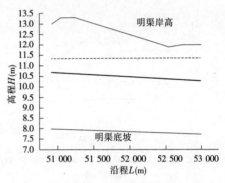

图 3-3-152　珍珠河倒虹吸出口—海郑河倒虹吸
入口段明渠沿程水面线(工况 D-1)

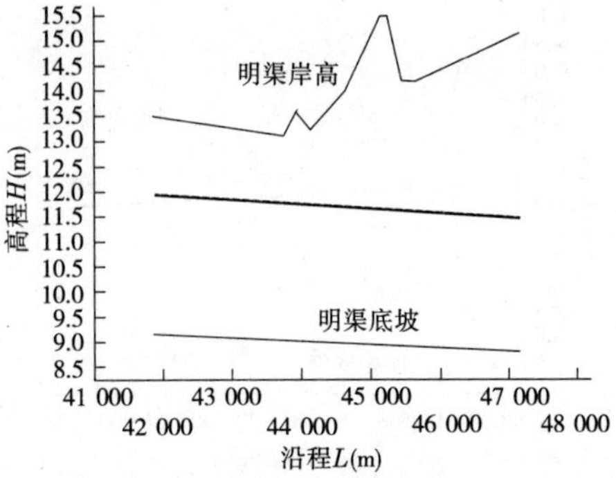

图 3-3-150　柳林北公路倒虹吸出口—沙河
倒虹吸入口段明渠沿程水面线(工况 D-1)

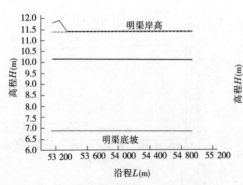

图 3-3-153　海郑河倒虹吸出口—后桥村北路
倒虹吸入口段明渠沿程水面线(工况 D-1)

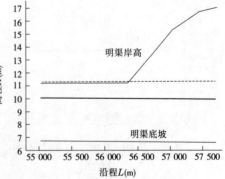

图 3-3-154　后桥村北路倒虹吸出口—东宋
泵站入口段明渠沿程水面线(工况 D-1)

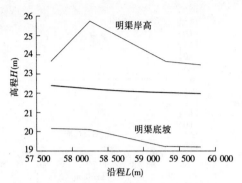

图 3-3-155　东宋泵站—东宋铁路倒虹吸
入口段明渠沿程水面线（工况 D-1）

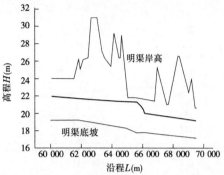

图 3-3-156　东宋铁路倒虹吸—南阳河
倒虹吸入口段明渠沿程水面线（工况 D-1）

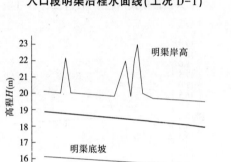

图 3-3-157　南阳河倒虹吸出口—苏郭河
倒虹吸入口段明渠沿程水面线（工况 D-1）

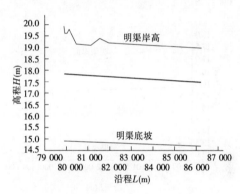

图 3-3-158　苏郭河倒虹吸出口—王河倒虹吸
入口段明渠沿程水面线（工况 D-1）

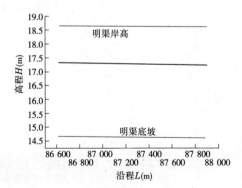

图 3-3-159　王河倒虹吸出口—诸冯西公路
倒虹吸入口段明渠沿程水面线（工况 D-1）

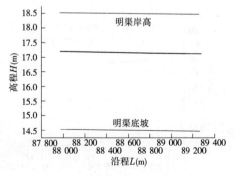

图 3-3-160　诸冯西公路倒虹吸出口—诸冯北
公路倒虹吸入口段明渠沿程水面线（工况 D-1）

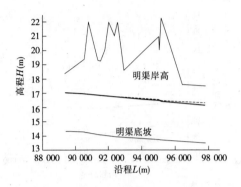

图 3-3-161　诸冯北公路倒虹吸出口—朱桥河
倒虹吸入口段明渠沿程水面线(工况 D-1)

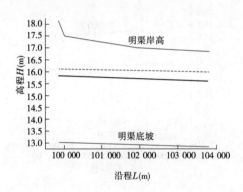

图 3-3-163　马塘河倒虹吸出口—金城东
倒虹吸入口段明渠沿程水面线(工况 D-1)

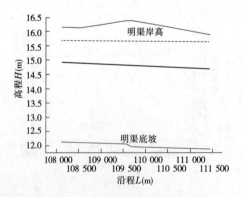

图 3-3-165　万深河倒虹吸出口—曲马沟
倒虹吸入口段明渠沿程水面线(工况 D-1)

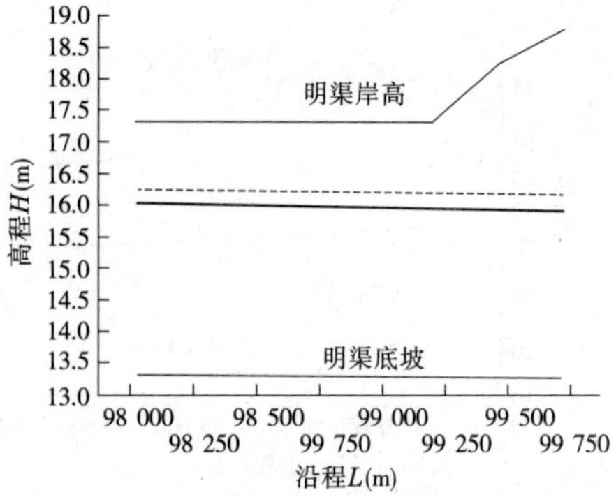

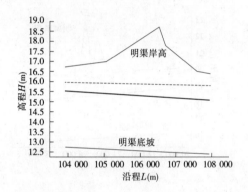

图 3-3-162　朱桥河倒虹吸出口—马塘河倒虹吸
入口段明渠沿程水面线(工况 D-1)

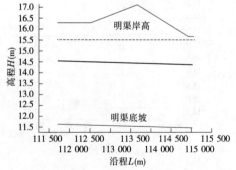

图 3-3-164　金城东公路倒虹吸出口—万深河
倒虹吸入口段明渠沿程水面线(工况 D-1)

图 3-3-166　曲马沟倒虹吸出口—诸流河
倒虹吸入口段明渠沿程水面线(工况 D-1)

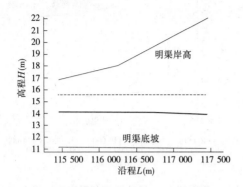

图 3-3-167 诸流河倒虹吸出口—辛庄铁路
泵站入口段明渠沿程水面线(工况 D-1)

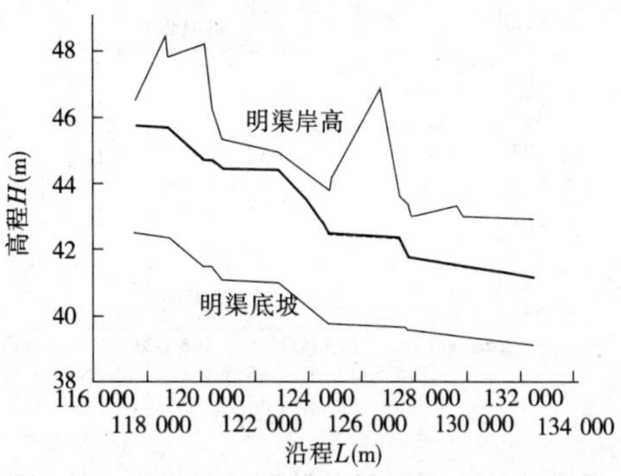

图 3-3-168 辛庄铁路倒虹吸出口—邢家东公路
倒虹吸入口段明渠沿程水面线(工况 D-1)

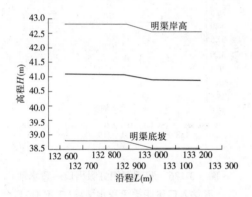

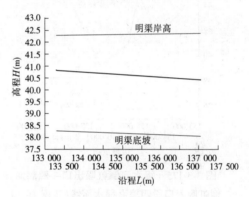

图 3-3-169 邢家东公路倒虹吸出口—龙口
联接线倒虹吸入口段明渠沿程水面线(工况 D-1)

图 3-3-170 龙口联接线倒虹吸出口—庙前东北
公路倒虹吸入口段明渠沿程水面线(工况 D-1)

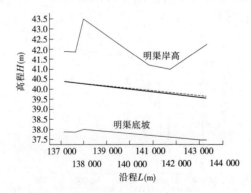

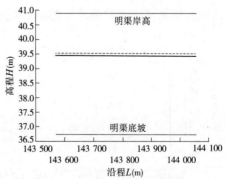

图 3-3-171 庙前东北公路倒虹吸出口—南栾河
倒虹吸入口段明渠沿程水面线(工况 D-1)

图 3-3-172 南栾河倒虹吸出口—香坊南公路
倒虹吸入口段明渠沿程水面线(工况 D-1)

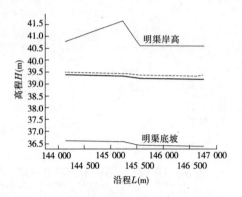

图 3-3-173　香坊南公路倒虹吸出口—泳汶河
倒虹吸入口段明渠沿程水面线(工况 D-1)

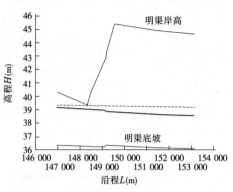

图 3-3-174　泳汶河倒虹吸出口—绛水河
倒虹吸入口段明渠沿程水面线(工况 D-1)

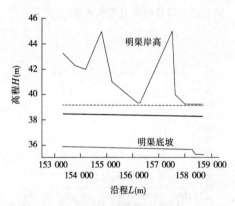

图 3-3-175　绛水河倒虹吸出口—鸦鹊河
倒虹吸入口段明渠沿程水面线(工况 D-1)

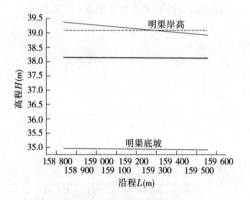

图 3-3-176　鸦鹊河倒虹吸出口—黄水河
泵站入口段明渠沿程水面线(工况 D-1)

(3)灰埠泵站、东宋泵站、辛庄泵站的进水池和出水池的水位波动曲线以及溢流流量变化曲线见图 3-3-177~图 3-3-184,进水池会出现溢流,溢流时间见表 3-3-33。而泵站出口处的出水池及其后的明渠在掉电发生后可能露底,应考虑及时关闭该级泵站的泵后闸门或阀门,以及距离该泵站出水池最近处的倒虹吸前闸门。

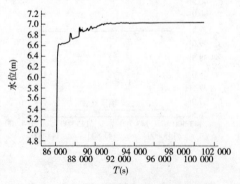

图 3-3-177　灰埠进水池水位波动
曲线(工况 D-1)

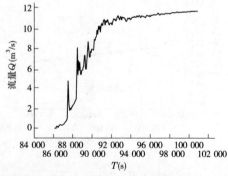

图 3-3-178　灰埠进水池溢流流量
变化曲线(工况 D-1)

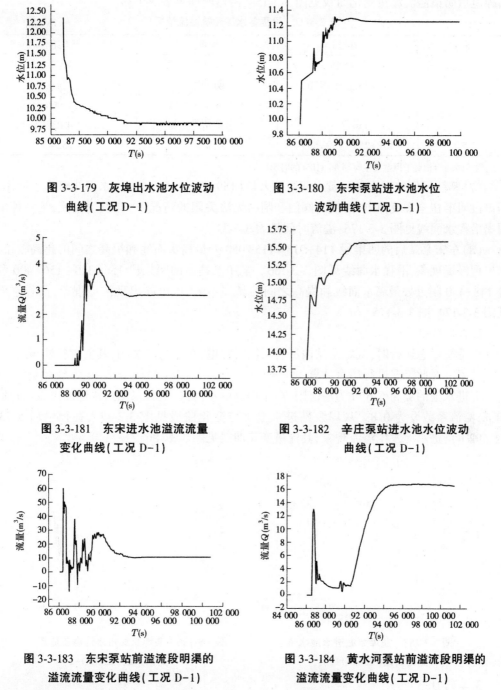

图 3-3-179 灰埠出水池水位波动
曲线(工况 D-1)

图 3-3-180 东宋泵站进水池水位
波动曲线(工况 D-1)

图 3-3-181 东宋进水池溢流流量
变化曲线(工况 D-1)

图 3-3-182 辛庄泵站进水池水位波动
曲线(工况 D-1)

图 3-3-183 东宋泵站前溢流段明渠的
溢流流量变化曲线(工况 D-1)

图 3-3-184 黄水河泵站前溢流段明渠的
溢流流量变化曲线(工况 D-1)

(4)灰埠泵站、东宋泵站、辛庄泵站水泵在掉电后均发生了倒流和倒转。

(5)宋庄分水闸—灰埠泵站、灰埠泵站—后桥村北公路倒虹吸入口、东宋泵站—辛庄泵站、辛庄泵站—鸦鹊河倒虹吸入口等各段明渠在全系统掉电的情况下,沿线各处的最高水面线均在岸高之下,未发生溢流现象。

(6)后桥村北公路倒虹吸出口—东宋泵站的一段明渠(53+255～56+450),水面线略高于堤岸,说明该段明渠在全系统掉电,沿线的阀门和闸门无法关闭的情况下,会发生溢流,泵站掉电后明渠溢流流量变化曲线见图 3-3-154,溢流时间见表 3-3-33。

表 3-3-33　沿程各水工建筑溢流情况

序号	桩号	说明	溢流时间(s)
1	35+845	灰埠泵站进水池	189
2	53+255~56+450	明渠段	241
3	57+705	东宋泵站进水池	1 966
4	116+670	辛庄泵站进水池	4 035
5	159+255~159+559	明渠段	524

注:溢流时间指相对于掉电发生时刻 86 110 s 的时间。

(7)鸦鹊河倒虹吸出口—黄水河泵站入口(159+255~159+559),水面线略高于堤岸,说明该段明渠在全系统掉电、沿线的阀门和闸门无法关闭的情况下,会发生溢流,泵站掉电后明渠沿程水面线见图 3-3-176,溢流时间见表 3-3-33。

(8)东宋泵站后的明渠段 114+918~115+050 处最高水面线和堤高之间的超高较小,可能出现漫堤现象,沿程水面线见图 3-3-166。辛庄泵站后的明渠段 156+320~156+400 和桩号 148+450 附近处最高水面线和堤高之间的超高不大,也可能出现漫堤现象,沿程水面线见图 3-3-174、图 3-3-175。

2.工况 D-2

全系统稳态运行时,灰埠泵站内所有泵同时掉电,泵后闸门关闭,其上游各处阀门、闸门均不关闭。对此工况进行仿真计算。

取进水池的堤高 6.6 m 为溢流限,高于堤高的水溢流,灰埠泵站进水池的溢流堰长取为 50 m,溢流系数设为 0.8。灰埠泵站进水池水位变化曲线见图 3-3-185,在掉电后 5 731 s (1.592 h),进水池发生溢流现象,其流量变化曲线见图 3-3-186。

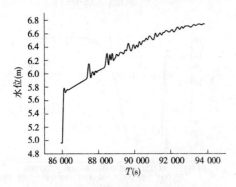

图 3-3-185　灰埠泵站进水池水位
变化曲线(工况 D-2)

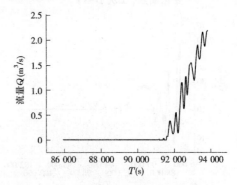

图 3-3-186　灰埠泵站进水池溢流流量
变化曲线(工况 D-2)

3.工况 D-3

全系统稳态运行时,东宋泵站内所有泵同时掉电,泵后闸门关闭,上游灰埠泵站继续正常运行,上游各处阀门、闸门均不关闭。对此工况进行仿真计算。

取进水池的堤高 11.09 m 为溢流限,高于堤高的水溢流,东宋泵站进水池的溢流堰长取为 50 m,溢流系数设为 0.8。东宋泵站进水池水位变化曲线见图 3-3-187,在掉电后 4 849 s (1.35 h),进水池发生溢流现象,其流量变化曲线见图 3-3-188。

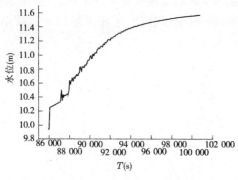

图 3-3-187　东宋泵站进水池水位
变化曲线(工况 D-3)

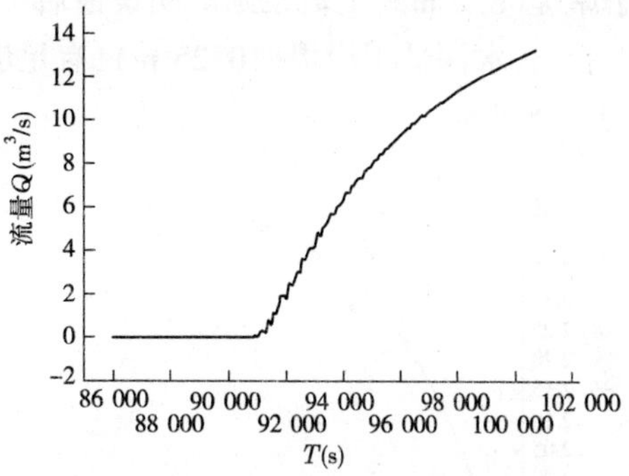

图 3-3-188　东宋泵站进水池流量
变化曲线(工况 D-3)

4.工况 D-4

全系统稳态运行时,辛庄泵站内所有泵同时掉电,泵后阀门关闭,上游东宋泵站继续正常运行,上游各处阀门、闸门均不关闭。对此工况进行仿真计算。

取进水池的堤高 15.44 m 为溢流限,高于堤高的水溢流,辛庄泵站进水池的溢流堰长取为 50 m,溢流系数设为 0.8。辛庄泵站进水池水位变化曲线见图 3-3-189,在掉电后 7 445 s (2.068 h),进水池发生溢流现象,其流量变化曲线见图 3-3-190。

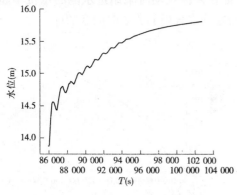

图 3-3-189　辛庄泵站进水池水位
变化曲线(工况 D-4)

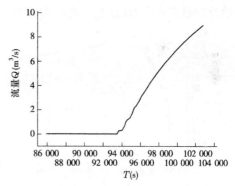

图 3-3-190　辛庄泵站进水池流量
变化曲线(工况 D-4)

3.3.4.5　全系统流量调节过渡过程计算结果及分析

在 3.3.4.1 部分的全系统稳态计算的基础上,对系统进行流量扰动,调节通滨分水闸的分流堰高,将其后的水位由 10.37 m 降至 9.97 m,逐步关闭灰埠泵站、东宋泵站、辛庄泵站的泵至合适的台数,研究在较大的扰动下,应该以何种规律如何开关泵站里的泵,以保证泵站进水池的水位上升不超过其设计的最高水位值。

1.各级泵站同时关泵(工况 T-1)

计算工况为:全系统稳态运行,上游通滨分水闸的分水水位在 90 855 s 时刻由 10.37 m 降至 9.97 m,同时无时间延迟地关闭宋庄泵站、王褚泵站、灰埠泵站和东宋泵站内的 1 台主泵,辛庄泵站内的 2 台主泵。

宋庄泵站前明渠最后一点的水深波动曲线见图 3-3-191。从图 3-3-191 中可以看出,水深低于岸堤(8.2 m),王褥泵站前明渠最后一点的水深波动曲线见图 3-3-192。从图 3-3-192 中可以看出,水深低于岸堤(10.25 m),有足够的余量,对于扰动,宋庄泵站和王褥泵站的关机时间是合理的。

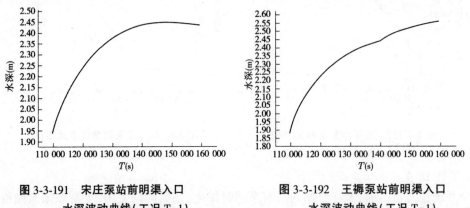

图 3-3-191　宋庄泵站前明渠入口　　　　　　图 3-3-192　王褥泵站前明渠入口
水深波动曲线(工况 T-1)　　　　　　　　　　水深波动曲线(工况 T-1)

　　灰埠泵站、东宋泵站、辛庄泵站的进水池的水位波动曲线见图 3-3-193～图 3-3-195,而 3 个泵站进水池的设计最高水位分别为 5.2 m、10.19 m、14.14 m,由图 3-3-193～图 3-3-195 可知,各泵站进水池的水位都分别超过进水池的设计最高水位,因此对于扰动,灰埠泵站、东宋泵站、辛庄泵站的关机时间不够合理。为了保证在来流扰动时泵站进水池的水位不超过进水池的设计最高水位,保证泵站的正常运行,需要确定合理的关泵时间和顺序。

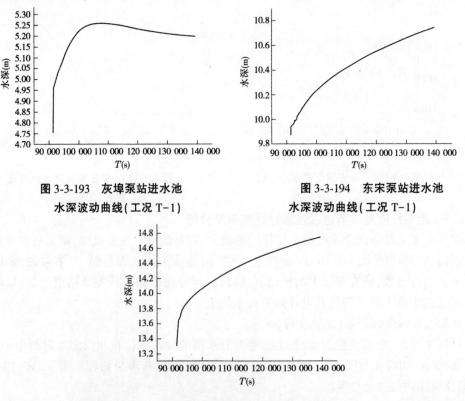

图 3-3-193　灰埠泵站进水池　　　　　　图 3-3-194　东宋泵站进水池
水深波动曲线(工况 T-1)　　　　　　　　水深波动曲线(工况 T-1)

图 3-3-195　辛庄泵站进水池水位波动曲线(工况 T-1)

　　2.各级泵站顺序关泵(工况 T-2)

　　计算工况为:全系统稳态运行,上游通滨分水闸的分水水位在 90 855 s 时刻由 10.37 m 降至 9.97 m,根据多次试算后确定的关泵时间依次关闭宋庄泵站、王褥泵站、灰埠泵站和东宋泵站内的 1 台主泵,辛庄泵站内的 2 台主泵。

　　经过多次试算,宋庄泵站、王褥泵站、灰埠泵站、东宋泵站和辛庄泵站在来流扰动时的关泵时间顺序见表 3-3-34。计算结果及分析如下:

表 3-3-34　关泵时间顺序

泵站	关机台数	关机时间(s)	相对时间(s)	相对时间(h)	进水池最高涌浪(m)
宋庄泵站	1	90 855	0	0	—
王褥泵站	1	90 855	0	0	—
灰埠泵站	1	93 800	2 945	0.818	5.195
东宋泵站	1	107 880	17 025	4.729	10.177
辛庄泵站	2	116 873	26 018	7.227	14.06
		161 000	70 145	19.484	

注:相对时间指相对于扰动发生时刻 90 855 s 的关泵时间。

　　(1)宋庄泵站在上游通滨分水闸的分水水位于 90 855 s 时刻由 10.37 m 降至 9.97 m 的同时,关闭 1 台主泵,泵站流量从校核流量减小为设计流量。计算表明,泵站前明渠水位不超过其堤岸高度。所关闭主泵的相对转速、相对流量的变化曲线见图 3-3-196,通滨分水闸—宋庄泵站段明渠流量基本稳定到设计流量附近的稳态水面线见图 3-3-197,图中的虚线表示明渠沿程的稳态水面线,虚线上实线的部分对应着明渠间倒虹吸的压坡线。

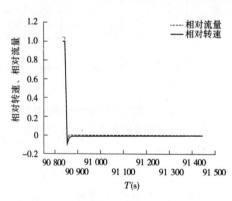
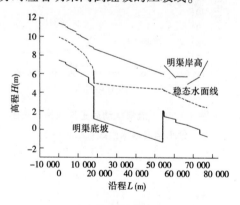

图 3-3-196　宋庄泵站关闭的主泵的相对转速、相对流量变化曲线(工况 T-2)　　**图 3-3-197　流量扰动后宋庄分水闸—灰埠泵站沿程水面线(工况 T-2)**

　　(2)王褥泵站在上游通滨闸的分水水位降低和宋庄泵站关泵的同时,关闭 1 台主泵,泵站流量从校核流量减小为设计流量。计算结果表明,泵站前明渠水位不超过其堤岸高度。所关闭的主泵的相对转速、相对流量的变化曲线见图 3-3-198,宋庄泵站—王褥泵站段明渠流量基本稳定到设计流量附近的稳态水面线(见图 3-3-199)。

　　(3)王褥泵站关闭 1 台主泵后,王褥泵站—宋庄分水闸段明渠流量基本稳定到设计流量附近的稳态水面线见图 3-3-200。

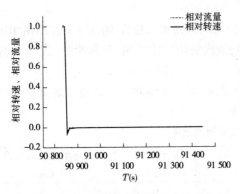

图 3-3-198　王褥泵站关闭的主泵的相对
转速、相对流量的变化曲线（工况 T-2）

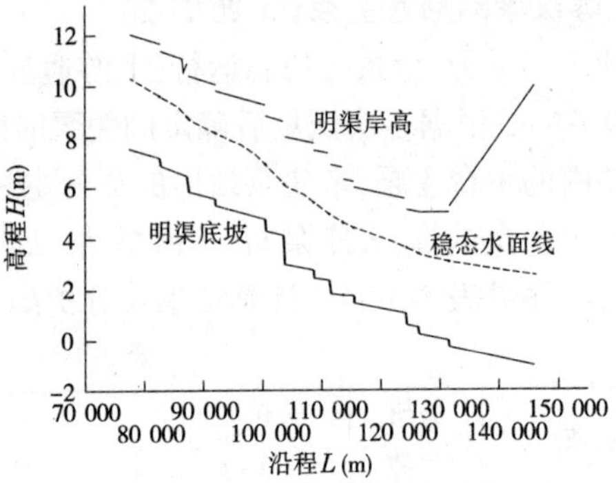

图 3-3-199　流量扰动后宋庄泵站—王褥
泵站沿程水面线（工况 T-2）

（4）灰埠泵站在 93 800 s 时刻（流量扰动后 2 945 s）关闭 1 台主泵，泵站流量从校核流量减小为设计流量。计算结果表明，过渡过程中进水池最高水位低于其设计的最高水位（5.20 m）。关闭主泵的相对转速、相对流量的变化曲线见图 3-3-201，灰埠泵站进水池的水位波动曲线见图 3-3-202，宋庄分水闸—灰埠泵站段的明渠流量基本稳定到设计流量附近的稳态水面线见图 3-3-203。

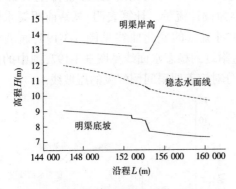

图 3-3-200　流量扰动后王褥泵站—宋庄
分水闸沿程水面线（工况 T-2）

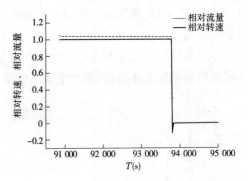

图 3-3-201　灰埠泵站关闭的主泵的相对
转速、相对流量的变化曲线（工况 T-2）

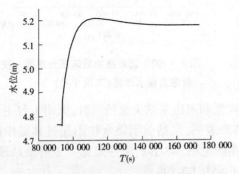

图 3-3-202　灰埠泵站进水池水位
波动曲线（工况 T-2）

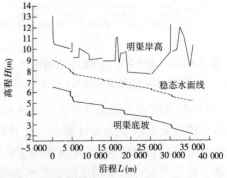

图 3-3-203　流量扰动后宋庄分水闸—灰埠
泵站沿程水面线（工况 T-2）

(5)东宋泵站在 107 880 s 时刻(流量扰动后 17 025 s)关闭 1 台主泵,泵站流量从校核流量减小为设计流量。计算结果表明,过渡过程中进水池最高水位低于其设计的最高水位(10.19 m)。关闭主泵的相对转速、相对流量的变化曲线见图 3-3-204;东宋泵站进水池的水位波动曲线见图 3-3-205;灰埠泵站—东宋泵站段的明渠流量基本稳定到设计流量附近后的稳态水面线见图 3-3-206。

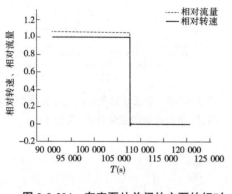

图 3-3-204 东宋泵站关闭的主泵的相对
转速、相对流量的变化曲线(工况 T-2)

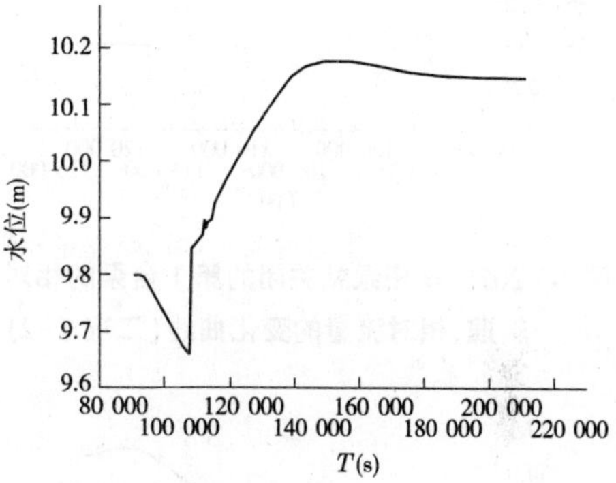

图 3-3-205 东宋泵站进水池
水位波动曲线(工况 T-2)

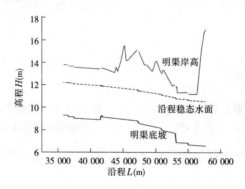

图 3-3-206 流量扰动后灰埠泵站—东宋泵站沿程水面线(工况 T-2)

(6)辛庄泵站在 116 873 s 时刻(扰动发生后 26 018 s)关闭 1 台泵,在 161 000 s 时刻(扰动发生后 70 145 s)关闭另 1 台泵,泵站流量从校核流量减小为设计流量。计算结果表明,过渡过程中进水池最高水位低于其设计的最高水位(14.14 m)。关闭的第 1 台泵的相对转速、相对流量的变化曲线见图 3-3-207,关闭的第 2 台泵的相对转速、相对流量的变化曲线见图 3-3-208;辛庄泵站进水池的水位波动曲线见图 3-3-209;东宋泵站—辛庄泵站段的明渠流量基本稳定到设计流量附近后的稳态水面线见图 3-3-210。

3.3.5 水力过渡过程计算结论

3.3.5.1 加压泵站及其输水压力管道计算结论

(1)黄水河泵站和星石泊泵站的泵站出口处应分别布置一个空气阀,以防止泵后的负压过大。

(2)黄水河泵站—任家沟隧洞、高疃泵站—星石泊泵站、星石泊泵站—卧龙隧洞沿线的管道还需增加少量空气阀。

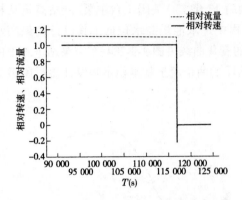

图 3-3-207　辛庄泵站关闭的第 1 台泵的相对
转速、相对流量的变化曲线(工况 T-2)

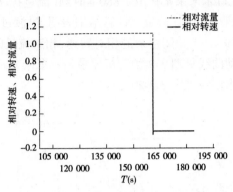

图 3-3-208　辛庄泵站关闭的第 2 台泵的相对
转速、相对流量的变化曲线(工况 T-2)

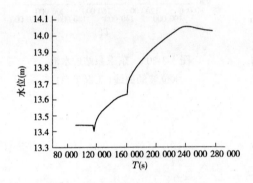

图 3-3-209　辛庄泵站进水池
水位波动曲线(工况 T-2)

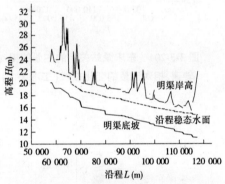

图 3-3-210　流量扰动后东宋泵站—辛庄
泵站沿程明渠水面线(工况 T-2)

(3)温石汤泵站—村里集隧洞的管道无需增设空气阀,已设的空气阀满足对负压的控制要求。

(4)黄水河泵站、温石汤泵站和星石泊泵站,在泵站掉电的情况下,下游末端的蝶阀关闭,会引起管道内最大压力极值的上升和负压极值的下降。因此,在掉电情况下,管道末端无需设置自动关闭的蝶阀。

(5)高疃泵站管道末端蝶阀(星石泊泵站前设置的自动蝶阀)关闭,同样会引起压力极值的上升和负压极值的下降,即使选择很缓慢的关闭规律,仍然会使其末端管道的压力上升较大。但高疃泵站管道末端蝶阀设置在星石泊泵站的进水池前,若不关闭将造成上游管道拉空,同时对星石泊泵站的进水池可能造成一定的冲击。

(6)输水系统的附属设备的动作方式及规律都会影响计算结果,尤其是出水口和分水口处结构和运行操作方式必须根据系统运行要求加以明确。

3.3.5.2　隧洞及暗渠计算结论

(1)在校核流量下,任家沟隧洞中流动方式为明流,不会出现漏空现象,其后的任家沟暗渠中流动方式为满流。

(2)在校核流量下,村里集隧洞中流动方式为明流,不会出现漏空现象,不存在过流能力过大的问题,其后的村里集暗渠中流动方式为满流。

（3）在设计流量下，村里集隧洞中流动方式为明流，其后的村里集暗渠的末端会发生明满流交替的情况，但是在流量扰动的情况下水面波动的幅度不大。

（4）在校核流量下，卧龙隧洞中流动方式为明流。

（5）计算结果表明，任家沟隧洞和暗渠、村里集隧洞和暗渠以及孟良口子隧洞、卧龙隧洞在校核流量下的设计基本合理。

3.3.5.3　全输水系统计算结论

1.全系统稳态计算结论

（1）在适当等效的基础上，用零流量状态法对通滨分水闸引水至威海市的米山水库的全系统进行一定流量下的稳态初值计算，这样使稳态初值和动态计算所用的初值相吻合，可以减少不应有的扰动。

（2）从校核流量计算工况看，宋庄分水闸—黄水河泵站进水池的明渠段沿程水面线在各处的岸高之下，明渠系统的设计基本合理。

（3）各个泵站的进水池和出水池的水位均在合理范围内，其设计参数基本合理。

（4）全系统在黄水河泵站前多次分水，经黄水河泵站、温石汤泵站、高疃泵站和星石泊泵站4级管道加压泵站的流量为设计流量，任家沟隧洞、村里集隧洞、孟良口子隧洞、卧龙隧洞、任家沟暗渠内的流动方式是明流，村里集暗渠在末端可能出现明满交替流动现象。

2.全系统明渠设计流量的稳态计算结论

在3.3.4.1部分全系统稳态计算结果的基础上，系统来流从校核流量减小为设计流量，调节分水口和泵站机组使得各明渠段流量达到设计流量，并控制水位在设计水位，其过渡过程计算表明：

（1）通滨分水闸—黄水河泵站段的明渠在通过设计流量的情况下，得到的相应的稳态水面线均在校核流量下的稳态水面线之下。

（2）通滨分水闸—黄水河泵站段的明渠段在设计流量下各控制点水位和设计水位接近，说明设计基本合理。

3.明渠沿程倒虹吸闸门关闭过渡过程计算结论

（1）宋庄分水闸—黄水河泵站沿程的明渠设计基本合理，在沿程泵站掉电、闸门关闭的情况下，宋庄分水闸—灰埠泵站段明渠、灰埠泵站—东宋泵站段明渠、南阳河倒虹吸出口—苏郭河倒虹吸进口段明渠、苏郭河倒虹吸—辛庄泵站段明渠、辛庄泵站—黄水河泵站段明渠水位波动没有发生漫堤现象，但是东宋铁路倒虹吸—南阳河倒虹吸入口段明渠，过渡过程中在末端会发生溢流现象，建议加高此处的堤岸，或者在该段明渠中部合适的地方设置节制闸。

（2）灰埠泵站、东宋泵站及辛庄泵站的进水池和出水池在过渡过程中也未发生溢出的情况，水位均在岸堤之下，但东宋泵站和辛庄泵站进水池的水位波动极值超过了水池的设计最高水位。

4.泵站掉电的事故工况的过渡过程计算结论

（1）灰埠泵站、东宋泵站、辛庄泵站、黄水河泵站内所有泵掉电，泵后阀门以及沿线所有电动闸门都拒动，是比较危险的一个工况，在实际中出现的可能性较小，但计算结果可以作为相邻泵站掉电工况的参考。

（2）宋庄分水闸—黄水河泵站入口，在泵站掉电、沿程阀门闸门拒动时，灰埠泵站进水池、东宋泵站进水池、辛庄泵站进水池、53+255~56+450 段明渠和 159+255~159+559 段明渠会发生溢流现象。

（3）东宋泵站后的明渠段 114+918~115+050 最高水面线和堤高之间的超高较小，可能出现漫堤现象。

（4）辛庄泵站后的明渠段 156+320~156+400 和桩号 148+450 附近最高水面线和堤高之间的超高较小，可能出现漫堤现象。

（5）灰埠泵站、东宋泵站、辛庄泵站出口处的出水池及其后的明渠在掉电发生后可能出现露底，应考虑及时关闭泵站的泵后闸门或阀门和距离该泵站出水池最近处的倒虹吸前闸门。

（6）灰埠泵站、东宋泵站和辛庄泵站的各个泵都发生倒转和倒流。

（7）对于灰埠泵站、东宋泵站和辛庄泵站，当上级泵站正常运行，而泵站所有泵掉电且泵后阀门不关闭时，泵站进水池会溢流。发生这种情况时，应该尽早关闭该级泵站的泵后快速闸门或阀门和距离该泵站进水池最近处的倒虹吸闸门。

5.全系统流量调节过渡过程计算结论

（1）当上游来流减小时，如果关泵过早，上游的来流可能使得泵站的进水池水位超过其设计的最高水位，甚至发生漫堤现象；如果关泵过晚，有可能出现进水池水位过低，泵在运行中则有可能发生汽蚀现象，影响泵的使用寿命。

（2）当系统流量从校核流量减小为设计流量时，沿程各级泵站需要在合适的时间关闭合适的泵台数，系统稳定后明渠沿程的水面线与校核流量下相比略有变化，泵站进水池前的明渠水面略有抬高，但未发生漫堤现象。

（3）经过多次试算，得到了当系统流量从校核流量减小为设计流量时宋庄泵站、王褥泵站、灰埠泵站、东宋泵站和辛庄泵站的水泵相应关闭时间，该时间顺序对工程实际运行具有参考意义。计算结果表明，按照该时间顺序关泵，前 2 级泵站前明渠水位不超过堤岸高，后 4 级泵站进水池水位不会超过设计最高水位。

第 4 章　输水系统安全调度运行方案

4.1　方案编制的必要性

随着人口的增加和工农业的发展,需水量不断增加,管道输水因具有水资源损失少、土地资源占用小、水质保证率高、对地形地势的适应能力强等优势,在长距离引调水工程中得到普遍应用。例如:辽宁省大伙房水库输水(二期)工程输水管线长约 232 km,山西省万家寨引黄供水北干线工程输水管线长约 160 km,山东省胶东地区引黄调水工程输水管线长约 160 km 等。

输水管道常采用预应力钢筒混凝土管、球墨铸铁管、钢管、夹砂玻璃钢管、预应力钢筋混凝土管及塑料管非金属管材等。管道沿线通常设有调压塔、调节水池、阀门井、排气阀井等附属设施,以及减压阀、流量控制阀、检修阀、进气排气阀等附属设备。当输水线路较长时,输水管线可依据地形地势采用加压输水、无压重力输水、有压重力输水等多种输水方式的组合,并且根据管材公称压力等级进行合理分段,以便降低工程投资。不同输水方式的运行控制方式各不相同,并且管道沿线管材、设备的承压能力也各不相同,为保证输水管线在不同运行工况时均能安全、稳定运行,需利用泵站和管道沿线设置的控制装置进行调控;制定不同运行工况的调控步骤,是编制输水系统调度运行方案的主要内容。

大型长距离输水工程流量大、管径大、压力较高,一旦出现输水安全事故,将对工程本身和管道沿线环境产生较大影响。而不同工程的输水系统,其运行控制方式往往相差较大,需要根据其工程特性编制输水系统调度运行方案,然后根据调度运行方案制定详细的操作规程。因此,为保证输水系统安全、稳定运行,编制调度运行方案是工程运行管理单位的首要工作。

4.2　目标和效果

以"安全、可靠"运行为前提,以"经济、合理"运行为目的,按照"全系统流量平衡、低稳态运行压力"的原则,编制输水系统调度运行方案,确保输水工程安全、高效运行,实现"规范化、标准化、精细化"的运行调度管理目标。

依据调度运行方案,在满足各运行工况用水量需求的前提下,选取优化调度方式,最大限度地减少水量调度的波动幅度,实现全系统安全、平稳、经济地优化运行。当输水系统出现事故时,能够快速、准确地判定事故位置并及时启动应急预案,顺序关停沿线控制装置,避免事故的扩大。

4.3　方案编制步骤和内容

4.3.1　收集工程资料

输水系统工程的设计、制造、安装、竣工等资料是编制调度运行方案的重要依据,主要包括:设计报告、输水管线线路平面图、纵断面图、泵站及管道沿线设备布置图、调节水池和调压塔等构筑物竣工图;设备制造厂家提供的水泵特性指标和性能曲线;水泵及管道沿线各类附属设备、调控设备、压力和流量计量等设备的技术参数、数量和安装位置等。

4.3.2　确定运行工况

根据工程供水目标、沿线分水口位置和分水量,确定输水系统调度运行各工况组合。

4.3.3　确定运行控制方式

依据设计资料、工程特性和控制设施位置,对输水线路进行合理分段,根据各段线路不同的输水方式采用不同的控制措施。通常,泵站加压输水管段采用增减泵站机组、水泵调速或通过泵后液控蝶阀进行流量和压力控制,重力输水管段通过管道沿线的调流调压设施进行流量和压力控制。

4.3.4　运行控制方式分析

根据选定的运行控制方式,分析输水系统梯级泵站间流量匹配和管线控制设施能否满足各工况稳定运行和不同工况间的平稳切换。

4.3.5　输水系统控制设施运行程序的制定和参数计算

输水系统的正常运行是通过调节输水管线控制设施和运行参数实现的。因此,在确定运行控制方式后,应制定输水管线控制设施运行程序,计算各控制设施的运行参数,主要包括:泵站水泵机组和沿线控制设施的正常运行工况、事故工况的运行控制程序,计算各控制设施的水位、压力、流量运行参数。

4.3.6　各运行工况输水系统水力过渡过程计算

(1)各运行工况条件下,输水系统水力过渡过程计算。
(2)复核输水线路输水管道压力分布和输水设施。
(3)校核各运行工况条件下,全系统水锤防护方案和措施。

4.3.7　编制调度运行方案

根据不同运行工况,分别制订泵站水泵机组或沿线控制设施操作运行程序。各运行工况又包括正常运行工况和事故运行工况:
(1)正常运行工况。输水系统正常开机、停机的操作运行程序。

（2）事故运行工况。当泵站事故停机或出现输水管道事故时，输水系统停机的操作运行程序。

4.3.8　编制输水管道充水方案

当输水管道为空管状态时，水泵机组出口阀门打开，会造成水泵由零流量向大流量迅速漂移，极易使水泵进入不稳定运行状态，危及运行安全。离心泵初次启动或事故停泵重新启动时，对压力管道进行充水是非常必要的；管道运行时，如果管道内气体没有完全排出，会在管道内形成气囊，危及管道运行安全。因此，输水管道运行前应首先进行管道充水。编制输水管道充水方案主要按以下步骤进行。

4.3.8.1　**水源的确定**

充水水源一般可选择输水线路起点的供水水源或沿线附近河道内的水源，两种水源方案各有优势，既可使用单一水源，也可同时使用不同水源方案进行管道充水，应根据输水线路工程特性和是否便于运行管理等综合确定。

（1）输水线路起点供水水源。水源位置固定，水量和水质有保证，从管道起点向下游充水，充水时间相对较长。

（2）沿线附近河道内水源。水量和水质受环境影响较大，可以选择多处水源同时充水，充水时间相对较短。

4.3.8.2　**确定充水流量**

管道的充水过程是水体进入、气体排出的过程。管道充水时，管内为空管状态，在空管至有压流之间的水力过渡过程为无压流。由于管道充水过程中，管内气体通过空气阀保证与大气连通，并且大部分气体也需经过空气阀排出，因此务必保证管道沿线空气阀处于正常工作状态。在管道充水过程中，当充水流量小于临界积气流量时，可以保证非满流管道内气囊沿管道顺坡升到管道高点，从空气阀排出。因此，管道充水流量应根据临界积气流量，并考虑非预见因素的影响等综合确定。

4.3.8.3　**确定充水方式**

不同的水源方案其充水方式各不相同。当采用沿线附近河道内水源方案时，可根据水源位置划分充水管段，各管段分别在河道内设置潜水泵，通过连通管向管道内充水，潜水泵的流量、扬程等指标应满足充水流量、充水管段的高差要求。当采用输水线路起点供水水源方案时，通常采用增设辅助泵充水、利用水泵调速机组充水、重力自流充水等方式。

4.3.8.4　**编制全线充水方案**

根据选定的充水方式，编制全线输水管道充水方案，主要包括以下内容：

（1）根据工程内容和管线纵断面图划分充水管段，并确定各管段的充水最大静水压力。

（2）制订充水时泵站水泵机组或沿线控制设施操作运行程序。

4.3.8.5　**编制输水管道加压充水方案**

输水线路各段管道充水结束后，首先开启输水线路起点泵站水泵机组或控制设施对输水管道进行小流量加压充水，以保证充水时输水管道内积存的气体完全排出管道；加压充水结束后，再加大流量至工况设计流量运行，主要包括以下内容。

1.确定加压充水流量

通常按加压充水时的管道满管平均流速应达到 0.3~0.5 m/s 的原则确定加压充水流量,并满足输水系统流量平衡的要求。

2. 编制加压充水方案

制订加压充水时泵站水泵机组或沿线控制设施操作运行程序。

4.4　输水系统调度运行方案实例

本节以编制山东省胶东地区引黄调水高疃泵站—米山水库段输水工程调度运行方案为例(限于篇幅有删减),对其主要工作步骤和方法进行说明。

4.4.1　调度运行工程设施概况

高疃泵站—米山水库段输水工程是整个胶东引黄调水工程的重要组成部分,输水线路总长约 90.3 km,采用压力管道、隧洞、暗渠输水,主要有 2 座泵站、3 座隧洞、1 座暗渠及输水管道等工程。该段工程以高疃泵站为起点,之后依次为福山段输水管道、莱山段输水管道、桂山隧洞、牟平(一)段输水管道、孟良口子隧洞、星石泊泵站、牟平(二)段输水管道、卧龙隧洞、文登段输水管道,详见图 3-4-1、图 3-4-2。

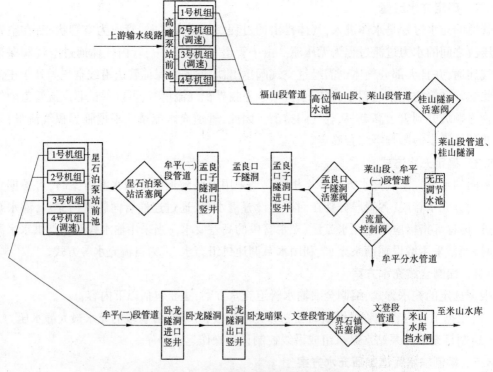

图 3-4-1　输水线路沿线建筑物示意图

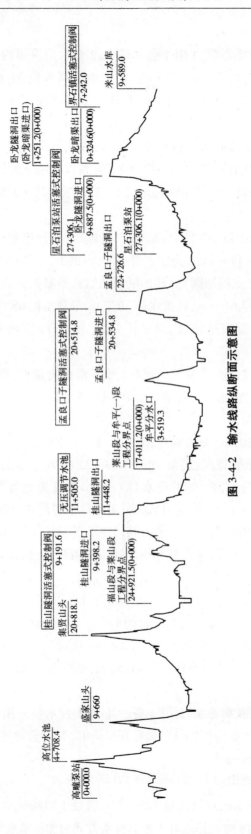

图 3-4-2　输水线路纵断面示意图

4.4.1.1　高疃泵站

高疃泵站安装 4 台双吸离心泵,3 用 1 备。其中,2 台水泵采用内反馈传级调速运行。设计流量 5.5 m³/s,站前前池设计水位 30.68 m,前池最高水位 31.68 m,前池最低水位 28.50 m;站后高位水池最低设计水位 87.53 m,设计水位 90.5 m,最高水位 93.5 m。

4.4.1.2　福山段输水管道

线路桩号里程长度 24.92 km,设计流量 5.5 m³/s。在桩号 4+708.4 处设无压高位水池 1 座;高位水池上游管道采用加压输水,管径 DN2000;高位水池下游管道采用有压重力输水,管径 DN2200。沿线设检修阀门井 10 座,排气井 34 座,排水井 10 座。

4.4.1.3　莱山段输水管道

线路桩号里程长度 17.01 km,管径 DN2200,单管输水,设计流量 5.5 m³/s。其中桩号 0+000~9+398.2、11+448.2~17+011.2 为输水管道段,9+398.2~11+448.2 为桂山隧洞。在桩号 9+191.6 处设 1 座活塞式控制阀井(桂山隧洞活塞式控制阀),在桩号 11+505.0 处设无压调节水池 1 座(设计水位 61.0 m,最低水位 59.2 m,最高水位 65.0 m)。沿线设检修阀门井 7 座,泄压阀门井 1 座,排气井 16 座,排水井 4 座。输水方式为有压重力输水。

4.4.1.4　桂山隧洞

桂山隧洞地处莱山段,设计流量为 5.5 m³/s。设计断面为圆形,洞径 2.6 m,隧洞全长 2 050 m,比降为 1/10 000。进、出口均与输水管道连接,为有压隧洞。

4.4.1.5　牟平(一)段输水管道

线路桩号里程长度 27.30 km,单管输水,地埋敷设。其中,桩号 0+000~20+534.8、桩号 22+726.6~27+296.6 为输水管道段,桩号 20+534.8~22+726.6 为无压孟良口子隧洞段。在桩号 3+519.3 设有一座分水井(牟平分水口),分水前管道设计流量 5.5 m³/s、管径 DN2200,分水后设计流量 4.8 m³/s、管径 DN2000,孟良口子隧洞之后管径为 DN1600。沿线设活塞式控制阀井 2 座,分水阀门井 1 座,消力阀门井 1 座,调压阀门井 1 座,泄压阀门井 1 座,检修阀门井 6 座,排气井 21 座,排水井 9 座。管道采用有压重力输水,隧洞为无压重力输水。

4.4.1.6　孟良口子隧洞

孟良口子隧洞为牟平(一)段输水管道工程的组成部分。设计流量为 4.8 m³/s,设计断面为 2.4 m×1.9 m(宽×高)加半圆拱,隧洞全长 2 192 m,比降为 1/1 000。隧洞进、出口分别设竖井通至地面,为无压隧洞。进口设计水位 41.57 m,出口设计水位 38.9 m。

4.4.1.7　星石泊泵站

星石泊泵站安装 4 台双吸离心泵,3 用 1 备。其中,1 台水泵采用斩波内馈调速运行。设计流量 4.8 m³/s,前池设计水位 9.2 m,前池最高水位 10.7 m,前池最低水位 7.7 m。站后卧龙隧洞进口设计水位 59.52 m。

4.4.1.8　牟平(二)段输水管道

线路桩号里程长度 9.89 km,设计流量 4.8 m³/s,管径 DN1800,单管输水且地埋敷设。沿线设阀门井 5 座,排气井 18 座和排水井 1 座。输水方式为加压输水。

4.4.1.9　卧龙隧洞

卧龙隧洞进口与牟平(二)段输水管道连接,出口接卧龙暗渠。无压隧洞,设计流量为 4.8 m³/s。设计断面为 2.4 m×1.9 m(宽×高)加半圆拱,隧洞全长 1 251.2 m,比降为 1/1 500。隧洞进、出口分别设竖井通至地面。进口设计水位 60.64 m,出口设计水位 59.6 m。

4.4.1.10　卧龙暗渠

卧龙暗渠进口与卧龙隧洞出口相连接,出口接文登段输水管道。设计流量为 4.8 m³/s,暗渠全长 324.6 m。设计过水断面为 1.6 m×2.0 m(宽×高),为有压暗渠。比降为1/2 700。

4.4.1.11　文登段输水管道工程

线路桩号里程长度 9.59 km,单管输水,设计流量 4.8 m³/s,管径为 DN1800、DN1600,地埋敷设。在桩号 7+242.0 处设 1 座活塞式控制阀井(界石镇活塞式控制阀)。沿线设检修阀门井 2 座,排气井 6 座,管道末端设挡水闸 1 座和排水井 1 座。输水方式为有压重力输水。

4.4.2　运行工况

根据运行管理单位要求及沿线可能的用水量、分水量,确定输水系统运行工况组合。山东省胶东地区引黄调水工程高疃泵站—米山水库段输水系统共确定了 7 个工况组合,限于篇幅,本节只列出工况 1 和工况 2。

(1)工况 1:向米山水库及牟平分水口同时输水,输水系统各段输水流量见表 3-4-1。

(2)工况 2:单独向米山水库输水,输水系统各段输水流量见表 3-4-2。

4.4.3　输水系统运行控制方式分析

根据工程特性和沿线控制设施位置,将输水管线划分为 6 段,依据输水方式采用不同的运行控制方式进行各管段流量和压力调节,见表 3-4-3。

4.4.3.1　高疃泵站—高位水池管段

该管段为泵站加压输水,采用增减泵站水泵机组、调速进行流量和压力控制。

1.高疃泵站基本情况

高疃泵站特性指标见表 3-4-4。

表 3-4-1　工况 1：向米山水库及牟平分水口同时输水

序号	输水线路及分水口名称	输水线路起点	输水线路终点	输水型式	输水线路设计流量（m³/s）	分水口分水流量（m³/s）
1	高疃泵站	高疃泵站	泵站出口输水管道接管点	管道	5.5	
2	福山段输水管道	高疃泵站出口输水管道接管点	高位水池	管道	5.5	
3	福山段、莱山段输水管道	高位水池	桂山隧洞进口输水管道接管点	管道	5.5	
4	桂山隧洞	桂山隧洞进口	桂山隧洞出口	隧洞	5.5	
5	莱山段、牟平（一）段输水管道	桂山隧洞出口输水管道接管点	牟平分水口	管道	5.5	
6	牟平分水口	牟平分水口	牟平分水口	管道		0.7
7	牟平（一）段输水管道	牟平分水口	孟良口子隧洞进口输水管道接管点	管道	4.8	
8	孟良口子隧洞	孟良口子隧洞进口	孟良口子隧洞出口	隧洞	4.8	
9	牟平（一）段输水管道	孟良口子隧洞出口输水管道接管点	星石泊泵站进口输水管道接管点	管道	4.8	
10	星石泊泵站	星石泊泵站	泵站出口输水管道接管点	管道	4.8	
11	牟平（二）段输水管道	星石泊泵站出口输水管道接管点	卧龙隧洞进口输水管道接管点	管道	4.8	
12	卧龙隧洞	卧龙隧洞进口	卧龙隧洞出口	隧洞	4.8	
13	卧龙暗渠	卧龙暗渠进口（卧龙隧洞出口）	卧龙暗渠出口（输水管道接管点）	暗渠	4.8	
14	文登段输水管道	卧龙暗渠出口输水管道接管点	米山水库输水管道接管点	管道	4.8	

表 3-4-2　工况 2：单独向米山水库输水

序号	输水线路及分水口名称	输水线路起点	输水线路终点	输水型式	输水线路设计流量（m³/s）	分水口分水流量（m³/s）
1	高疃泵站	高疃泵站	泵站出口输水管道接管点	管道	4.8	
2	福山段输水管道	高疃泵站出口输水管道接管点	高位水池	管道	4.8	
3	福山段、莱山段输水管道	高位水池	桂山隧洞进口输水管道接管点	管道	4.8	
4	桂山隧洞	桂山隧洞进口	桂山隧洞出口	隧洞	4.8	
5	莱山段、牟平（一）段输水管道	桂山隧洞出口输水管道接管点	牟平分水口	管道	4.8	
6	牟平分水口	牟平分水口	牟平分水口	管道		0
7	牟平（一）段输水管道	牟平分水口	孟良口子隧洞进口输水管道接管点	管道	4.8	
8	孟良口子隧洞	孟良口子隧洞进口	孟良口子隧洞出口	隧洞	4.8	
9	牟平（一）段输水管道	孟良口子隧洞出口输水管道接管点	星石泊泵站进口输水管道接管点	管道	4.8	
10	星石泊泵站	星石泊泵站	泵站出口输水管道接管点	管道	4.8	
11	牟平（二）段输水管道	星石泊泵站出口输水管道接管点	卧龙隧洞进口输水管道接管点	管道	4.8	
12	卧龙隧洞	卧龙隧洞进口	卧龙隧洞出口	隧洞	4.8	
13	卧龙暗渠	卧龙暗渠进口（卧龙隧洞出口）	卧龙暗渠出口（输水管道接管点）	暗渠	4.8	
14	文登段输水管道	卧龙暗渠出口输水管道接管点	米山水库输水管道接管点	管道	4.8	

表 3-4-3　输水管线各管段运行控制方式

序号	管段名称	输水方式	运行控制方式
1	高疃泵站—高位水池	加压输水	水泵机组调速,增减台数
2	高位水池—调节水池	有压重力输水	桂山隧洞活塞式控制阀
3	调节水池—孟良口子隧洞	有压重力输水	孟良口子隧洞活塞式控制阀
4	孟良口子隧洞—星石泊泵站	有压重力输水	星石泊泵站活塞式控制阀
5	星石泊泵站—卧龙隧洞	加压输水	水泵机组调速,增减台数
6	卧龙隧洞—米山水库	有压重力输水	界石镇活塞式控制阀

表 3-4-4　高疃泵站特性指标

泵站名称	流量(m^3/s)	设计扬程(m)	前池水位(m)	机组台数
高疃泵站	5.5	65	最高 31.68 设计 30.68 最低 28.50	共4台: 备用1台、 调速2台、 定速1台

2. 各工况水泵运行控制方式

选择泵站前池设计水位为运行水位,即在泵站运行期间,随时监测前池水位,使前池水位尽可能维持在设计水位。当前池水位低于设计水位时,应适当降低水泵转速;当前池水位高于设计水位时,应适当提高水泵转速;当提高转速仍不能改变水位上升时,需要增加1台运行水泵,或者通知上级泵站减少来水流量,各工况水泵运行控制方式见表3-4-5。

表 3-4-5　高疃泵站各工况水泵运行控制方式

泵站名称	工况	流量(m^3/s)	运行方式
高疃泵站	工况1	5.5	3台机组同时运行,其中2台调速水泵按99%额定转速运行
	工况2	4.8	3台机组同时运行,其中2台调速水泵按95%额定转速运行

4.4.3.2　高位水池—调节水池管段

高位水池—调节水池管段为有压重力输水,采用调节桂山隧洞活塞式控制阀进行流量和压力控制。

1. 高位水池和调节水池

桂山隧洞活塞阀上下游高位水池和调节水池设计指标见表3-4-6。

表 3-4-6　桂山隧洞活塞阀上下游高位水池和调节水池设计指标

起点:高位水池	出口管道	管中心高程(m)	85.6		
		管道规格	DN2200		
	水位(m)		最低	设计	最高
			87.53	90.5	93.5
	最低最高水位间容积(m³)		1 194.0		
终点:调节水池	进口管道	管中心高程(m)	53.78		
		管道规格	DN2200		
	水位(m)		最低	设计	最高
			59.2	61.0	65.0
	最低最高水位间容积(m³)		2 273.0		

2. 桂山隧洞活塞阀

桂山隧洞活塞阀设计参数见表 3-4-7。

表 3-4-7　桂山隧洞活塞阀设计参数

数量(台)		2		
管中心高程(m)		43.77		
阀门处输水管道规格		DN2200		
流量(m³/s)		最低	设计	最高
		1.0	5.5	6.0
阀前静水压(m)		最低	设计	最高
		43.76	46.73	49.73
阀后静水压(m)		最低	设计	最高
		15.43	17.23	21.23
阀前动水压(m)	工况 1	最低	设计	最高
		22.25	25.22	28.22
	工况 2	最低	设计	最高
		27.34	30.31	33.31
阀后动水压(m)	工况 1	最低	设计	最高
		16.34	18.14	22.14
	工况 2	最低	设计	最高
		16.12	17.92	21.92
调节压差(m)		最低	设计	最高
		22.53	29.5	34.3

3.桂山隧洞活塞式控制阀开度流量曲线

通过计算,选用 2 台公称直径 DN1200 活塞式控制阀同时控制,使高位水池—无压调节水池有压重力输水管道段满足运行工况的要求。设计压差时,单台活塞式控制阀指标如图 3-4-3 所示。

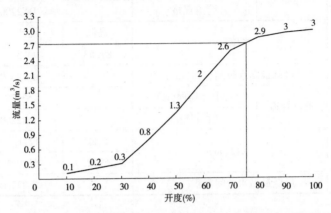

图 3-4-3　桂山隧洞活塞式控制阀设计压差开度流量曲线

4.设计压差时桂山隧洞活塞式控制阀各工况指标

设计压差时,活塞阀在工况 1,设计流量 5.5 m³/s 的开度为 76%,在工况 2 下,设计流量 4.8 m³/s 的开度为 67%,完全开启的流量为 6.0 m³/s;活塞阀全程开启或关闭时间为 27 min,76%开度时关闭时间为 20.5 min,67%开度时关闭时间为 18.1 min。活塞阀上游高位水池设计水位与最高水位、最低水位间容积满足不同开度开启、关闭期间最大水量的调节要求。

5.控制要求

保证该段管道在任何工况下,避免出现上游高位水池水位超过最高水位 93.5 m 或低于最低水位 87.53 m 及下游无压调节水池水位超过最高水位 65.0 m 或低于最低水位 59.2 m 的情况,保证管道流量满足各工况要求。

4.4.3.3　调节水池—孟良口子隧洞管段

该管段为有压重力输水,利用孟良口子隧洞活塞式控制阀进行流量和压力控制。

1.调节水池、隧洞进口竖井设计参数

孟良口子隧洞活塞阀上下游调节水池、隧洞竖井设计指标见表 3-4-8。

表 3-4-8　孟良口子隧洞活塞阀上下游调节水池、隧洞竖井设计指标

起点无压调节水池	出口管道	管中心高程(m)	53.78		
		管道规格	DN2200		
	水位(m)		最低	设计	最高
			59.2	61.0	65.0
	最低最高水位间容积(m³)		2 273.0		
终点孟良口子隧洞进口竖井	进口管道	管中心高程(m)	39.7		
		管道规格	DN2000		
	水位(m)		最低	设计	最高
			41.17	41.57	43.0

2.孟良口子隧洞活塞阀设计参数

孟良口子隧洞活塞阀设计指标见表 3-4-9。

表 3-4-9　孟良口子隧洞活塞阀设计指标

数量(台)		1		
管中心高程(m)		39.7		
阀门处输水管道规格		DN2000		
流量(m³/s)		最低	设计	最高
		1.0	4.8	5.06
阀前静水压(m)		最低	设计	最高
		19.5	21.3	25.3
阀后静水压(m)		最低	设计	最高
		1.47	1.87	3.3
阀前动水压(m)	工况1	最低	设计	最高
		1.5	3.3	7.3
	工况2	最低	设计	最高
		2.85	4.65	8.65
阀后动水压(m)	工况1、工况2	最低	设计	最高
		1.49	1.89	3.3
调节压差(m)		最低	设计	最高
		16.2	19.43	23.83

3.孟良口子隧洞活塞式控制阀开度流量曲线

选用 1 台 DN1800 活塞式控制阀控制,使调节水池—孟良口子隧洞有压重力输水管道段满足运行工况的要求。设计压差时活塞式指标图如图 3-4-4 所示。

1)工况 1

工况 1 孟良口子隧洞活塞式控制阀设计压差开度流量曲线见图 3-4-4。

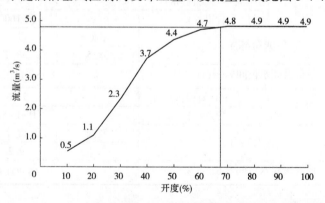

图 3-4-4　孟良口子隧洞活塞式控制阀设计压差开度流量曲线(工况 1)

2)工况 2

工况 2 下孟良隧洞活塞式控制阀设计压差开度流量曲线见图 3-4-5。

4.设计压差时孟良口子隧洞活塞式控制阀各工况指标

设计压差时,活塞阀在工况 1 下,设计流量 4.8 m³/s 的开度为 67%,完全开启的流量为 4.88 m³/s;活塞阀全程开启或关闭时间为 32 min,67% 开度时关闭时间为 21.4 min。活塞阀

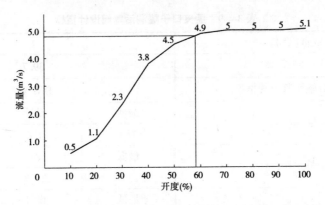

图 3-4-5　孟良口子隧洞活塞式控制阀设计压差开度流量曲线(工况 2)

在工况 2 下,设计流量 4.8 m³/s 的开度为 58%,完全开启的流量为 5.06 m³/s;活塞阀全程开启或关闭时间为 32 min,58%开度时关闭时间为 18.6 min。活塞阀上游调节水池设计水位与最高水位、最低水位间容积满足不同开度开启、关闭期间最大水量的调节要求。

5.控制要求

保证该段管道在任何工况下,避免出现上游无压调节水池水位超过最高水位 65.0 m,或低于最低水位 59.2 m;下游孟良口子隧洞进口竖井水位超过最高水位 43.0 m,或低于最低水位 41.17 m 的情况,保证管道流量满足各工况要求。

4.4.3.4　孟良口子隧洞—星石泊泵站管段

该管段为有压重力输水,利用星石泊泵站活塞式控制阀进行流量和压力控制。

1.隧洞出口竖井、泵站前池设计参数

星石泊泵站活塞阀上下游隧洞竖井、泵站前池设计指标见表 3-4-10。

表 3-4-10　星石泊泵站活塞阀上下游隧洞竖井、泵站前池设计指标

起点孟良口子隧洞出口竖井	出口管道	管中心高程(m)	37.3		
		管道规格	DN1600		
	水位(m)		最低	设计	最高
			38.5	38.9	40.0
	最低最高水位间容积(m³)		>1 000.0		
终点星石泊泵站前池	进口管道	管中心高程(m)	5.66		
		管道规格	DN1600		
	水位(m)		最低	设计	最高
			7.7	9.2	10.7
	最低最高水位间容积(m³)		15 400.0		

2.星石泊泵站活塞阀设计参数

星石泊泵站活塞阀设计指标见表 3-4-11。

3.星石泊泵站活塞式控制阀开度流量曲线

选用 1 台 DN1400 活塞式控制阀,使孟良口子隧洞—星石泊泵站有压重力输水管道段满足运行工况的要求。设计压差时控制阀指标如图 3-4-6 所示。

表 3-4-11　星石泊泵站活塞阀设计指标

数量(台)		1.0	
管中心高程(m)		5.66	
阀门处输水管道规格		DN1600	
流量(m³/s)	最低	设计	最高
	1.0	4.8	5.83
阀前静水压(m)	最低	设计	最高
	32.84	33.24	34.34
阀后静水压(m)	最低	设计	最高
	2.04	3.54	5.04
阀前动水压(m)　工况 1、工况 2	最低	设计	最高
	17.84	18.24	19.3
阀后动水压(m)　工况 1、工况 2	最低	设计	最高
	2.07	3.57	5.07
调节压差(m)	最低	设计	最高
	27.8	29.7	32.3

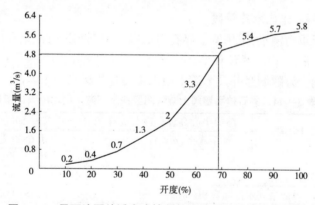

图 3-4-6　星石泊泵站活塞式控制阀设计压差开度流量曲线

4.设计压差时,孟良口子隧洞活塞式控制阀各工况指标

设计压差时,活塞阀在工况 1、工况 2 下,设计流量 4.8 m³/s 的开度为 69%,完全开启的流量为 5.83 m³/s;活塞阀全程开启或关闭时间为 26.5 min,69%开度时关闭时间为 18.3 min。活塞阀上游隧洞竖井设计水位与最高水位、最低水位间容积满足不同开度开启、关闭期间最大水量的调节要求。

5.控制要求

保证该段管道在任何工况下,避免出现上游孟良口子隧洞出口竖井水位超过最高水位 40.0 m 或低于最低水位 38.5 m 及下游星石泊泵站前池水位超过最高水位 10.7 m 或低于最低水位 7.7 m 的情况,保证管道流量满足各工况要求。

4.4.3.5　星石泊泵站—卧龙隧洞管段

该管段为泵站加压输水,采用增减泵站水泵机组、水泵调速进行流量和压力控制。

1.泵站基本情况

星石泊泵站特性指标见表 3-4-12。

表 3-4-12　星石泊泵站特性指标

泵站名称	流量(m³/s)	设计扬程(m)	前池水位(m)		机组台数
星石泊泵站	4.8	72	最高 10.70		共4台,其中含
			设计 9.20		备用1台、调速
			最低 7.70		1台、定速1台

2.各工况水泵运行控制方式

选择泵站前池设计水位为运行水位。当前池水位低于设计水位时,适当降低水泵转速;当前池水位高于设计水位时,适当提高水泵转速;当提高转速仍不能改变水位上升时,需要增加1台运行水泵,或者通知上级泵站减少来水流量。各工况水泵运行控制方式详见表 3-4-13。

表 3-4-13　星石泊泵站各工况水泵运行控制方式

泵站名称	工况	流量(m³/s)	运行方式
星石泊泵站	工况1 工况2	4.8	3台机组同时运行,其中1台调速水泵按96%额定转速运行

4.4.3.6　卧龙隧洞—米山水库管段

该管段为有压重力输水,采用调节界石镇活塞式控制阀进行流量和压力控制。

1.隧洞出口竖井、米山水库设计参数

界石镇活塞阀上游隧洞竖井及下游米山水库设计指标见表 3-4-14。

表 3-4-14　界石镇活塞阀上游隧洞竖井及下游米山水库设计指标

卧龙隧洞 出口竖井	出口暗渠	暗渠中心高程(m)	57.065		
		暗渠规格(m×m)	1.6×2(宽×高)		
	水位(m)		最低	设计	最高
			59.2	59.6	61.0
	最低最高水位间容积(m³)		>1 000.0		
米山水库	进口管道	管中心高程(m)	27.78		
		管道规格	DN1600		
	水位(m)		最低	设计	最高
			28.6	30.0	30.0

2.界石镇活塞阀设计参数

界石镇活塞阀设计指标见表 3-4-15。

3.界石镇活塞式控制阀开度流量曲线

选用1台 DN1600 活塞式控制阀控制,使卧龙隧洞—米山水库有压重力输水管道段满足运行工况的要求。设计压差时控制阀指标如图 3-4-7 所示。

4.设计压差时界石镇活塞式控制阀各工况指标

设计压差时,活塞阀在工况1、工况2下,设计流量 4.8 m³/s 的开度为 68%,完全开启的流量为 5.41 m³/s;活塞阀全程开启或关闭时间为 29.0 min,68%开度时关闭时间为 19.7 min。活塞阀上游隧洞竖井设计水位与最高水位、最低水位间容积满足不同开度开启、关闭期间最大水量的调节要求。

表 3-4-15　界石镇活塞阀设计指标

数量(台)	1		
管中心高程(m)	32.07		
阀门处输水管道规格	DN1600		
流量(m³/s)	最低	设计	最高
	1	4.8	5.41
阀前静水压(m)	最低	设计	最高
	27.13	27.53	28.93
阀后静水压(m)	最低	设计	最高
	-3.47	-2.07	-2.07
阀前动水压(m)　工况1、工况2	最低	设计	最高
	12.41	12.81	14.21
阀后动水压(m)　工况1、工况2	最低	设计	最高
	1.68	3.08	3.08
调节压差(m)	最低	设计	最高
	24.05	24.45	27.25

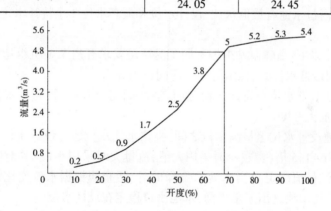

图 3-4-7　界石镇活塞式控制阀设计压差开度流量曲线

5.控制要求

保证该段管道在任何工况下,避免出现上游卧龙隧洞出口竖井水位超过最高水位 61.0 m 或低于最低水位 59.2 m 的情况,保证管道流量满足各工况要求。

4.4.4　输水管线控制设施运行程序

4.4.4.1　泵站正常工况运行控制

按正常操作规程的要求,离心泵启动、停泵和运行中每一台水泵切换时,均应遵循关阀启动以及先关阀门后停泵的操作原则。泵站水泵机组正常开、停机程序如下:

(1)启动 1# 机组和 1# 机组轴流通风机。

(2)开启技术供水系统,开启油站,然后开主机。

(3)1# 机组启动 4 s 时即进入稳定状态,此时自动控制开启 1# 机组出水管液控蝶阀,液控蝶阀至全开状态后自动锁定,至此 1# 机组启动过程全部完成。

(4)1# 机组启动完成后,可启动 2# 机组,启动程序同 1# 机组。其间隔可控制在 10 ~ 15 min。依次类推启动其他机组。

（5）停机时，先关闭 1#机组出水管液控蝶阀，待液控蝶阀全关闭时停机，然后关停其对应的轴流通风机、油站。1#机组停机完成 5～10 min 后，可停 2#机组，停机程序同 1#机组。停机时依次停机，严禁同时停机。

（6）机组需要调速运行时，需满速启动，稳定运行后，再将水泵转速调至所需数值。

4.4.4.2　泵站事故工况运行控制

1.高疃泵站事故停机

高疃泵站事故停机时，应控制减少上游来水量，关闭泵站进水闸门，加大上游管道沿线和门楼水库的分水流量，必要时上游温石汤泵站、黄水河泵站及明渠泵站按正常程序停机；星石泊泵站应加强前池水位监测，当前池水位下降到最低水位时，按正常停机程序停机。

2.星石泊泵站事故停机

星石泊泵站事故停机时，应控制减少高疃泵站及其上游来水量，尽可能加大上游管线沿线分水流量，高疃泵站按正常程序依次关停机组；必要时上游温石汤泵站、黄水河泵站及明渠泵站按正常程序停机。

4.4.4.3　桂山隧洞调控阀正常工况运行控制

根据管线工程特性，为保证系统各工况条件下安全运行，桂山隧洞调控阀主要用于调控高位水池水位。高位水池有最低水位、设计水位和最高水位 3 个特征水位。

1.开阀

（1）最低水位以下：高疃泵站根据不同工况流量要求开启泵站机组运行，高位水池水位上升，当水位达到最低水位时，桂山隧洞活塞阀自动开启。

（2）高位水池最低水位至设计水位之间：活塞阀初步开启后，高位水池水位持续升高，则活塞阀也持续加大开度。

（3）高位水池设计水位至最高水位之间：高位水池水位超过设计水位，则活塞阀加大开度至进池流量 1.1～1.5 倍（流量小时采用大值，流量大时采用小值）的对应开度（流量值根据高疃泵站出口流量值确定）；当水池水位降低时，活塞阀根据水位变化情况，适时减小开度，开度调整至高位水池进出流量平衡，水池水位稳定在设计水位。

（4）最高水位以上：高位水池水位超过最高水位，则活塞阀加大开度直至完全开启。当水池水位降至最高水位后，按步骤（3）运行。

2.关阀

关阀时高位水池水位稳定在设计水位，桂山隧洞活塞阀开度为工况流量开度。

（1）高疃泵站第一台机组正常停机，当高位水池水位降低，则活塞阀根据水位变化情况，自动减小开度，开度调整至高位水池进出流量平衡，水池水位稳定在设计水位。

（2）重复步骤（1），高疃泵站第二台机组正常停机。

（3）高疃泵站第三台机组正常停机，高位水池水位持续下降至最低水位以下，则活塞阀自动持续减小开度直至完全关闭。

4.4.4.4　孟良口子隧洞调控阀正常工况运行控制

孟良口子隧洞调控阀主要用于调控无压调节水池的水位。

1.开阀

（1）最低水位以下：桂山隧洞活塞阀根据不同工况流量要求开启运行，无压调节水池水位上升，当无压调节水池水位达到最低水位时，孟良口子隧洞活塞阀自动开启。

（2）最低水位至设计水位之间：活塞阀初步开启后，无压调节水池水位持续升高，则活塞阀持续加大开度至进池流量的开度。当水池水位超过设计水位后,按步骤(3)运行。

(3)设计水位至最高水位之间:无压调节水池水位超过设计水位时,活塞阀加大开度至进池 1.1~1.5 倍(流量小时采用大值,流量大时采用小值)流量的开度(流量值根据桂山隧洞活塞阀流量值确定);当水池水位降低时,活塞阀根据水位变化情况,适时减小开度,开度调整至无压调节水池进出流量平衡,水池水位稳定在设计水位。

(4)最高水位以上:无压调节水池水位超过最高水位,则活塞阀加大开度直至完全开启。当水池水位降至最高水位后,按步骤(3)运行。

2.关阀

关阀时无压调节水池水位稳定在设计水位,孟良口子隧洞活塞阀开度为工况流量开度。

(1)当桂山隧洞活塞阀启动关阀第(1)步时,无压调节水池水位降低,则孟良口子隧洞活塞阀根据水位变化情况,自动调整开度,开度调整至水池进出流量平衡,水池水位稳定在设计水位。

(2)孟良口子隧洞活塞阀根据桂山隧洞活塞阀关阀程序,相应重复步骤(1)。

(3)当桂山隧洞活塞阀启动关阀第(3)步骤时,无压调节水池水位持续下降至最低水位以下,则孟良口子隧洞活塞阀自动持续减小开度直至完全关闭。

4.4.4.5　星石泊泵站调控阀正常工况运行控制

星石泊泵站调控阀主要用于调控孟良口子隧洞出口竖井的水位。

1.开阀

(1)最低水位以下:孟良口子隧洞活塞阀根据上游不同工况流量要求开启运行,孟良口子隧洞出口竖井水位上升,当隧洞出口竖井水位达到最低水位时,星石泊泵站活塞阀自动开启。

(2)最低水位至设计水位之间:星石泊泵站活塞阀初步开启后,隧洞出口竖井水位持续升高,则活塞阀持续加大开度。

(3)设计水位至最高水位之间:当隧洞出口竖井水位超过设计水位时,活塞阀则加大开度至进隧洞 1.1~1.5 倍(流量小时采用大值,流量大时采用小值)流量的开度(流量值根据孟良口子隧洞活塞阀流量值确定);当隧洞出口竖井水位降低时,活塞阀根据水位变化情况,适时减小开度,开度调整至隧洞出口竖井进出流量平衡,水位稳定在设计水位。

(4)最高水位以上:隧洞出口竖井水位超过最高水位,则活塞阀加大开度直至完全开启。当水池水位降至最高水位后,按步骤(3)运行。

2.关阀

关阀时隧洞出口竖井水位稳定在设计水位,星石泊泵站活塞阀开度为工况流量开度。

(1)当孟良口子隧洞活塞阀启动关阀第(1)步骤时,隧洞出口竖井水位降低,则星石泊泵站活塞阀根据水位变化情况,自动调整开度,开度调整至隧洞出口竖井进出流量平衡,水位稳定在设计水位。

(2)星石泊泵站活塞阀根据孟良口子隧洞活塞阀关阀程序,相应重复步骤(1)。

(3)当孟良口子隧洞活塞阀启动关阀第(3)步骤时,隧洞出口竖井水位持续下降至最低水位以下,则星石泊泵站活塞阀自动持续减小开度直至完全关闭。

4.4.4.6　界石镇调控阀正常工况运行控制

1.开阀

(1)最低水位以下:星石泊泵站根据不同工况流量要求开启泵站机组运行,卧龙隧洞出口竖井水位上升,当隧洞出口竖井水位达到最低水位时,界石镇活塞阀自动开启。

(2)最低水位至设计水位之间:活塞阀初步开启后,隧洞出口竖井水位持续升高,则活塞阀持续加大开度。当隧洞出口竖井超过设计水位后,按步骤(3)运行。

(3)设计水位至最高水位之间:隧洞出口竖井水位超过设计水位,则活塞阀加大开度至进隧洞 1.1～1.5 倍(流量小时采用大值,流量大时采用小值)流量的开度(流量值根据星石泊泵站出口流量值确定);当隧洞出口竖井水位降低时,活塞阀根据水位变化情况,适时减小开度,开度调整至隧洞出口竖井进出流量平衡,水位稳定在设计水位。

(4)最高水位以上:隧洞出口竖井水位超过最高水位,则活塞阀加大开度直至完全开启。当水池水位降至最高水位后,按步骤(3)运行。

2.关阀

关阀时卧龙隧洞出口竖井水位稳定在设计水位,界石镇活塞阀开度为工况流量开度。

(1)星石泊泵站第一台机组正常停机,当卧龙隧洞出口竖井水位降低时,界石镇活塞阀根据水位变化情况,自动减小开度,开度调整至隧洞出口竖井进出流量平衡,水位稳定在设计水位。

(2)重复步骤(1),星石泊泵站第二台机组正常停机。

(3)星石泊泵站第三台机组正常停机,卧龙隧洞出口竖井水位持续下降至最低水位以下,则界石镇活塞阀自动持续减小开度直至完全关闭。

4.4.4.7　高瞳泵站事故停电时,调控阀运行控制

(1)高瞳泵站事故停机,高位水池水位下降,桂山隧洞活塞阀事故关阀,即活塞阀持续减小开度直至完全关闭。

(2)桂山隧洞活塞阀事故关阀启动后,无压调节水池水位下降至设计水位以下,孟良口子隧洞活塞阀根据进池流量自动减小开度直至完全关闭。

(3)孟良口子隧洞活塞阀启动关阀后,孟良口子隧洞出口竖井水位下降至设计水位以下,星石泊泵站活塞阀根据进池流量自动减小开度直至完全关闭。

(4)星石泊泵站根据前池水位变化情况按正常停机程序延迟停机,界石镇活塞阀按正常工况运行适时正常关阀。

4.4.4.8　星石泊泵站事故停电时,调控阀运行控制

(1)星石泊泵站事故停机,卧龙隧洞出口竖井水位下降,界石镇活塞阀事故关阀,即活塞阀持续减小开度直至完全关闭。

(2)星石泊泵站事故停机的同时,高瞳泵站、桂山隧洞活塞阀正常停机和关阀。

(3)孟良口子隧洞活塞阀、星石泊泵站活塞阀根据桂山隧洞活塞阀正常关阀程序相应正常关阀。

(4)桂山隧洞活塞阀、孟良口子隧洞活塞阀、星石泊泵站活塞阀关阀期间进入星石泊泵站前池的多余水量通过泵站前池溢流管溢流。

4.4.4.9　调控阀事故停电时的运行控制

1.桂山隧洞活塞阀事故停电时

(1)高瞳泵站第一台机组正常停机,当无压调节水池水位降低时,孟良口子隧洞活塞阀根据水位变化情况,自动减小开度,开度调整至无压调节水池进出流量平衡,水池水位稳定在设计水位。

（2）重复步骤（1），高疃泵站第二台机组正常停机。

（3）高疃泵站第三台机组正常停机，无压调节水池、孟良口子隧洞出口竖井水位相继持续下降至最低水位以下，则孟良口子隧洞活塞阀、星石泊泵站活塞阀相应自动持续减小开度直至完全关闭。

（4）当高疃泵站第一台机组正常停机后，界石镇活塞阀根据星石泊泵站前池水位变化情况适时正常关阀。

2.孟良口子隧洞活塞阀事故停电时

（1）高疃泵站第一台机组正常停机，当高位水池水位降低时，桂山隧洞活塞阀根据水位变化情况，自动减小开度，开度调整至高位水池进出流量平衡，水池水位稳定在设计水位。

（2）当孟良口子隧洞出口竖井水位降低时，星石泊泵站活塞阀根据水位变化情况，自动调整开度，开度调整至隧洞出口竖井进出流量平衡，水位稳定在设计水位。

（3）重复步骤（1）、（2），高疃泵站第二台机组正常停机。

（4）高疃泵站第三台机组正常停机，高位水池水位持续下降至最低水位以下，则桂山隧洞活塞阀自动持续减小开度直至完全关闭。

（5）当孟良口子隧洞出口竖井水位持续下降至最低水位以下时，星石泊泵站活塞阀持续减小开度直至完全关闭。

（6）当高疃泵站第一台机组正常停机后，界石镇活塞阀根据星石泊泵站前池水位变化情况适时正常关阀。

3.星石泊泵站活塞阀事故停电时

（1）桂山隧洞活塞阀正常关阀。

（2）孟良口子隧洞活塞阀根据桂山隧洞活塞阀正常关阀程序相应正常关阀。

（3）当高疃泵站第一台机组正常停机后，界石镇活塞阀根据星石泊泵站前池水位变化情况适时正常关阀。

4.界石镇活塞阀事故停电时

（1）星石泊泵站正常停机。

（2）星石泊泵站正常停机的同时，桂山隧洞活塞阀正常关阀。

（3）孟良口子隧洞活塞阀、星石泊泵站活塞阀根据桂山隧洞活塞阀正常关阀程序相应正常关阀。

（4）桂山隧洞活塞阀、孟良口子隧洞活塞阀、星石泊泵站活塞阀关阀期间的进入星石泊泵站前池的多余水量通过泵站前池溢流管溢流。

4.4.4.10　输水管道事故时的运行控制

1.高疃泵站至桂山隧洞活塞阀管道事故时

（1）桂山隧洞活塞阀保持开度不变。

（2）按桂山隧洞活塞阀事故时的步骤进行。

（3）当孟良口子隧洞活塞阀关闭后，关闭桂山隧洞活塞阀及事故管段上、下游检修阀门井内电动蝶阀。

2.桂山隧洞活塞阀至孟良口子隧洞活塞阀管道事故时

（1）孟良口子隧洞活塞阀保持开度不变。

（2）按孟良口子隧洞活塞阀事故时的步骤进行。

（3）当星石泊泵站活塞阀关闭后，关闭孟良口子隧洞活塞阀及事故管段上、下游检修阀门井内电动蝶阀。

3. 孟良口子隧洞活塞阀至星石泊泵站活塞阀管道事故时

（1）星石泊泵站活塞阀保持开度不变。

（2）按星石泊泵站活塞阀事故时的步骤进行。

（3）当星石泊泵站正常停机后，关闭星石泊泵站活塞阀。

4. 星石泊泵站至界石镇活塞阀管道事故时

（1）界石镇活塞阀保持开度不变。

（2）按界石镇活塞阀事故时的步骤进行。

（3）当星石泊泵站全部停机后，关闭界石镇活塞阀及事故管段上、下游检修阀门井内电动蝶阀。

5. 界石镇活塞阀至米山水库管道事故时

（1）界石镇活塞阀正常关阀。

（2）界石镇活塞阀正常关阀的同时，桂山隧洞活塞阀正常关阀。

（3）孟良口子隧洞活塞阀、星石泊泵站活塞阀根据桂山隧洞活塞阀正常关阀程序相应正常关阀。

（4）桂山隧洞活塞阀、孟良口子隧洞活塞阀、星石泊泵站活塞阀关阀期间的进入星石泊泵站前池的多余水量通过泵站前池溢流管溢流。

4.4.5　管道系统充水方案

4.4.5.1　输水管道充水方案

1. 充水水源

管道充水水源采用输水线路起点的供水水源，即高疃泵站前池内水源。通过高疃泵站上游输水线路引水，可有效保证管道充水时的水量和水质。

2. 充水流量

充水流量应小于临界积气流量，并考虑非预见因素的影响，确定管道充水流量不大于 $0.25\ \mathrm{m^3/s}$。

3. 充水方式

在泵站前池处设置充水辅助泵，利用辅助泵加压充水。在高疃泵站、星石泊泵站前池处各设有 3 台潜水泵，每台潜水泵流量为 $200\ \mathrm{m^3/h}$。辅助泵管道充水总流量为 $600\ \mathrm{m^3/h}$，满足管道充水流量要求。

4. 高疃泵站—星石泊泵站输水管道充水方案

高疃泵站—星石泊泵站段管道线路较长，充水量较大，管道纵向起伏较多且高差较大，为避免管道全线设施承受较大的静水压力，根据管道沿线高点、活塞式控制阀位置等指标，将本段管道分成四段并确定各段管道充水静压线：第一段为高疃泵站—高位水池进口管段；第二段为高位水池出口—桂山隧洞活塞式控制阀管段；第三段为桂山隧洞活塞式控制阀—孟良口子隧洞活塞式控制阀管段；第四段为孟良口子隧洞出口—星石泊泵站活塞式控制阀管段，详见图 3-4-8。

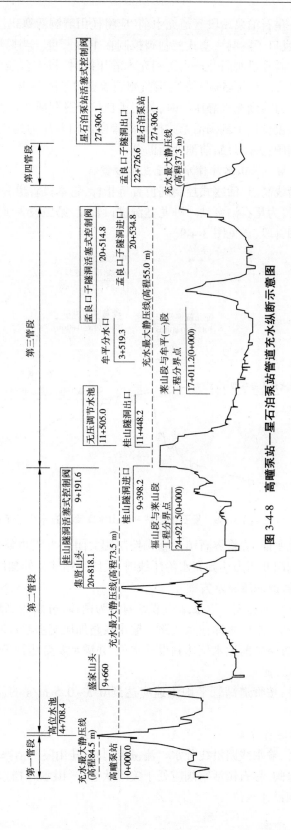

图 3-4-8　高疃泵站—星石泊泵站管道充水纵断示意图

　　高疃泵站—星石泊泵站段管道充水前,应将桂山隧洞活塞式控制阀、星石泊泵站活塞式控制阀关闭,孟良口子隧洞活塞式控制阀控制在10%开度。当监测到高位水池出口—桂山隧洞活塞式控制阀管段阀门井压力达到充水静压线时,将1台桂山隧洞活塞式控制阀开度调整至充水流量开度(约15%开度);当监测到孟良口子隧洞出口—星石泊泵站活塞式控制阀管段阀门井压力达到充水静压线时,关闭孟良口子隧洞活塞式控制阀;当监测到桂山隧洞活塞式控制阀—孟良口子隧洞活塞式控制阀管段阀门井压力达到充水静压线时,关闭桂山隧洞活塞式控制阀;关闭泵站前池处辅助泵。

　　5.星石泊泵站—米山水库输水管道充水方案

　　根据管道沿线高点、活塞式控制阀位置等指标,将本段管道分成两段并确定各段管道充水静压线:第一段为星石泊泵站—卧龙隧洞进口管段;第二段为卧龙暗渠出口—文登段界石镇活塞式控制阀管段,详见图3-4-9。

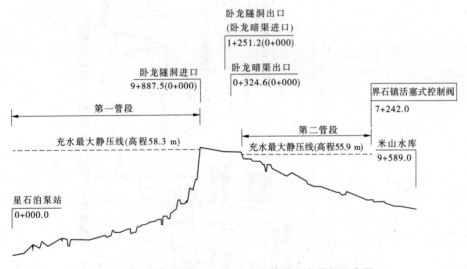

图3-4-9　星石泊泵站—米山水库管道充水纵断示意图

　　该段管道充水前,应将界石镇活塞式控制阀关闭。当监测卧龙暗渠出口—界石镇活塞式控制阀管段阀门井压力达到充水静压线时,关闭泵站前池处辅助泵。

4.4.5.2　输水管道加压充水方案

　　整个输水线路加压充水以泵站为节点划分为两段,分别为高疃泵站—星石泊泵站输水线路、星石泊泵站—米山水库输水线路。输水线路加压充水运行前,应保证输水线路各段管道充水结束、各级泵站前池水位达到设计水位,并满足安全运行条件。

　　1.加压充水流量

　　加压充水时,按管道满管平均流速应达到0.3~0.5 m/s的原则确定加压充水流量为1.1 m³/s。

　　2.加压充水运行方案

　　加压充水时,输水线路沿线分水口流量控制阀、桂山隧洞活塞阀、孟良口子隧洞活塞阀、星石泊泵站活塞阀、界石镇活塞阀应处于关闭状态;米山水库挡水闸处于打开状态;各级泵站前池水位达到设计水位。

1) 高疃泵站—星石泊泵站输水线路

开启高疃泵站 2 号机组 (调速),调整至 1.1 m³/s,对输水管道进行加压充水。

当高位水池水位达到最低水位时,桂山隧洞活塞阀自动开启,执行正常开阀程序并根据高位水池水位变化自动调整至流量值为 1.1 m³/s 开度 (约 35% 开度),高位水池水位稳定在设计水位;当桂山隧洞出口无压调节水池水位达到最低水位时,孟良口子隧洞活塞阀自动开启,执行正常开阀程序并根据无压调节水池水位变化自动调整至流量值为 1.1 m³/s 开度 (约 20% 开度),无压调节水池水位稳定在设计水位;当孟良口子隧洞出口竖井水位达到最低水位时,星石泊泵站活塞阀自动开启,执行正常开阀程序并根据隧洞出口竖井水位变化自动调整至流量值为 1.1 m³/s 开度 (约 37% 开度),隧洞出口竖井水位稳定在设计水位。

2) 星石泊泵站—米山水库输水线路

水流到达星石泊泵站前池后,开启星石泊泵站 4 号机组 (调速),调整至 1.1 m³/s,对输水管道进行加压充水。当卧龙隧洞出口竖井水位达到最低水位时,界石镇活塞式控制阀自动开启,执行正常开阀程序并根据隧洞出口竖井水位变化自动调整至流量值为 1.1 m³/s 开度 (约 32% 开度),隧洞出口竖井水位稳定在设计水位。

水流到达米山水库后,继续运行 120 min,高疃泵站—星石泊泵站输水线路、星石泊泵站—米山水库输水线路加压充水结束。

4.4.6　调度运行方案 (工况 1)

调度运行方案 (工况 1) 是向米山水库及牟平分水口同时输水。系统正式运行前,该工况输水线路涉及的各段管道充水、加压充水应已结束。此时,分水口流量控制阀处于关闭状态;米山水库挡水闸处于打开状态;各级泵站前池、高位水池、无压调节水池、孟良口子隧洞出口竖井、卧龙隧洞出口竖井水位达到设计水位;高疃泵站 2 号机组 (调速)、星石泊泵站 4 号机组 (调速) 出水量分别为加压充水流量 1.1 m³/s;桂山隧洞活塞阀、孟良口子隧洞活塞阀、星石泊泵站活塞阀、界石镇活塞阀开度为流量值为 1.1 m³/s 时的开度。该方案 (工况 1) 输水线路沿线建筑物示意图详见图 3-4-1。

4.4.6.1　正常工况

1. 正常开机

(1) 将高疃泵站 2 号机组 (调速) 调整至 99% 额定转速运行 (泵站出口总管流量约 2.1 m³/s)。

(2) 当高位水池水位升高时,桂山隧洞活塞阀执行正常开阀程序,开度自动调整至高位水池进出流量平衡 (由加压充水流量开度调整至约 44% 开度),水池水位稳定在设计水位。

(3) 当无压调节水池水位升高时,孟良口子隧洞活塞阀执行正常开阀程序,开度自动调整至无压调节水池进出流量平衡 (由加压充水流量开度调整至约 28% 开度),水池水位稳定在设计水位。

(4) 当孟良口子隧洞出口竖井水位升高时,星石泊泵站活塞阀执行正常开阀程序,开度自动调整至隧洞出口竖井进出流量平衡 (由加压充水流量开度调整至约 51% 开度),隧洞出口竖井水位稳定在设计水位。

(5) 当星石泊泵站前池水位升高时,将星石泊泵站 4 号机组 (调速) 调整至 96% 额定转速运行 (泵站出口总管流量约 2.3 m³/s)。

（6）当卧龙隧洞出口竖井水位升高时，界石镇活塞阀执行正常开阀程序，开度自动调整至隧洞出口竖井进出流量平衡（由加压充水流量开度调整至约48%开度），隧洞出口竖井水位稳定在设计水位。

（7）当水流到达米山水库时，检测各级泵站前池水位及泵站出口总管流量、各台活塞阀流量、压力及上游水池水位，检测沿线阀门井压力及排气井内空气阀运行等情况。

（8）开启高疃泵站3号机组（调速），并调整至99%额定转速运行（泵站出口总管流量约4.0 m^3/s）。

（9）桂山隧洞活塞阀、孟良口子隧洞活塞阀、星石泊泵站活塞阀执行正常开阀程序，依次自动调整至上游水池进出流量平衡，水池水位稳定在设计水位。桂山隧洞活塞阀、孟良口子隧洞活塞阀、星石泊泵站活塞阀开度依次调整至约60%、44%、64%。

（10）当星石泊泵站前池水位升高时，开启星石泊泵站3号机组（泵站出口总管流量约4.0 m^3/s）。

（11）当卧龙隧洞出口竖井水位升高时，界石镇活塞阀执行正常开阀程序，开度自动调整至隧洞出口竖井进出流量平衡（开度调整至约62%开度），隧洞出口竖井水位稳定在设计水位。

（12）当水流到达米山水库时，检测各级泵站前池水位及泵站出口总管流量、各台活塞阀流量、压力及上游水池水位，检测沿线阀门井压力及排气井内空气阀运行等情况。

（13）开启高疃泵站4号机组（泵站出口总管流量约5.5 m^3/s）。

（14）桂山隧洞活塞阀、孟良口子隧洞活塞阀、星石泊泵站活塞阀执行正常开阀程序，依次自动调整至上游水池进出流量平衡，水池水位稳定在设计水位。桂山隧洞活塞阀、孟良口子隧洞活塞阀、星石泊泵站活塞阀开度依次调整至约76%、67%、69%。

（15）当桂山隧洞活塞阀开始调整的同时，开启牟平分水口流量控制阀，流量控制阀自动调整，保证阀前流量为分水流量0.7 m^3/s。

（16）当星石泊泵站前池水位升高时，开启星石泊泵站2号机组（泵站出口总管流量约4.8 m^3/s）。

（17）当卧龙隧洞出口竖井水位升高时，界石镇活塞阀执行正常开阀程序，开度自动调整至隧洞出口竖井进出流量平衡（开度调整至约68%开度），隧洞出口竖井水位稳定在设计水位。

（18）当水流到达米山水库时，检测各级泵站前池水位及泵站出口总管流量、各台活塞阀流量、压力及上游水池水位，检测沿线阀门井压力及排气井内空气阀运行等情况。

2.正常关机

（1）高疃泵站4号机组正常停机，桂山隧洞活塞阀、孟良口子隧洞活塞阀、星石泊泵站活塞阀执行正常关阀程序。

（2）当星石泊泵站前池水位下降时，界石镇活塞阀执行正常关阀程序，星石泊泵站2号机组正常停机。当星石泊泵站前池水位下降较大时，可调整星石泊泵站机组（调速）运行。

（3）高疃泵站3号机组正常停机，桂山隧洞活塞阀、孟良口子隧洞活塞阀、星石泊泵站活塞阀执行正常关阀程序。

（4）高疃泵站3号机组正常停机的同时，关闭牟平分水口流量控制阀。

（5）当星石泊泵站前池水位下降时，界石镇活塞阀执行正常关阀程序，星石泊泵站3号机组正常停机。当星石泊泵站前池水位下降较大时,可调整星石泊泵站机组(调速)运行。

(6)高疃泵站 2 号机组正常停机,桂山隧洞活塞阀、孟良口子隧洞活塞阀、星石泊泵站活塞阀执行正常关阀程序。

(7)当星石泊泵站前池水位下降接近最低水位时,界石镇活塞阀执行正常关阀程序,星石泊泵站 4 号机组正常停机。

4.4.6.2　事故工况

1.高疃泵站事故停电时

(1)高疃泵站事故停机。

(2)高疃泵站事故停机的同时,关闭牟平分水口流量控制阀。

(3)桂山隧洞活塞阀、孟良口子隧洞活塞阀、星石泊泵站活塞阀执行高疃泵站事故关阀程序。

(4)当星石泊泵站前池水位下降时,界石镇活塞阀执行正常关阀程序,星石泊泵站 2 号、3 号、4 号机组依次正常停机,关机间隔不小于 5 min。星石泊泵站前池水位下降接近最低水位时,2 号机组开始正常停机。

2.星石泊泵站事故停电时

(1)星石泊泵站事故停机。进入星石泊泵站前池的多余水量通过泵站前池溢流管溢流。

(2)界石镇活塞阀执行星石泊泵站事故关阀程序。

(3)星石泊泵站事故停机的同时,桂山隧洞活塞阀、孟良口子隧洞活塞阀、星石泊泵站活塞阀执行正常关阀程序,高疃泵站 4 号、3 号、2 号机组依次正常停机,关机间隔不小于 5 min。

(4)高疃泵站 3 号机组正常停机的同时,关闭牟平分水口流量控制阀。

3.高疃泵站—桂山隧洞活塞阀输水管道事故时

(1)高疃泵站 4 号、3 号、2 号机组依次正常停机,关机间隔不小于 5 min。桂山隧洞活塞阀、孟良口子隧洞活塞阀、星石泊泵站活塞阀执行高疃泵站—桂山隧洞活塞阀输水管道事故关阀程序。

(2)高疃泵站 3 号机组正常停机的同时,关闭牟平分水口流量控制阀。

(3)当孟良口子隧洞活塞阀关闭后,关闭桂山隧洞活塞阀及事故管段上、下游检修阀门井内电动蝶阀。

(4)高疃泵站 4 号机组正常停机后,当星石泊泵站前池水位下降时,根据水位变化情况,界石镇活塞阀执行正常关阀程序,星石泊泵站 2 号、3 号、4 号机组依次正常停机,关机间隔不小于 5 min。星石泊泵站前池水位下降接近最低水位时,2 号机组开始正常停机。关机台数应与上级泵站相协调,防止泵站前池水位发生较大变化。

4.桂山隧洞活塞阀—孟良口子隧洞活塞阀输水管道事故时

(1)高疃泵站 4 号、3 号、2 号机组依次正常停机,关机间隔不小于 5 min。桂山隧洞活塞阀、孟良口子隧洞活塞阀、星石泊泵站活塞阀执行桂山隧洞活塞阀—孟良口子隧洞活塞阀输水管道事故关阀程序。

(2)高疃泵站 3 号机组正常停机的同时,关闭牟平分水口流量控制阀。

(3)当星石泊泵站活塞阀关闭后,关闭孟良口子隧洞活塞阀及事故管段上、下游检修阀门井内电动蝶阀。

(4)按高疃泵站—桂山隧洞活塞阀输水管道事故停机步骤(4)进行。

5.孟良口子隧洞活塞阀—星石泊泵站活塞阀输水管道事故时

(1)高疃泵站4号、3号、2号机组依次正常停机,关机间隔不小于5 min。桂山隧洞活塞阀、孟良口子隧洞活塞阀、星石泊泵站活塞阀执行孟良口子隧洞活塞阀—星石泊泵站活塞阀输水管道事故关阀程序。

(2)高疃泵站3号机组正常停机的同时,关闭牟平分水口流量控制阀。

(3)按高疃泵站—桂山隧洞活塞阀输水管道事故停机步骤(4)进行。

(4)当星石泊泵站机组全部正常停机后,关闭星石泊泵站活塞阀。

6.星石泊泵站—界石镇活塞阀输水管道事故时

(1)星石泊泵站2号、3号、4号机组依次正常停机,关机间隔不小于5 min。界石镇活塞阀执行星石泊泵站—界石镇活塞阀输水管道事故关阀程序。进入星石泊泵站前池的多余水量通过泵站前池溢流管溢流。

(2)当星石泊泵站机组全部正常停机后,依次关闭界石镇活塞阀及事故管段上、下游检修阀门井内电动蝶阀。

(3)高疃泵站4号、3号、2号机组依次正常停机,关机间隔不小于5 min。界石镇活塞阀执行输水管道事故关阀程序的同时,桂山隧洞活塞阀、孟良口子隧洞活塞阀、星石泊泵站活塞阀执行正常关阀程序。

(4)高疃泵站3号机组正常停机的同时,关闭牟平分水口流量控制阀。

7.界石镇活塞阀—米山水库输水管道事故时

(1)界石镇活塞阀执行正常关阀程序,星石泊泵站2号、3号、4号机组依次正常停机,关机间隔不小于5 min。进入星石泊泵站前池的多余水量通过泵站前池溢流管溢流。

(2)界石镇活塞阀执行正常关阀程序的同时,桂山隧洞活塞阀、孟良口子隧洞活塞阀、星石泊泵站活塞阀执行正常关阀程序,高疃泵站4号、3号、2号机组依次正常停机,关机间隔不小于5 min。

(3)高疃泵站3号机组正常停机的同时,关闭牟平分水口流量控制阀。

4.4.7　自动化

4.4.7.1　自动化设施

1.泵站自动化设施

(1)计算机监控系统。由主控级、微机保护测控单元、机组LCU、公用PLC屏、通信网络等系统组成。主控级设2台监控工作站,每台机组设1块LCU控制屏。机组LCU控制屏内设有PLC可编程控制器,对机组及辅机进行自动控制。公用PLC屏设有PLC可编程控制器,对站用公用设备进行控制,并采集和显示水位、流量和配电设备的电量等数据,并具有遥信、遥测、遥控功能,与上位机相连,通过上位机可实现控制、测量及信号显示。

(2)视频监视系统。由电视监视、安防报警、火灾报警等系统组成。

2.现地闸站、阀站电气与自动化设施

每个现地阀站配置1套公用PLC,采集配电设备的电量,如电流、电压、有功功率、无功功率、功率因数等,并采集阀站的前后管道压力、分水阀井的流量等。PLC配置触摸屏,可以在现场进行控制。现地闸站、阀站设一体化球形摄像机,监视设备运行情况,并兼顾安防报警。

4.4.7.2　调度运行管理系统

1.计算机监控系统

计算机监控系统是以调度中心为核心的星型网络结构,由三个层次实现。在调度层,通过通信传输系统实现与泵站相连,各个交换机、服务器之间则是 1 000 M 网络;在泵站层,通过光纤传输系统与调度中心和闸站相连,采用 100 M 网络。同时,通过以太网与前端 LCU 相连;前端 LCU,采用 Modbus 与各种传感器、智能设备、自动化元件相连;在现地控制层配置 1 台快速以太网交换机通过光纤传输系统与泵站相连,采用 10 M 网络。同时,通过以太网与前端 LCU 相连;前端 LCU,采用 Modbus 与各种传感器、智能设备、自动化元件相连。远程水位 PLC 可通过子路网络接入就近站点。

2.视频监视系统

视频监视系统主要由前端信号采集部分、传输部分和各级监控指挥中心三大部分组成,监控指挥中心又分为三级架构:一级指挥中心为济南指挥调度中心,紧急调度指挥中心为备用一级指挥中心;二级指挥中心为各泵站监控中心;三级指挥中心为各闸站管理所监控中心。

前端信号采集部分主要实现视频信号采集;传输部分采用光缆传输前端音视频信号、数据、报警和以太网信号等到三级指挥中心即闸站管理所监控中心,然后依托办公自动化系统(Office Automation System,OA 系统)OA 网进行视频的分发、存储与共享;各级监控中心主要完成视频的管理、分发、存储与共享,同时负责对系统中的设备和用户进行授权与管理。

3.通信系统

通信系统使用自建专网。

1)行政电话与语音调度系统

行政电话与语言调度系统采用程控交换机和 IP 调度系统结合的组网方式。交换系统的骨架(由中心交换机和泵站交换机组成)采用非常成熟的电路交换技术来架构;闸站和管理站、分局采用 VOIP 终端接入和 IP 中继的方式实现接入。

2)计算机网络系统

胶东调水调度工程运行管理系统与调度运行相关的计算机网络为控制专网、业务内网,其组网结构见图 3-4-10、图 3-4-11。控制专网用于承载闸、阀或泵站的监控信息,业务内网用于承载各类应用系统信息和通信系统网管信息。控制专网和业务内网均采用核心网、汇聚层、接入层三层结构组建。

(1)核心层。设置两个核心节点,省管理局(调度运行维护管理中心)和王耨泵站(灾备中心)。

(2)汇聚层。泵站设置汇聚节点,分别汇聚烟台、威海 2 个管理分局及所辖的管理站、管理所、现地管理站、现地闸站的业务。

(3)接入层。包括沿线所有现地闸站、现地管理站、管理处、管理分局等节点。

控制专网和业务内网均采用二、三层交换机组网模式。管理局、灾备数据中心核心层、各泵站汇聚层采用三层交换机组网,现地阀或泵站的接入节点,采用工业级以太网交换机组网。

4.调水业务管理系统

调水业务管理系统采用统一调度管理模式,即全线直到每个引水口的水量分配方案,以

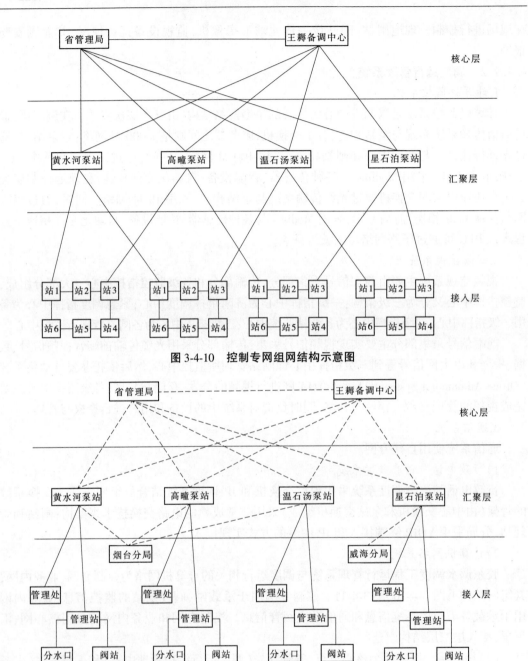

图 3-4-10　控制专网组网结构示意图

图 3-4-11　业务内网组网结构示意图

每个调度控制建筑物为控制单元的调度指令由调度中心统一制订。如出现应急情况,调度中心根据相应的处理预案,授权闸泵站制订所辖范围的水量调度方案和指令,下发现地站执行并反馈控制,以实现对所辖范围控制建筑物的调度。水量调度业务处理分为供求分析、制订方案、生成指令、实施调度、统计评价,见图 3-4-12。

(1)供求分析阶段主要由市、县主管单位对所辖地区用水需求进行收集、上报;由水源地管理机构对供水能力进行预估、分析和上报。省调度管理中心对用水需求和供水能力进行汇总、分析,为下一步进行会商讨论、制订方案做准备。

（2）制订方案阶段主要由省调度中心负责组织会商,各市、县管理机构参与会商讨论。省调度中心根据各地供求报告,统筹规划整体调度方案,通过会商系统与各市、县管理机构进行沟通、协调,形成最终意见,确定调水方案,选择运行工况。

（3）生成指令阶段主要根据运行工况,调用水量调度模型,并结合天气条件等环境因素,制订相应的调度预案,确定调水线路各环

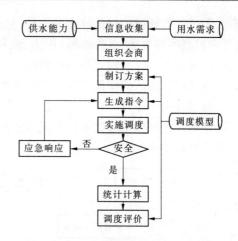

图 3-4-12　水量调度业务处理流程图

节所需执行的指令流程。各泵站、闸站、阀站监控系统根据指令流程预置操作程序(包括按调度指令操作和事故操作)。

（4）实施调度阶段通过泵站监控系统实现,调水业务管理系统只负责调水指令按时下达。

（5）统计评价阶段负责对各分水处水量分配统计、水价计算,各市、县管理机构对当地调水效益分析总结,省管理中心对整体调水方案和分段调水方案评价和总结,为以后调水方案制订提供决策依据。

4.4.7.3　调度运行管理的实现

胶东调水工程通过先进、实用的计算机监控系统和语音调度系统完成调度指令的下达与反馈,利用泵站、闸站、阀站监控系统实现水泵、闸、阀的操作,以实现现地站内的"无人值班、少人值守"目标。

1.调度指令的下达与反馈

调度中心根据调度预案,有以下两种方式下达相应调度指令:

（1）调度指令由调度中心通过控制专网将控制指令下达到现地监控系统,实现对水泵、闸、阀的远程操作。

（2）调度指令由调度中心通过语音调度系统以传真、电话等方式将指令下达到现地运行单位,同时传真至二级管理单位。

调度指令反馈有以下两种方式:

（1）现地监控系统执行控制指令完毕,将执行结果通过控制专网反馈调度中心。

（2）现地运行单位执行完毕后及时通过行政电话与语音调度系统以传真、电话等方式反馈给调度中心,同时二级管理单位落实指令的执行情况并以传真、电话等方式反馈给调度中心。

2.泵站、闸站、阀站操作

根据调度指令,泵站、闸站、阀站通过自动控制方式进行相应操作。

泵站分中心操作人员在监控工作站上通过控制专网,利用各泵站、重要闸站和阀站的计算机监控系统实现对各泵站、重要闸站、阀站的远程控制;也可采用现地手动控制方式进行操作;在保证安全的前提下,省调度中心可通过控制专网对各泵站、重要闸站、阀站进行远程控制。

监控工作站操作界面上设有水泵、闸门、阀门预置控件及"开启"和"停止"等电子按钮,

并有水泵、闸门、阀门运行及故障等信号(包括 380 V/220 V 母线电压、电机主回路电流、电机启停、控制回路电源、电机故障、压力、流量等)显示,通过上述画面并配合视频监视系统可随时监视水泵、闸门、阀门的运行状况。

水泵、闸门、阀门的操作可分为按调度指令操作、适时修正调节、事故操作三种情况。

1)按调度指令操作

按调度指令操作指根据运行工况,通过水量调度模型分析计算确定的泵站、闸站、阀站操作指令进行操作,见图 3-4-13。

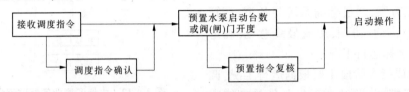

图 3-4-13　调度指令操作框图

2)适时修正调节

在完成预置操作后,泵站前池、高位水池、调节水池等水位、各处管道压力和流量应按一定的规律发生相应的变化,并逐渐趋于既定的稳定状态,但调水运行初期,由于水力学参数误差、设备运行过程中由于机械原因导致参数发生变化或其他原因,实际运行水位、压力或流量与预测值有偏离,此时需要根据当地实际情况,在排除操作误差的条件下,按一定的规则进行适当的修正性调节,使其控制在允许范围内。

适时修正性调节应结合水位、压力、流量监测进行,见图 3-4-14。

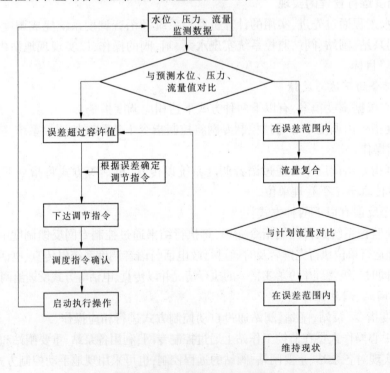

图 3-4-14　适时修正调节框图

3）事故操作

在输水运行过程中,当发生事故(泵站停机等)时,应根据预置操作指令流程采取有效的应对和保护措施,见图3-4-15。

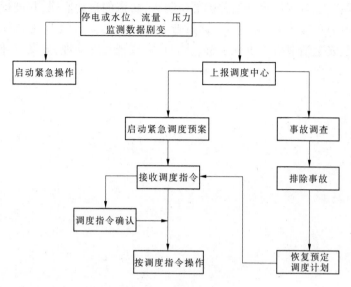

图 3-4-15　事故操作框图

3.信息采集及视频监视

1）信息采集

（1）设备运行信息。泵站机组运行信息通过机组 LCU 控制屏内 PLC 采集;闸、阀运行信息通过闸站、阀站公用 PLC 采集。

（2）配电设备电量。泵站配电设备电量通过公用 PLC 采集;闸站、阀站配电设备电量通过闸站、阀站公用 PLC 采集。

（3）水位信息监测。主要监测泵站前池、高位水池、无压调节水池等处水位,全部采用自动监测方式,利用已安装的水位计采集,采集信息上传至相对应的公用 PLC。

（4）压力信息监测。主要监测各段输水压力管道压力,全部采用自动监测方式,输水管道压力利用已安装的管道压力计采集,采集数据上传至相对应的阀站公用 PLC。

（5）水量信息监测。主要监测分水口、流量传感器井、隧洞进出口等处流量,全部采用自动监测方式,流量信息利用已安装的流量计采集,采集数据上传至相对应的现地站点公用 PLC。

（6）工程安全监测。需要采集的专业数据包括所有位移、渗流、结构及环境量等数据信息,主要利用已经埋设的工程安全监测装置采集,同时配合水准测量,并定期由熟悉工程并具有实践经验的工程技术人员对各水工构筑物和输水管道进行巡视检查。

各类信息经 PLC 采集后通过控制专网上传至各级监控中心,为调度计划的制订与实施提供数据依据和安全保障。

2）视频监视

向运行值班人员提供泵站、闸阀站机电设备现场运行图景,以取得设备运行的全面信息,如设备的机械位置、运行响声、烟、光等不能由计算机监控系统提供的信息。这些信息对设备运行监控,特别是设备非正常运行时对设备状况的分析,都是十分必要的。

　　为现地控制站设备的运行、检修、调试工作提供远方监护及可视联系,及时有效地协调或指定现场人员工作,防止误操作并及时处理突发事件,保证工作安全,并加快维修、检修、调试工作的进程;实现各现地控制站关键部位防火、防盗的自动监视,并进行报警或联动。

　　现场图像利用 IP 摄像头进行采集,通过业务内网上传至各级监视中心,监视中心对现场设备运行情况、安全情况得以直观了解。同时,完成视频的管理、分发、存储与共享。

第 5 章　长距离压力输水系统梯级泵站流量匹配

对于长距离大型梯级泵站输水工程,各级泵站理想的进、出水池水位是控制在设计水位,使水泵在高效区内长时间运行。而泵站实际运行过程中,当系统中流量受到扰动时,泵站进水池会出现流量不平衡,从而导致进水池水位波动。若这种流量不平衡导致的水位波动持续下去,泵站可能出现的工况:一是泵站进水池发生弃水,浪费水资源和能源;二是进水池水位不断下降,导致频繁开停机。为此,长距离压力输水系统梯级泵站间的流量相互匹配是保证工程安全、稳定运行的重要因素。

本章以山东省胶东地区引黄调水工程 4 级梯级加压泵站为实例,从三个方面说明长距离压力输水系统梯级泵站流量匹配方法。

5.1　设备选型及水泵运行工况分析

从 4 座泵站的线路分布逻辑关系,将 4 座泵站分为 2 个单元:黄水河泵站和温石汤泵站为单元一,高疃泵站和星石泊泵站为单元二。同一单元的 2 座泵站,水力机械设计应协调、平衡。4 座泵站均选用双吸离心泵。

5.1.1　黄水河泵站和温石汤泵站

5.1.1.1　机组台数,偶数优于奇数

2 座泵站设计流量相同,均选用两根输水管输水。若机组台数为单数,在设计工况下需要有一台机组向两条输水管分水,两条输水管就会互相干扰;若机组台数为双数,就可按两组多泵一管的方式完成泵站设计,在设计工况下,两组多泵一管系统可独立运行,机组对称设置,出水系统对称布置,运行管理、出水流态控制均优于前者。基于上述原因,黄水河和温石汤 2 座泵站的机组台数,偶数优于奇数。

5.1.1.2　国内双吸离心泵的加工能力

国内双吸离心泵的设计制造最早是延续苏联的模式、技术,型谱口径一般为 1200S、800S、600S、500S 等,其中的数字特指水泵吸入口直径,在近几十年的设计制造过程中,国内的水泵研制单位在原有基础上也做了卓有成效的工作,在水力性能、结构型式都与最初的水泵有长足改进,应用情况比较满意,如景泰川二期、引松入长、宁夏 1236 项目,均选用国产水泵,从 600S 到 1200S 不等,使用情况比较理想。就胶东调水工程而言,国内的设计、制造水平是能够满足工程需要的。双吸离心泵基本按 800S(含 800S)以上者为大泵,以下者为小泵进行分类,泵体材质一般选用灰铁和球墨铸铁,转轮材质一般选用球铁、钢板焊接、铜质、不锈钢。目前,生产 800S 的厂家较多,1200S 以上因为铸造、机械加工以及试验等问题,具备生产能力的厂家不多。钢板焊接转轮是近几年新的尝试,水力性能较过去都有改进:将钢板冲压成型,然后焊接成转轮,因为钢板的表面质量及其可加工性均优于铸铁,效率提高是

其最大的优点,适合 800S 以上大口径;焊接转轮表面喷涂耐久保护层,还具有良好的防锈蚀、抗磨损、抗气蚀、抗化学腐蚀作用。

目前,国内双吸离心泵的加工能力,单泵流量最大 $3.0 \sim 5.0$ m³/s,如 1200S、1400S 型水泵,最大扬程 74 m。

5.1.1.3　机组台数,8 用 2 备优于 6 用 2 备

若设 2 组 2 泵 1 管系统,水泵单机流量为 3.2 m³/s,国内加工能力可以满足工程需要,但机组台数偏少,运行灵活性较差,较适合的方案为 8 用 2 备(2 组 5 泵 1 管系统)和 6 用 2 备(2 组 4 泵 1 管系统)。8 用 2 备方案,水泵单机流量 1.60 m³/s;6 用 2 备方案,水泵单机流量为 2.20 m³/s。

6 用 2 备方案,目前有两种设计方案:800S 和 1000S,从国内目前的水泵参数看,单机流量 2.20 m³/s 的水泵,介于 800S 和 1 200S 之间,1 000S 更适合一些。但 1 000S 为非标产品,这个口径的水泵应用很少,加工熟练程度不如 800S。800S 泵最优流量为 $1.50 \sim 1.90$ m³/s,虽然有些厂家也提供过 2.20 m³/s 的方案,但对于 800S 泵而言,流量偏大,汽蚀性能难以保证。从水泵的设计、加工熟练程度分析,8 用 2 备方案要稍优于 6 用 2 备方案。

800S 要满足 2.20 m³/s 单机流量的要求,一般采取如下措施:将水泵转速提高一级,水泵的扬程、流量均可满足工程需要。如黄水河泵站,扬程 83.0 m,如果采用 800S 水泵,为了让其过流能力达到 2.20 m³/s,采取如下措施就可满足工程需要:选这样一个水力模型,扬程 47.0 m,单机流量 1.65 m³/s;因为 $H \sim n^2$、$Q \sim n$,将其转速提高一级,由 750 r/min 提高到 1 000 r/min 后,其性能将会变为,扬程 83.5 m,单机流量 2.20 m³/s,刚好满足工程需要。过水流道没有改变,过水流量加大,流速加大,汽蚀性能降低,因此需要对过流部件的结构、材质进行改进,如选用抗汽蚀性能高的不锈钢材质,还需提高过流部件的强度以适应高转速。国外同体积的水泵过流能力大于国产设备,轴承的质量要求同样高于国产设备。

胶东调水工程如果选用进口设备,6 用 2 备是合适的,但如果选用国产设备,8 用 2 备要优于 6 用 2 备。胶东调水工程引黄河水,经沉沙和长距离渠道输水到达黄水河泵站,水质基本是清水,按清水配置水泵过流部件是合适的,因此选用国产设备是可行的。如果国产设备采取上述措施也是可以满足 6 用 2 备方案的,但具有生产经验的属于少数,在广泛的代表性上有欠缺。所以,如果胶东调水工程采用国产设备,8 用 2 备是首选方案,在某些部件上可以提出质量要求,如轴承可以要求配置免维护的进口自润滑轴承、采用不锈钢或钢板焊接转轮等,以提高水泵的水力性能和免维护性。

温石汤泵站有分水要求,分水流量 1.60 m³/s,刚好与 8 用 2 备方案的单机流量一致,在不具备分水条件时,停 1 台机组即可;而 6 用 2 备方案的单机流量为 2.20 m³/s,大于分水流量近 40%,在不具备分水条件时,若停 1 台机组,泵站流量就会小于设计要求,就需要采取调速来满足工程需要,不如 8 用 2 备方案简单。因此,温石汤泵站按 8 用 2 备设计优于 6 用 2 备。

由于黄水河泵站的设计流量与温石汤泵站相同,为使 2 座泵站有良好的流量平衡,其单机流量应与温石汤泵站的单机流量相同,也按 8 用 2 备方案设计,在温石汤泵站不具备分水条件时,与温石汤泵站同步停 1 台机组即可。

5.1.1.4　综合经济比较

综合经济比较的结果,两方案基本相当,8 用 2 备方案略优于 6 用 2 备方案。因此,黄

水河泵站和温石汤泵站均按 8 用 2 备设计。

5.1.1.5 黄水河泵站水泵运行工况分析

水泵主要性能参数为：型号 800S83，扬程 83 m，流量 1.65 m³/s，转速 750 r/min；$D = 2.2$ m，$L = 12.60$ km，按巴甫洛夫斯基公式计算输水管路水力损失，输水管水力坡度为

4 泵 1 管：$i = 0.001\,74D^{-16/3}(4Q)^2 = 0.41 \times 10^{-3}Q^2$

3 泵 1 管：$i = 0.001\,74D^{-16/3}(3Q)^2 = 0.23 \times 10^{-3}Q^2$

2 泵 1 管：$i = 0.001\,74D^{-16/3}(2Q)^2 = 0.10 \times 10^{-3}Q^2$

管道水力损失（局部损失按沿程损失的 10% 计，下同）为

4 泵 1 管：$h = 1.1iL = 5.76Q^2$ （m）

3 泵 1 管：$h = 1.1iL = 3.24Q^2$ （m）

2 泵 1 管：$h = 1.1iL = 1.44Q^2$ （m）

泵站进出水管配有伸缩器、蝶阀、异径管等管件，经计算，泵站段水力损失按 $0.60Q^2$ 计，泵站装置特性曲线数学表达式为

4 泵 1 管：$H = H_0 + h + 0.60Q^2 = H_0 + 6.36Q^2$ （m）

3 泵 1 管：$H = H_0 + 3.84Q^2$ （m）

2 泵 1 管：$H = H_0 + 2.04Q^2$ （m）

式中：H 为水泵扬程，m；Q 为水泵流量，m³/s；H_0 为泵站净扬程 m；h 为管道水力损失，m；D 为输水管管径，m；L 为输水管长度，m。

水泵运行工况分析如图 3-5-1 所示，水泵运行工况分析结果见表 3-5-1。

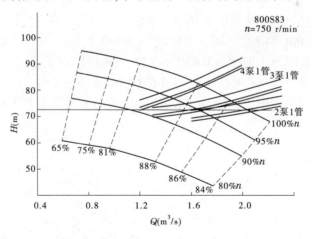

图 3-5-1 黄水河泵站水泵运行工况分析

5.1.1.6 温石汤泵站水泵运行工况分析

水泵主要性能参数为：型号 800S29，扬程 29 m，流量 1.65 m³/s，转速 750 r/min；$D = 2.0$ m，$L = 5.60$ km，出口设分水，分水流量 1.60 m³/s，按分水设计，不分水校核。分水时不影响干线运行，泵站扬程由干线确定，也即在进行水泵运行工况分析时，假定分水流量恒定。

表 3-5-1　黄水河泵站水泵运行工况分析结果

运行工况	扬程工况	扬程(m)	流量(m³/s)	合计流量(m³/s)
4泵1管, 合计8台	设计扬程工况	82.30	1.68	13.44
	最高扬程工况	83.78	1.62	12.96
	最低扬程工况	81.75	1.71	13.68
3泵1管, 合计6台	设计扬程工况	76.24	1.92	11.52
	最高扬程工况	78.30	1.84	11.04
	最低扬程工况	75.55	1.95	11.70
2泵1管, 合计4台	设计扬程工况	72.83	2.05	8.20
	最高扬程工况	75.13	1.96	7.84
	最低扬程工况	72.07	2.08	8.32

分水工况:

4泵1管:$i = 0.001\ 74 D^{-16/3}(4Q - 1.6/2)^2 = 0.043 \times 10^{-3}(4Q - 0.8)^2$

$\qquad h = 1.1iL = 4.26Q^2 - 1.70Q + 0.17$ (m)

$\qquad H = H_0 + h + 0.45Q^2 = H_0 + 4.86Q^2 - 1.70Q + 0.17$ (m)

3泵1管:$i = 0.001\ 74 D^{-16/3}(3Q - 1.6/2)^2 = 0.043 \times 10^{-3}(3Q - 0.8)^2$

$\qquad h = 1.1iL = 2.40Q^2 - 1.28Q + 0.17$ (m)

$\qquad H = H_0 + h + 0.45Q^2 = H_0 + 3.00Q^2 - 1.28Q + 0.17$ (m)

2泵1管:$i = 0.001\ 74 D^{-16/3}(2Q - 1.6/2)^2 = 0.043 \times 10^{-3}(2Q - 0.8)^2$

$\qquad h = 1.1iL = 1.07Q^2 - 0.85Q + 0.17$ (m)

$\qquad H = H_0 + h + 0.45Q^2 = H_0 + 1.67Q^2 - 0.85Q + 0.17$ (m)

水泵运行工况分析如图 3-5-2 所示,水泵运行工况分析结果见表 3-5-2。

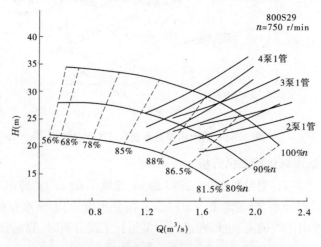

图 3-5-2　温石汤泵站分水时水泵运行工况分析

表 3-5-2　温石汤泵站分水时水泵运行工况分析结果

运行工况	扬程工况	扬程（m）	流量（m³/s）	合计流量（m³/s）
4 泵 1 管，合计 8 台	设计扬程	28. 94	1. 65	13. 20
	最高扬程	30. 00	1. 55	12. 40
	最低扬程	27. 83	1. 75	14. 00
3 泵 1 管，合计 6 台	设计扬程	26. 37	1. 85	11. 10
	最高扬程	27. 86	1. 75	10. 50
	最低扬程	24. 84	1. 94	11. 64
2 泵 1 管，合计 4 台	设计扬程	23. 54	2. 02	8. 08
	最高扬程	25. 43	1. 91	7. 64
	最低扬程	21. 64	2. 12	8. 48

分水口不分水工况：

4 泵 1 管：$i = 0.001\,74D^{-16/3}(4Q)^2 = 0.69 \times 10^{-3}Q^2$

$\qquad h = 1.1iL = 4.26Q^2 \quad （m）$

$\qquad H = H_0 + h + 0.60Q^2 = H_0 + 4.86Q^2 \quad （m）$

3 泵 1 管：$i = 0.001\,74D^{-16/3}(3Q)^2 = 0.39 \times 10^{-3}Q^2$

$\qquad h = 1.1iL = 2.40Q^2 \quad （m）$

$\qquad H = H_0 + h + 0.60Q^2 = H_0 + 3.00Q^2 \quad （m）$

2 泵 1 管：$i = 0.001\,74D^{-16/3}(2Q)^2 = 0.17 \times 10^{-3}Q^2$

$\qquad h = 1.1iL = 1.07Q^2 \quad （m）$

$\qquad H = H_0 + h + 0.60Q^2 = H_0 + 1.67Q^2 \quad （m）$

水泵运行工况分析图如图 3-5-3 所示，水泵运行工况分析结果见表 3-5-3。

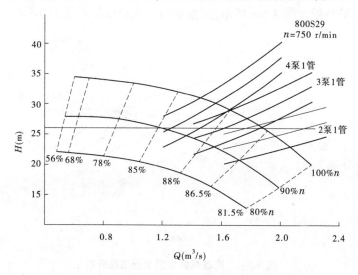

图 3-5-3　温石汤泵站无分水时水泵运行工况分析

表 3-5-3　温石汤泵站不分水时水泵运行工况分析结果

运行工况	扬程工况	扬程(m)	流量(m³/s)	合计流量(m³/s)
4泵1管, 合计8台	设计扬程	30.00	1.55	12.40
	最高扬程	30.95	1.44	11.52
	最低扬程	29.00	1.65	13.20
3泵1管, 合计6台	设计扬程	27.31	1.76	10.56
	最高扬程	29.00	1.65	9.90
	最低扬程	26.20	1.86	11.16
2泵1管, 合计4台	设计扬程	24.70	1.95	7.80
	最高扬程	26.49	1.84	7.36
	最低扬程	22.87	2.05	8.20

从上面的分析知,温石汤泵站按分水设计,不分水时水泵也能够安全稳定运行。

5.1.2　高疃泵站和星石泊泵站

经方案优化,高疃泵站设计范围为高疃泵站—无压水池段,分水口设在无压水池以后。高疃泵站设计流量为 5.50 m³/s,星石泊泵站设计流量为 4.80 m³/s,选用 800S 型离心泵,两泵站按 3 用 1 备、3 泵 1 管设计,分析方法同黄水河泵站。

5.1.2.1　高疃泵站水泵运行工况分析

水泵主要性能参数为:型号 800S65,扬程 65 m,流量 1.90 m³/s,输水管直径 2.0 m,长度 4.60 km,水泵运行工况分析如下:

3 泵 1 管: $H = H_0 + h + 0.60Q^2 = H_0 + 2.56Q^2$ （m）

2 泵 1 管: $H = H_0 + h + 0.60Q^2 = H_0 + 1.47Q^2$ （m）

水泵运行工况分析如图 3-5-4 所示,水泵运行工况分析结果见表 3-5-4。

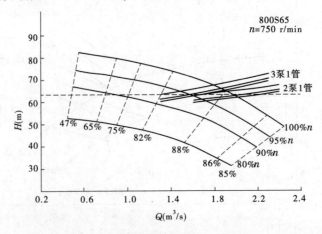

图 3-5-4　高疃泵站水泵运行工况分析

表 3-5-4　高疃泵站水泵运行工况分析结果

运行工况	扬程工况	扬程(m)	流量(m³/s)	合计流量(m³/s)
3 泵 1 管， 合计 3 台	设计扬程	65.76	1.87	5.61
	最高扬程	67.26	1.80	5.40
	最低扬程	65.06	1.90	5.70
2 泵 1 管， 合计 2 台	设计扬程	62.66	1.99	3.98
	最高扬程	64.46	1.92	3.84
	最低扬程	61.85	2.02	4.04

5.1.2.2　星石泊泵站水泵运行工况分析

水泵主要性能参数为：型号 800S72，扬程 72 m，流量 1.65 m³/s，输水管直径 1.8 m，长度 9.90 km，水泵运行工况分析如下：

3 泵 1 管：$H = H_0 + h + 0.60Q^2 = H_0 + 8.02Q^2$　（m）

2 泵 1 管：$H = H_0 + h + 0.60Q^2 = H_0 + 3.90Q^2$　（m）

水泵运行工况分析如图 3-5-5 所示，水泵运行工况分析结果见表 3-5-5。

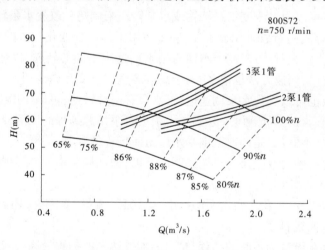

图 3-5-5　星石泊泵站水泵运行工况分析

表 3-5-5　星石泊泵站水泵运行工况分析结果

运行工况	扬程工况	扬程(m)	流量(m³/s)	合计流量(m³/s)
3 泵 1 管	设计扬程	72.00	1.65	4.95
	最高扬程	72.74	1.61	4.83
	最低扬程	71.35	1.67	5.01
2 泵 1 管	设计扬程	65.00	1.94	3.88
	最高扬程	65.90	1.90	3.80
	最低扬程	64.05	1.98	3.96

　　4 座梯级泵站水泵按"量体制衣"模式加工,水泵允许吸上高度要求不小于 1.0 m,效率要求不低于 88%,在水泵设计工况下,电动机功率备用功率系数取为 1.2,各泵站的配套功率(取整后)为:黄水河泵站 1 900 kW、温石汤泵站 710 kW、高疃泵站 1 700 kW、星石泊泵站 1 700 kW。

　　4 座泵站的出水建筑物有 3 个隧洞、1 个无压水池,在计算泵站扬程时,这 4 个出水建筑物的水位均采用设计流量下的水位;由于泵站流量是在一定范围内变动的,从理论上分析,出水建筑物的水位也是变动的,在进行水泵运行工况分析时,应根据泵站流量对出水水位进行修正,是一个迭代的过程,但是考虑到这个变动范围很小(一般在 0.50 m 之内),出水水位的变动范围对水泵的运行工况分析结果影响很小,在进行分析时采用设计水位是可行的。

5.2　梯级泵站水泵运行调节技术

5.2.1　水泵运行调节概述

　　水泵运行工况由两条曲线决定:水泵性能曲线和泵站装置特性曲线,调整这两条曲线就可以对水泵运行工况进行调节。这也是水泵运行调节的两条途径。

　　水泵性能曲线可以通过改变水泵转轮或水泵转速来调整。改变水泵转轮需要配备不同转轮(如切削转轮等),运行管理稍显不便,一般多用于净扬程变化较大的场合,如从水库取水,当水库水位变化较大时,可以在丰水期与枯水期选用不同的转轮,以适应工况变化。水泵调速运行应用较广,调速方法也很多,属于高效调速的有变频调速和斩波内馈两种。通过改变电动机的极数也可以实现水泵调速运行,水泵有两种转速,可以应用于净扬程变化较大的场合。水泵调速运行有局限性:一是当水力损失占泵站总扬程的比例较大时,可以取得满意的节能效果,反之不然;二是调速范围受水泵封闭扬程的限制。

　　影响泵站装置特性的改变是通过调整阀门开度,增加局部损失来实现的,从运行的经济性来考虑,一般不推荐使用。

　　对于室外调水工程,评价 1 台水泵的性能,除扬程、流量、效率外,还需考虑如下 2 个因素:关闭扬程、性能曲线斜率。

　　关闭扬程是水泵流量为零时的扬程,是水泵能够达到的扬程最高极限值,一般取水泵设计扬程的 1.2~1.3 倍。关闭扬程是决定水泵可能调速范围的因素,关闭扬程高于设计扬程越大,水泵可能的调速范围越宽;反之越窄。在进行水泵调速运行分析时,关闭扬程是个关键指标。

　　性能曲线斜率反映了水泵流量随扬程变化的特性,流量随扬程变化慢,性能曲线斜率就大,水泵比转数较高,性能曲线就是一条较陡的曲线,适用于在一个运行周期内希望流量稳定的场合;反之,水泵比转数较低,性能曲线就是一条较缓的曲线,适用于在一个运行周期内希望得到较广流量范围的场合。性能曲线斜率跟水泵的比转数有关,相同比转数的水泵,其性能曲线斜率基本一致。

　　决定水泵的调速范围的另一个因素是水泵的高效区范围,水泵的调速范围应使调速后水泵仍处高效区运行。对于胶东调水工程,要求调速后水泵的运行效率不低于 80%。

5.2.2　水泵运行调节的控制方式

水泵调速运行是基于水泵性能与转速的关系；当水泵转轮直径不变时，扬程与转速的平方成正比，流量与转速成正比，在调速范围不大时可以认为效率不变。高效调速方法可选变频变压调速和斩波内馈调速。

水泵调速运行的控制方式一般有闭环控制和开环控制两种。在水泵出水管上设置监测系统，根据监测数据（如流量或出口压力）的变化，反馈给调速系统，对水泵转速进行调节，这种控制方式就是闭环控制方式，适用于水泵出水流量或压力要求稳定的场合，如城市管网供水，通过这种控制方式，在用水高峰、低峰时，可以保持水泵出口压力恒定。此外，就是开环控制方式。

大型调水工程，运行工况一般比较稳定，没有高峰、低峰之分，只有满负荷与非满负荷之分，在一定的运行时段内，扬程、流量是比较稳定的，变化很小，其变化量不足以成为闭环控制的因变量，因此室外调水工程水泵调速运行可选用开环控制。如胶东调水工程，按满负荷设计，在非满负荷运行时，泵站流量、扬程仍然较稳定，将水泵转速设定为所需转速，选用开环控制方式，即可满足工程需要。

因此，胶东调水工程水泵运行调节选用开环控制方式。

5.2.3　水泵调速运行的必要性分析

经对胶东调水长距离输水管道 4 座加压泵站的运行工况分析，不同台数组合可以得到各泵站的流量组合（详见 5.3 节）。

分析上面的流量组合，黄水河、温石汤 2 座泵站的流量匹配关系良好，在温石汤泵站不分水时，均按 7 台机组运行即可，虽然流量有些断档，但考虑到黄水河泵站接明渠输水，在泵站前设有许多分水设施，在运行管理时，先难后易，通过控制分水流量，首先满足泵站运行需要，而不至于因为流量断档而影响泵站的正常运行。高疃泵站与星石泊泵站的流量关系为：高疃泵站流量分流 0.70 m³/s 为星石泊泵站流量，从上面的流量组合看，3 台机组同时运行时，高疃泵站分流 0.70 m³/s 后，流量为 4.70~5.00 m³/s，与星石泊泵站的流量区间重叠，两泵站的流量匹配良好。

从上面的分析知，在设计工况时，各泵站的流量匹配良好，但因为是长距离调水工程，需要校核以下工况：当只为威海市调水（系统最小流量）时，各泵站流量均应为 4.80 m³/s，此时水泵的性能是否满足工程需要？是否需要采取调节措施？需对黄水河泵站、温石汤泵站和高疃泵站进行校核。

黄水河泵站 3 泵 1 管运行，泵站流量需满足 4.80 m³/s，此时泵站扬程 72.70 m，若设 1 台水泵调速运行，2 台全速泵单泵流量 2.05 m³/s，合计 4.10 m³/s，调速水泵流量应为 0.70 m³/s，水泵需在 88%额定转速运行，工作点效率较低，仅为 70%；若设 2 台水泵调速运行，1 台全速泵流量 2.05 m³/s，2 台调速水泵单泵流量应为 1.38 m³/s，水泵需在 92%额定转速运行，工作点效率高达 86%，如图 3-5-6 所示。因此，泵站需设 2 台水泵调速运行。

同样分析，温石汤泵站可设 1 台水泵调速运行，高疃泵站需 2 台水泵调速运行。

从上面的分析知，只为威海市调水时，黄水河泵站、温石汤泵站、高疃泵站水泵需调速运行，为保证调速水泵运行效率不低于 80%，黄水河泵站、高疃泵站需配备 2 套调速系统，温石汤泵站需配备 1 套调速系统。以上配备是满足工程需要的最低配备要求。

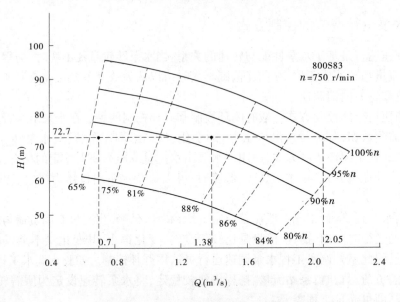

图 3-5-6　黄水河泵站调速配置分析

5.2.4　水泵运行的调节性分析

5.2.4.1　黄水河泵站水泵运行工况分析

相同性能水泵并联运行时,可在单泵性能曲线上进行运行工况分析。

输水管路水力坡度为:

4 泵 1 管　　　　　$i = 0.001\,74D^{-16/3}(4Q)^2 = 0.41 \times 10^{-3}Q^2$

3 泵 1 管　　　　　$i = 0.001\,74D^{-16/3}(3Q)^2 = 0.23 \times 10^{-3}Q^2$

管路局部损失按沿程损失的 10% 计,管道水力损失为:

4 泵 1 管　　　　　$h = 1.1iL = 5.76Q^2$　（m）

3 泵 1 管　　　　　$h = 1.1iL = 3.24Q^2$　（m）

泵站进出水管管件水力损失按 $0.60Q^2$ 计,泵站装置特性曲线数学表达式为:

4 泵 1 管　　　　　$H = H_0 + 6.36Q^2$　（m）

3 泵 1 管　　　　　$H = H_0 + 3.84Q^2$　（m）

式中:H 为泵站装置扬程,m;Q 为水泵流量,m³/s;H_0 为泵站净扬程,m。

图 3-5-7 为黄水河泵站正常模式下水泵运行工况分析图,图中包含了 100% 额定转速、90% 额定转速、80% 额定转速时的水泵性能曲线及 4 泵 1 管、3 泵 1 管运行时不同扬程下的泵站装置特性曲线。

5.2.4.2　水泵运行的调节性分析

对于胶东调水工程,设计要求调速后水泵的运行效率不低于 80%。以黄水河泵站为例,对调水工程水泵调速运行进行分析研究,分析 4 泵 1 管运行设计工况下,1 台水泵在 95% 额定转速、90% 额定转速运行时(以 3+1 表示,即 4 台水泵中,3 台水泵全速运行,1 台水泵调速运行),泵站流量的变化情况。两组 4 泵 1 管系统均按"3+1"运行,设计运行工况下水泵运行分析如图 3-5-8 所示。

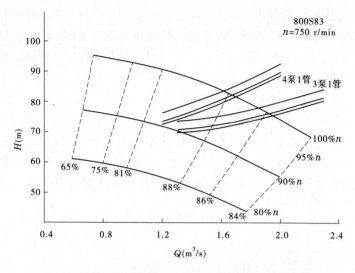

图 3-5-7　黄水河泵站正常模式下水泵运行工况分析

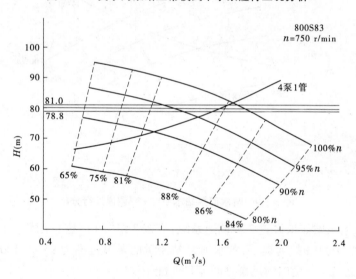

图 3-5-8　黄水河泵站水泵"3+1"调速运行分析

由于工况分析在单泵曲线上分析,在进行"3+1"工况分析时,是一个迭代的过程:在图中做一条水平线,分别交于全速曲线、调速曲线和泵站管路特性曲线,得到三个流量值 Q_1、Q_2、Q_3,以这三个数值是否满足"$3Q_1+Q_2=4Q_3$"为判断准则,如果"$3Q_1+Q_2>4Q_3$",水平线下移,如果"$3Q_1+Q_2<4Q_3$",水平线上移,直至满足"$3Q_1+Q_2=4Q_3$",此时对应的扬程即为泵站的运行扬程。

按此过程分析:调速水泵在 95%额定转速运行时,水平线对应扬程 81.0 m,$Q_1=1.73$ m³/s,$Q_2=1.24$ m³/s,$Q_3=1.61$ m³/s,$3Q_1+Q_2\cong 4Q_3$,全速水泵效率 87.0%,调速水泵效率 83.0%,泵站流量 12.86 m³/s,比设计流量(13.44 m³/s)减少 4.3%;调速水泵在 90%额定转速运行时,水平线对应扬程 78.8 m,$Q_1=1.82$ m³/s,$Q_2=0.55$ m³/s,$Q_3=1.50$ m³/s,$3Q_1+Q_2\cong 4Q_3$,全速水泵效率 86.5%,调速水泵效率仅为 60%,泵站流量 12.00 m³/s,比设计流量(13.44 m³/s)减少 10.7%。

结合图 3-5-8,从上面的分析可知,黄水河泵站按"3+1"运行时,调速水泵转速每降低 1%,泵站流量也减小 1%,为保证调速水泵的运行效率不低于 80%,调速水泵的最大调速范围为:水泵的转速不宜低于 93% 额定转速,泵站流量的调节幅度 ΔQ 可达 0.95 m³/s。

按同样的方法进行"2+2"工况分析,即 4 台水泵中,2 台水泵全速运行,2 台水泵调速运行,判断准则为"$2Q_1 + 2Q_2 = 4Q_3$",如图 3-5-9 所示。此时,一组 4 泵 1 管系统按"2+2"运行,另一组水泵均全速运行。为保证调速水泵的运行效率不低于 80%,黄水河泵站按"2+2"运行时,调速水泵的最大调速范围为:水泵的转速不宜低于 92% 额定转速,泵站流量的调节幅度 ΔQ 可达 0.95 m³/s。虽然此时水泵的转速可以略低于"3+1",但泵站流量调节范围却没有扩大,原因是全速运行的 4 泵 1 管系统流量没有变化,抵消了另一组 4 泵 1 管系统的流量变化。

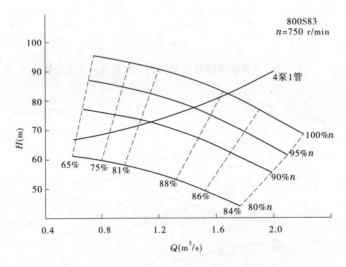

图 3-5-9　黄水河泵站水泵"2+2"调速运行分析

因此,黄水河泵站如果设置 2 套调速系统,应按 2 组"3+1"进行配置。在保证调速水泵的运行效率不低于 80% 的前提下,黄水河泵站流量的调节范围为 93%~100%,最大流量调节幅度可达 0.95 m³/s,足以满足泵站间流量匹配。

由上面的分析知,为满足泵站间流量匹配要求,黄水河泵站调速系统应按 2 组"3+1"进行配置;为满足只向威海市调水工况的要求,一组 4 泵 1 管系统应按"2+2"配置。

按同样的方法分析其他 3 座泵站,温石汤泵站设 2 套调速系统,按 2 组"3+1"进行配置,调速幅度为 92%~100%,流量调节幅度 ΔQ 可达 0.80 m³/s;高疃泵站设 2 组调速系统,调速范围为 90%~100%,流量调节幅度 ΔQ 可达 0.60 m³/s;星石泊泵站设置 1 套调速系统,调速范围为 92%~100%,流量调节幅度 ΔQ 可达 0.40 m³/s。

5.3　梯级泵站水泵运行控制

5.3.1　不同运行工况,泵站调控参数计算

(1)黄水河泵站可能运行工况分析结果见表 3-5-6。

表 3-5-6　黄水河泵站可能运行工况分析结果

运行工况	前池水位(m)	水泵扬程(m)	水泵流量(m³/s)
1泵1管	最高	66.58	1.82
	设计	67.50	1.79
	最低	70.23	1.72
2泵1管	最高	69.56	1.73
	设计	70.39	1.71
	最低	72.89	1.64
3泵1管	最高	73.51	1.62
	设计	74.24	1.60
	最低	76.44	1.53
4泵1管	最高	77.64	1.50
	设计	78.26	1.48
	最低	80.11	1.41
5泵1管	最高	81.38	1.36
	设计	81.88	1.34
	最低	83.34	1.28

（2）温石汤泵站蓬莱分水口分水时可能运行工况分析结果见表 3-5-7。

表 3-5-7　温石汤泵站蓬莱分水口分水时可能运行工况分析结果

运行工况	前池水位(m)	水泵扬程(m)	水泵流量(m³/s)
1泵1管	最高	18.45	1.97
	设计	20.79	1.91
	最低	23.11	1.85
2泵1管	最高	20.48	1.92
	设计	22.65	1.86
	最低	24.82	1.80
3泵1管	最高	23.66	1.83
	设计	25.59	1.77
	最低	27.51	1.71
4泵1管	最高	27.31	1.71
	设计	28.90	1.65
	最低	30.47	1.59

（3）温石汤泵站蓬莱分水口不分水时可能运行工况分析结果见表 3-5-8。

表 3-5-8　　温石汤泵站蓬莱分水口不分水时可能运行工况分析结果

运行工况	前池水位(m)	水泵扬程(m)	水泵流量(m³/s)
1 泵 1 管	最高	19.10	1.96
	设计	21.41	1.90
	最低	23.69	1.83
2 泵 1 管	最高	21.76	1.89
	设计	23.87	1.82
	最低	25.97	1.76
3 泵 1 管	最高	25.29	1.78
	设计	27.16	1.72
	最低	28.96	1.65
4 泵 1 管	最高	28.98	1.65
	设计	30.48	1.58
	最低	31.93	1.51

(4)高疃泵站可能运行工况分析结果见表 3-5-9。

表 3-5-9　　高疃泵站可能运行工况分析结果

运行工况	前池水位(m)	水泵扬程(m)	水泵流量(m³/s)
1 泵 1 管	最高	59.67	2.16
	设计	60.55	2.12
	最低	62.44	2.04
2 泵 1 管	最高	61.05	2.05
	设计	62.82	2.02
	最低	64.49	1.93
3 泵 1 管	最高	65.06	1.90
	设计	65.69	1.86
	最低	67.05	1.77

(5)星石泊泵站可能运行工况分析结果见表 3-5-10。

表 3-5-10　　星石泊泵站可能运行工况分析结果

运行工况	前池水位(m)	水泵扬程(m)	水泵流量(m³/s)
1 泵 1 管	最高	57.54	2.45
	设计	58.72	2.40
	最低	59.88	2.35
2 泵 1 管	最高	65.53	2.07
	设计	66.32	2.02
	最低	67.10	1.98
3 泵 1 管	最高	71.50	1.68
	设计	71.99	1.65
	最低	72.47	1.61

(6)满负荷运行时,梯级泵站流量范围见表 3-5-11。

表 3-5-11　满负荷运行时,梯级泵站流量范围　　　　　　（单位:m³/s）

泵站	流量范围	扣除分水后流量
黄水河	12.80~13.60	
温石汤	12.72~13.68	11.13~12.08
高疃	5.31~5.70	4.61~5.00
星石泊	4.83~5.04	

通过以上分析结果,在满负荷运行时,梯级泵站间流量匹配良好,可以达到安全、稳定的流量平衡运行状态。

5.3.2　不同运行工况,泵站运行控制

根据各泵站输水管道根数、调速机组台数的不同,胶东调水工程各泵站按如下原则确定运行方式:能够单管满足输水流量的优先选用单管输水,能够不调速运行的优先选用全速运行,能够少降速运行的优先选用少降速运行。

5.3.2.1　泵站前池水位选择

泵站前池高水位运行时,可以降低泵站扬程,减少能耗,梯级泵站优先选择前池设计水位为运行水位,也即在泵站运行期间,监测系统应实时监测前池水位,使前池水位尽可能维持在设计水位。根据监测数据调整泵站调速水泵的转速,可以实现前池水位的调整。当前池水位低于设计水位时,应适当降低水泵转速;当前池水位高于设计水位时,应适当提高水泵转速;当提高转速仍不能改变水位上升时,需要增加 1 台运行水泵,或者通知上级泵站减少来水流量。

5.3.2.2　泵站运行控制方案

(1)工况 1:向门楼水库、米山水库及各分水口同时输水,前池设计水位时,各泵站运行方式见表 3-5-12。

表 3-5-12　工况 1 泵站运行方式

泵站	满足流量(m³/s)	运行方式
黄水河	12.60	9 台水泵同时全速运行(方案一)
		10 台机组同时运行,其中 2 台调速水泵 按 93%额定转速运行(方案二)
温石汤	12.60	8 台机组同时运行,其中 2 台调速水泵 按 92%额定转速运行(方案一)
		8 台机组同时运行,其中 1 台调速水泵 按 83%额定转速运行(方案二)
高疃	5.50	3 台机组同时运行,其中 2 台调速水泵 按 99%额定转速运行(方案一)
		3 台机组同时运行,其中 1 台调速水泵 按 97%额定转速运行(方案二)
星石泊	4.80	3 台机组同时运行,其中 1 台调速水泵 按 96%额定转速运行

（2）工况 2：向蓬莱水库、栖霞水库、门楼水库输水，前池设计水位时，各泵站运行方式见表 3-5-13。

表 3-5-13　工况 2 泵站运行方式

泵站	满足流量（m³/s）	运行方式
黄水河	7.10	2 泵 1 管+3 泵 1 管运行，其中 2 台调速水泵按 98%额定转速运行（方案一）
		2 泵 1 管+3 泵 1 管运行，其中 1 台调速水泵按 97%额定转速运行（方案二）
温石汤	7.10	5 泵运行，其中 2 台调速水泵按 97%额定转速运行，分水后单管输水（方案一）
		5 泵运行，其中 1 台调速水泵按 96%额定转速运行，分水后单管输水（方案二）
高疃	0	不运行
星石泊	0	不运行

（3）工况 3：只向门楼水库输水，前池设计水位时，各泵站运行方式见表 3-5-14。

表 3-5-14　工况 3 泵站运行方式

泵站	满足流量（m³/s）	运行方式
黄水河	4.86	3 泵 1 管运行，可不调速运行
温石汤	4.86	3 泵 1 管运行，其中 1 台调速水泵按 93%额定转速运行
高疃	0	不运行
星石泊	0	不运行

（4）工况 4：向蓬莱水库、栖霞水库、米山水库和牟平分水输水，前池设计水位时，各泵站运行方式见表 3-5-15。

表 3-5-15　工况 4 泵站运行方式

泵站	满足流量（m³/s）	运行方式
黄水河	7.74	2 泵 1 管+3 泵 1 管运行，其中 2 台调速水泵按 99%额定转速运行（方案一）
		2 泵 1 管+3 泵 1 管运行，其中 1 台调速水泵按 98%额定转速运行（方案二）

续表 3-5-15

泵站	满足流量(m³/s)	运行方式
温石汤	7.74	5 泵运行,其中 2 台调速水泵按 98%额定 转速运行,分水后单管输水(方案一)
		5 泵运行,其中 1 台调速水泵按 97%额定 转速运行,分水后单管输水(方案二)
高疃	5.50	3 台机组同时运行,其中 2 台调速水泵 按 99%额定转速运行(方案一)
		3 台机组同时运行,其中 1 台调速水泵 按 97%额定转速运行(方案二)
星石泊	4.80	3 台机组同时运行,其中 1 台调速水泵 按 96%额定转速运行

(5)工况 5:向米山水库和牟平分水输水,前池设计水位时,各泵站运行方式见表 3-5-16。

表 3-5-16　工况 5 泵站运行方式

泵站	满足流量(m³/s)	运行方式
黄水河	5.50	4 泵 1 管运行,其中 1 台调速水泵 按 97%额定转速运行
温石汤	5.50	4 泵 1 管运行,其中 1 台调速水泵 按 93%额定转速运行
高疃	5.50	3 台机组同时运行,其中 2 台调速水泵 按 99%额定转速运行(方案一)
		3 台机组同时运行,其中 1 台调速水泵 按 97%额定转速运行(方案二)
星石泊	4.80	3 台机组同时运行,其中 1 台调速水泵 按 96%额定转速运行

(6)工况 6:只向米山水库输水,前池设计水位时,各泵站运行方式见表 3-5-17。

表 3-5-17　工况 6 泵站运行方式

泵站	满足流量(m³/s)	运行方式
黄水河	4.80	3 泵 1 管运行,可不调速运行
温石汤	4.80	3 泵 1 管运行,其中 1 台调速水泵 按 92%额定转速运行

续表 3-5-17

泵站	满足流量(m³/s)	运行方式
高疃	4.80	3 台机组同时运行,其中 2 台调速水泵按 95% 额定转速运行(方案一)
		3 台机组同时运行,其中 1 台调速水泵按 92% 额定转速运行,但其效率低于 70%(方案二)
星石泊	4.80	3 台机组同时运行,其中 1 台调速水泵按 96% 额定转速运行

(7)工况 7:向门楼水库和米山水库输水,前池设计水位时,各泵站运行方式见表 3-5-18。

表 3-5-18　工况 7 泵站运行方式

泵站	满足流量(m³/s)	运行方式
黄水河	9.66	3 泵 1 管和 3 泵 1 管运行,可不调速运行
温石汤	9.66	3 泵 1 管和 3 泵 1 管运行,其中 2 台调速水泵按 93% 额定转速运行(方案一)
		3 泵 1 管和 3 泵 1 管运行,其中 1 台调速水泵按 90% 额定转速运行(方案二)
高疃	4.80	3 台机组同时运行,其中 2 台调速水泵按 95% 额定转速运行(方案一)
		3 台机组同时运行,其中 1 台调速水泵按 92% 额定转速运行,但其效率低于 70%(方案二)
星石泊	4.80	3 台机组同时运行,其中 1 台调速水泵按 96% 额定转速运行

注:对于有两种运行方式的工况,两种运行方案基本相当,建议优先选用水泵效率较高的方案一。

　　按此配置方案,既满足了非满负荷工况的运行需要,又使各泵站获得了流量调节幅度,同时保证了梯级泵站间流量匹配。因此,以上配置方案可行,即在设计工况条件下,胶东调水长距离输水管道工程 4 座加压泵站满足流量平衡要求,输水系统能够达到一个安全、稳定的运行状态。

　　需要指出的是,由于大型长距离输水工程泵站前池、出水池都有一定的变化幅度,因此泵站扬程、流量也有一定范围变化,如黄水河泵站流量范围为 12.96 ~ 13.68 m³/s。水泵性能曲线越平缓,这个流量范围越宽,越容易与相邻泵站达成良好的平衡关系;反之越窄。因此,对于大型长距离输水工程选用性能平缓的水泵,有利于梯级泵站间流量平衡。

参 考 文 献

[1] 关志诚,刘志明. 大型引调水工程的建设发展与应用技术[A]. 中国水利水电勘测设计协会. 调水工程应用技术研究与实践[C]. 北京:中国水利水电出版社,2009:3-14.

[2] 刘永林,孟浩,王怀斌,等. 大伙房水库输水二期工程总体设计及关键技术[A]. 中国水利水电勘测设计协会. 调水工程应用技术研究与实践[C]. 北京:中国水利水电出版社,2009:21-28.

[3] 陈卫国,刘倩. 绿色设计理念在水利工程设计中的应用[J]. 水科学与工程技术,2010(3):14-17.

[4] 金锥,姜乃昌,王兴华,等. 停泵水锤及其防护[M].2版. 北京:中国建筑工业出版社,2004.

[5] 严登丰. 泵站工程[M]. 北京:中国水利水电出版社,2005.

[6] 刘志峰. 绿色设计方法、技术及其应用[M]. 北京:国防工业出版社,2008.

[7] 姜乃昌,许仕荣,张朝升,等. 泵与泵站[M]. 北京:中国建筑工业出版社,2007.

[8] 张景成,张立秋. 水泵与水泵站[M]. 哈尔滨:哈尔滨工业大学出版社,2003.

[9] 郑向晖,范志国,等. 用于表层取水的进水结构[P]. 中国专利:201210167144.7,2013-10-30.

[10] 范志国,郑向晖,等. 半圆型连体闸门[P]. 中国专利:201210167226.1,2014-04-09.

[11] 董哲仁,孙东亚,等. 生态水利工程原理与技术[M]. 北京:中国水利水电出版社,2007.

[12] 戴之荷,金善功,贺梅棣. 长距离输水工程中的几个问题[J]. 中国给水排水,1985(1):29-37.

[13] 贺东辰,赵锁明. 水泵机组增设惯性飞轮与电动机启动转矩复核[J]. 西北水力发电,2004(9):20-23.

[14] 刘京. 水泵机组转动惯量对停泵水锤的影响研究[D]. 西安:长安大学,2011.

[15] 刘志强.长距离输水管道安全评价机制研究[D]. 哈尔滨:哈尔滨工业大学,2012.

[16] 陈德亮.从水库水质看分层取水的必要性[J]. 中国农村水利水电,1985(4):12-15.

[17] 贺海兵.长距离梯级泵站输水工程优化设计[D]. 西安:西安理工大学,2013.

[18] 徐艳艳.长距离高扬程多起伏输水管道采用箱式双向调压塔等措施的水锤防护研究[D]. 西安:长安大学,2008.

[19] 周志坚. 深基坑生命周期安全评价概念的提出[J]. 湖南农机,2010(3):154-155.

[20] 陈宝书. 给水设计的节能技术[J]. 给水排水,1984(3):8-13.

[21] 陈涌城,张洪岩. 长距离输水工程有关技术问题的探讨[J]. 给水排水,2002(12):1-4.

[22] 许世梁. 长距离输水工程中的低碳节能措施[J]. 城市道桥与防洪,2010(8):105-107.

[23] 杨晓红,郑俊,常艳春,等. 中型水库水温分层的影响及分层取水建议[J]. 城镇供水,2014(5):62-66.

[24] 杜培文,许志刚. 山丘区输水工程安全运行调度系统及安全运行调度方法[P]. 中国专利:201510287150.X,2016-05-11.

[25] 杜培文. 一种离心泵停泵水锤防护方法及装置[P]. 中国专利:201310700534.0,2016-08-03.

[26] 杜培文. 一种山丘区输水管道试压方法及试压装置[P]. 中国专利:201310453054.9,2016-01-13.

[27] 王光杰,张延蕙. 给排水阀门的几个重要参数[J]. 水务世界,2006(1):43-44.

[28] 樊红辉. 城市供水系统的节能与优化研究[D]. 重庆:重庆大学,2010.

[29] 中华人民共和国住房和城乡建设部.GB 50268—2008 给水排水管道工程施工及验收规范[S]. 北京:中国建筑工业出版社,2009.

[30] 中华人民共和国建设部.GB 50013—2006 室外给水设计规范[S]. 北京:中国计划出版社,2006.

［31］中国市政工程东北设计研究院,长安大学.CECS193:2005 城镇供水长距离输水管(渠)道工程技术规程［S］.北京:中国计划出版社,2006.

［32］中华人民共和国住房和城乡建设部.GB/T 50378—2014 绿色建筑评价标准［S］.北京:中国建筑工业出版社,2006.

［33］中华人民共和国水利部.SL 430—2008 调水工程设计导则［S］.北京:中国水利水电出版社,2008.

［34］中华人民共和国住房和城乡建设部.GB/T 50640—2010 建筑工程绿色施工评价标准［S］.北京:中国计划出版社,2011.

［35］中华人民共和国住房和城乡建设部.GB 50265—2010 泵站设计规范［S］.北京:中国计划出版社,2011.